GIS 工程师训练营：
SuperMap iClient for Flex
从入门到精通

SuperMap 图书编委会　著

清华大学出版社

北 京

内 容 简 介

本书针对初学者的需求，全面、详细地讲解 SuperMap iClient for Flex 软件的常用功能实现方法与开发技巧，项目实施过程中系统优化的注意事项与 Flex 移动平台开发方法。本书图文并茂，重视开发思路与技巧的传授，对各种重点功能均配有对应的示例源代码，具有很强的实用性和可操作性，适合各个层次的开发人员学习参考。

全书分为 15 章，内容包括 SuperMap iClient for Flex 软件概述、Apache Flex 开发基础、地图显示与操作的开发与技巧、客户端动态数据展示的方法、各种查询应用的开发与技巧、多种专题图制作的方法与技巧、栅格分析开发方法、交通网络分析的开发与技巧、交通换乘分析的实现、动态分段的开发、第三方地图服务的扩展开发方法、对接天地图服务的操作、Flex 项目系统优化方法、使用开发框架快速构建应用和移动项目开发。

本书主要面向地理信息系统相关专业的师生，可作为地理信息系统专业高年级学生或者研究生的实习教材，也可作为二次开发商及其开发人员的参考资料，帮助他们快速解决学习和工作中遇到的问题。

图书在版编目(CIP)数据

GIS 工程师训练营：SuperMap iClient for Flex 从入门到精通/ SuperMap 图书编委会著. --北京：清华大学出版社，2013

ISBN 978-7-302-33593-1

Ⅰ. ①G…　Ⅱ. ①S…　Ⅲ. ①地理信息系统—系统开发—应用软件　Ⅳ. ①P208

中国版本图书馆 CIP 数据核字(2013)第 203902 号

责任编辑：文开琪　汤涌涛
装帧设计：杨玉兰
责任校对：李玉萍
责任印制：宋　林

出版发行：清华大学出版社
　　　　　网　　　址：http://www.tup.com.cn，http://www.wqbook.com
　　　　　地　　　址：北京清华大学学研大厦 A 座　　　邮　　编：100084
　　　　　社 总 机：010-62770175　　　　　　　　　邮　　购：010-62786544
　　　　　投稿与读者服务：010-62776969，c-service@tup.tsinghua.edu.cn
　　　　　质 量 反 馈：010-62772015，zhiliang@tup.tsinghua.edu.cn
　　　　　课 件 下 载：http://www.tup.com.cn,010-62791865
印　刷　者：清华大学印刷厂
装　订　者：北京市密云县京文制本装订厂
经　　销：全国新华书店
开　　本：185mm×260mm　　印　张：19.25　　字　　数：459 千字
　　　　　附 DVD1 张
版　　次：2013 年 9 月第 1 版　　　　　　印　　次：2013 年 9 月第 1 次印刷
印　　数：1～3500
定　　价：49.00 元

产品编号：054227-01

前　　言

　　GIS(Geography Information System，地理信息系统)作为地理空间信息的管理科学和技术系统，借助丰富的可视化手段直观、多样地呈现地理空间信息，使人们可以更真切地感知和认识身边的世界，也为专家和管理者在计量、统计、分析、统筹和规划与人类生活息息相关的自然地理、社会经济、人文科学等方面的政策与工程时提供更好的辅助分析工具。

　　在经历了互联网从 Web 1.0 到 Web 2.0 的变革后，云计算已走到时代的前沿。而RIA(Rich Internet Application，富互联网应用)作为一种富客户端技术的应用模式，也已经完全融入 GIS 的 Web 端可视化技术体系中。包括 Ajax、Flash、Silverlight、HTML 5 等众多富客户端可视化技术已在政府、企业和个人的应用中得到了广泛的应用，并受到了广泛的认可和欢迎。在云 GIS 时代强调 "强云富端" 的特征背景下，掌握和应用富客户端技术也更加重要。SuperMap iClient for Flex 基于 Apache Flex 框架开发，融合了当今最前沿的 Web端技术。我们希望通过本书的讲解，让更多的人能够学习和掌握富客户端 GIS 的开发实践并应用到日常生活中。

　　本书是软件研发人员对 Flex 和 Web 端技术多年深入研究的经验总结，涵盖 SuperMap iClient for Flex 常用功能与应用技巧。在此基础之上，本书还提供了应用于实际项目开发的系统优化原则、快速定制的开发框架介绍及移动端应用开发的解决方案，以满足不同层次开发者不同深度的学习需求。阅读本书，需要有一定的编程基础，了解网络开发的基本原理与 Flex 编程语言 ActionScript 和 MXML 的基本语法。

　　全书共 15 章，各章内容简介如下：

- 第 1 章利用一个简单的 SuperMap iClient for Flex 地图应用介绍 Flex 开发的基本流程。同时介绍 SuperMap iClient for Flex 的类库结构和主要功能。

- 第 2 章深入介绍 Apache Flex 4.6 及以上版本的特性与开发基础知识，为后续章节的学习打下基础。

- 第 3 章至第 10 章介绍使用 SuperMap iClient for Flex 开发常用 GIS 功能的方法与技巧，包括地图与动态数据的展示、查询、专题图、栅格分析、网络分析、交通换乘分析、动态分段等功能。其中，第 3 章和第 4 章分别介绍 SuperMap iClient for Flex 中最常用的地图控件和客户端数据展示相关知识。建议读者先阅读这两章的内容再进行后续章节的学习，以获得更好的学习效果。

- 第 11 章至第 12 章介绍通过扩展 SuperMap iClient for Flex 图层和服务基类实现第三方地图服务和数据服务的对接，可满足实际项目中对接第三方服务的需求。

- 第 13 章和第 14 章讲解项目开发实战知识。第 13 章介绍实际项目开发过程中的系统设计与优化原则。利用第 14 章介绍的 UI 开发框架 SuperMap Flex Bev 可通过配置快速完成项目功能模块与界面的搭建。

- 第15章介绍 SuperMap iClient for Flex 的扩展软件 SuperMap Flex Mobile 在移动项目开发中的解决方案。

本书的范例编写环境如下：操作系统为 Windows 7，开发环境为 Adobe Flash Builder 4.6，Flex 开发工具包为 Apache Flex 4.6 SDK，浏览器需安装 Adobe Flash Player 10 或以上版本，SuperMap iServer Java、SuperMap iClient for Flex、SuperMap Deskpro .NET 均使用 6R(2012)，V6.1.3 版本。所有范例程序和软件安装包均可在本书配套光盘中找到。

本书作者均为长期从事 GIS 平台研发与应用系统开发的资深技术人员，参加本书编写的成员有陈金丽、董永艳、韩少杰、惠彩霞、金建波、苗倩倩、袁林道、曾明、张婧、张伟、张颖娜(以姓氏字母为序)等。在本书的创作和编写过程中，辛宇给予了大量的编写意见，另外还得到了清华大学出版社的大力支持，在此表示衷心的感谢！由于作者水平有限，书中难免存在不足和疏漏之处，恳请读者批评指正。

目　　录

第 1 篇　进入 iClient for Flex 世界

第 2 篇　GIS 常用功能开发

第3篇　扩　展　开　发

第4篇　项目实战入门

第 5 篇　移动端应用解决方案

第1篇

进入 iClient for Flex 世界

第 1 章　SuperMap iClient for Flex 介绍

欢迎进入 SuperMap iClient for Flex 的开发世界。

SuperMap iClient for Flex 是一套基于 Apache Flex 技术研发的 Web GIS(网络地理信息系统)开发包。开发者可利用该开发包访问 SuperMap iServer Java 服务、SuperMap 云服务、OGC 标准服务及其他第三方标准服务，在客户端构建跨浏览器、跨平台、功能丰富、易于交互的富客户端应用程序。

本章主要内容：
- 使用 SuperMap iClient for Flex 构建一个完整地图应用
- SuperMap iClient for Flex 的定位、主要功能与类库结构

1.1　"Hello，SuperMap iClient for Flex"

在构建 RIA 架构的 Web GIS 项目过程中，服务器端负责数据准备与服务发布，SuperMap iClient for Flex 作为客户端负责数据的展现与服务交互。本节将从服务器端的服务准备开始，讲解构建一个简单 Web GIS 系统的完整流程，包括服务的准备、开发环境的准备和地图展示功能的代码实现。

1.1.1　服务准备

在项目设计阶段，需要明确客户端程序调用的各类服务来源。如基础地理数据，可以通过 SuperMap iServer Java 进行发布，也可以选择天地图、Google Map、Microsoft Bing Maps、OpenStreetMap 等第三方开源的地图服务。本节介绍如何使用 SuperMap iServer Java 进行地图服务的发布。关于第三方开源地图服务的使用，可参见第 11 章。

SuperMap iServer Java 是一款用于构建网络 GIS 系统的跨平台服务器产品，通过网络提供丰富的 GIS 功能，并可以进行 GIS 服务的发布、聚合与扩展开发。它支持 Microsoft Windows 平台、多种 Linux 平台和 AIX 平台的安装部署。SuperMap iClient 系列软件是其配套的富客户端开发包。接下来介绍在 Microsoft Windows 7 平台下安装 SuperMap iServer Java 和发布服务的方法。具体步骤如下。

1. 安装 SuperMap iServer Java 和软件许可配置工具

SuperMap 系列软件使用同一款工具进行许可配置，在使用时先安装软件，后配置许可。软件安装包及软件许可配置工具安装包可以通过以下三种方式获取。
- 购买 SuperMap iServer Java，即可获取相应的软件安装光盘。

- 在超图官方网站下载 SuperMap iServer Java 安装包(针对 Windows 平台的有 64 位和 32 位版本，可根据目标操作系统版本进行选择)和许可配置工具。下载地址为 http://support.supermap.com.cn/ProductCenter/DownloadCenter/ProductPlatform.aspx。
- 🔘配套光盘\软件安装包下包含本书所需的所有软件安装包，包括许可配置工具"SuperMap License Manager 6R(2012) SP3(V6.1.3).zip"和 SuperMap iServer Java 在 Windows 32 位操作系统上的安装包"SuperMap iServer Java 6R(2012) SP3 (V6.1.3).zip"。

获取 SuperMap iServer Java 和许可配置工具的安装包并解压后，分别双击 Setup.exe，根据安装向导提示完成安装。

2. 配置许可

SuperMap GIS 的许可类型有文件许可和硬件许可两大类。文件许可(*.lic)是以文件的形式获得合法的软件运行许可，一般试用许可使用此形式发送。硬件许可是以硬件加密锁的形式获得合法的软件运行许可，一般为正式许可。具体的许可获取方式有以下三种。

- 购买正式版 SuperMap iServer Java，软件包中会包括许可。
- 试用软件时，可以通过电话致电北京超图(010-59896655 转 6156)，提供用户名称、单位名称和计算机名称，获取软件的试用许可。
- 试用软件时，也可通过在线申请的方式获取为期三个月的试用许可。申请地址为 http://support.supermap.com.cn/ProductCenter/License/UserLicense.aspx。

获取到许可后，打开许可配置工具为 SuperMap iServer Java 配置许可。选择"开始" | "所有程序" | SuperMap | SuperMap License Manager 6R | SuperMap License Manager 6R(2012)，运行许可配置工具。根据获取到的许可类型在"文件许可"或"硬件许可"选项卡中进行配置。

(1) 配置文件许可：如图 1-1 所示，单击"浏览"按钮，打开文件许可，界面中"用户名称"和"单位名称"文本框内会自动填充与许可文件匹配的信息。单击"验证许可"按钮，查看"许可状态"一栏，如果显示为"有效"，则为配置成功。单击"保存配置"按钮，保存当前的许可信息。

图 1-1　配置文件许可

(2) 配置硬件许可：硬件许可又分为单机锁和网络锁两种。单机锁只有一个授权许可，与 SuperMap 软件安装在同一台计算机上；网络锁安装在服务器端，可以有多个授权许可，客户端计算机通过网络获取服务器端提供的授权许可。无论单机锁还是网络锁，都需要在硬件许可连接的计算机上安装加密锁驱动程序。该程序位于许可配置工具 LicenseManager 安装目录\Drivers\Sentinel 文件夹下。

驱动程序安装完毕，硬件许可与计算机连接后即可开始进行许可配置。如图 1-2 所示，在"许可服务器"文本框中输入许可服务器的 IP 或者机器名，当使用单机加密锁时输入 "localhost"。硬件锁类型选择"SuperPro"，产品版本选择"V600"。填写完毕后单击"查询许可"按钮，查询完毕后单击"保存配置"按钮，保存当前许可信息。

图 1-2　配置硬件许可

3. 启动 SuperMap iServer Java 服务，进入服务管理器

选择"开始"|"所有程序"| SuperMap | SuperMap iServer Java 6R |"启动 iServer 服务"，结果如图 1-3 所示。

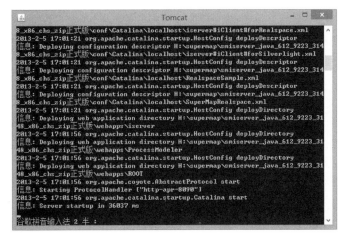

图 1-3　启动 SuperMap iServer Java 服务

在信息出现"Server startup in ... ms"后，在 Web 浏览器的地址栏中输入 http://localhost:8090/iserver/manager，登录 SuperMap iServer Java 服务管理器。

如果是首次访问 SuperMap iServer Java 服务管理器，会进入"创建管理员帐户"界面(如图 1-4 所示)[①]，在此输入要创建的用户名和密码。以后每次登录 SuperMap iServer Web Manager 时，输入第一次创建的用户名和密码即可。

创建管理员帐户

用户名：

密码：

再次输入密码：

创建帐户

图 1-4　创建用户

4. 快速发布服务

SuperMap iServer Java 可以将 SuperMap 工作空间(*.sxwu、*. smwu、*.smw、*.sxw 类型或数据库类型)快速发布为 GIS 服务。本节利用一个实例来演示快速发布 SuperMap 工作空间 GIS 服务的步骤，具体来说就是将配套光盘\数据与程序\第 6 章\数据\ China.sxwu 工作空间的数据发布为 REST 地图服务。具体步骤如下。

(1) 在服务管理器首页单击"快速发布一个或一组服务"，在"数据来源"下拉列表框中选择"工作空间"(如图 1-5 所示)，单击"下一步"按钮。

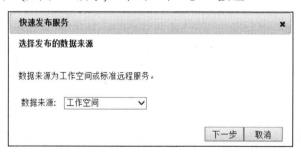

快速发布服务　　　　　　　　　　　　　✖

选择发布的数据来源

数据来源为工作空间或标准远程服务。

数据来源：　工作空间　▾

下一步　取消

图 1-5　选择发布的数据来源

(2) 配置数据。如图 1-6 所示，首先在"工作空间类型"下拉列表框中选择工作空间的类型，SuperMap 工作空间类型分为文件型和数据库型(SQL Server、Oracle 工作空间)，每种类型的工作空间都会对应不同的配置数据的参数。本例发布的工作空间为文件型。在"工作空间路径"文本框中输入 China.sxwu 文件的全路径，或者单击"浏览"按钮选择工作空间的路径(建议先将数据从光盘中复制到本地某一个盘符下面)。在"工作空间密码"文本框中输入工作空间密码，如果不存在密码，可以不填。

[①] 编者注：大部分的计算机应用中都使用"帐号"和"帐户"，而非"账号"和"账户"，本书也保留前一用法，以与界面统一。

图 1-6　配置数据

单击"下一步"按钮，进入下一步骤。

(3) 选择服务的类型。如图 1-7 所示，SuperMap iServer Java 会根据工作空间中的数据判断可发布的服务类型，复选框为灰色的服务不可发布(将鼠标移到相应服务名称上可显示不能发布此服务的原因)。服务的类型与来源参见表 1-1。在本书后续开发章节中会陆续使用不同类型的服务。本例选择"REST-地图服务"，单击"下一步"按钮，进入下一步骤。

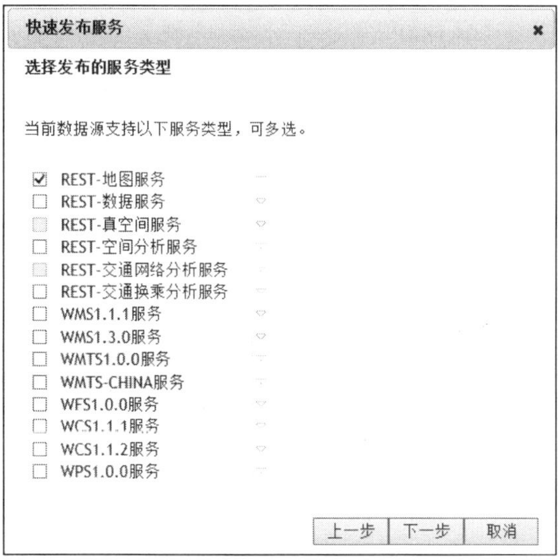

图 1-7　选择发布的服务类型

表 1-1　服务的类型与来源

GIS 功能	服务类型	服务来源
地图功能	REST 地图服务	SuperMap 工作空间数据
	WMS 服务	远程 WMS 服务
	WMTS 服务	远程 SuperMap iServer 地图 REST 服务
数据功能	REST 数据服务	SuperMap 工作空间数据 远程 WFS 服务
	WFS 服务	
	WCS 服务	

续表

GIS 功能	服务类型	服务来源
分析功能	REST 空间分析服务	SuperMap 工作空间数据
	REST 交通网络分析服务	SuperMap 工作空间数据
	REST 交通换乘分析服务	SuperMap 工作空间数据
	WPS 服务	远程 WFS 服务
三维功能	REST 三维服务	SuperMap 工作空间数据

(4) 完成配置后，会弹出提示配置完成的对话框，如图1-8所示。

核对信息无误后单击"完成"按钮，即完成一个服务实例的创建。结果界面如图 1-9 所示。如果在第(3)步勾选了多个要发布的服务类型，则在此列表中显示相应个数的服务。

图 1-8　配置完成　　　　　　　　　　图 1-9　新发布的服务列表

单击服务实例名称 map-China/rest，可跳转至该 REST 服务的根资源的 HTML 表述页面，如图 1-10 所示。在该页面中可以以 Flex、JavaScript、Silverlight 或叠加 SuperMap 云服务、天地图的形式查看当前工作空间中所有发布的地图资源。

图 1-10　地图服务列表

至此，已完成快速发布 SuperMap 工作空间的全部步骤。单击地图名 china，可定位至地图服务的资源地址 http://localhost:8090/iserver/services/map-China/rest/maps/china，在 1.1.3 节创建地图应用时使用的服务地址即为此地址。

1.1.2　开发环境准备

在具体开发工作开始之前，需要先搭建好开发环境，包括 SuperMap iClient for Flex 软件包的获取、开发环境 Flash Builder 4.6 的准备和跨域文件的设置。

1. 软件包的获取

获取 SuperMap iClient for Flex 软件包有以下两种途径。

- 从超图官方网站上单独下载 SuperMap iClient for Flex 软件包，将软件包解压至本地磁盘。软件包下载地址为 http://support.supermap.com.cn/ProductCenter/DownloadCenter/ProductPlatform.aspx。
- 在安装完 SuperMap iServer Java 后，其安装目录\iClient\forFlex 文件夹即为 SuperMap iClient for Flex 软件包目录。

2. 开发环境的准备

目前 Flex 项目的集成开发环境(IDE)主要有 Flash Builder 和 Eclipse(或 MyEclipse)两种。两者的区别和使用方法参见 2.3.1 节。本书统一采用 Flash Builder 4.6 作为开发环境。可在 Adobe 官方网站进行下载，地址为 https://www.adobe.com/cfusion/tdrc/index.cfm?product=flash_builder&loc=zh_cn。

3. 跨域文件的设置

SuperMap iClient for Flex 软件包中的 crossdomain.xml 文件即为跨域文件。当客户端应用程序与 GIS 服务不在同一个域下时，需要将跨域文件放置到发布 GIS 服务器的中间件根目录中，使用不同中间件时存放地址不同。例如 SuperMap iServer Java 使用 Tomcat 发布服务，则将跨域文件 crossdomain.xml 放置在 SuperMap iServer Java 安装目录\webapps\ROOT 下。如果使用其他方式发布服务，则将跨域文件放置在服务所在中间件的根目录中。

1.1.3　创建第一个地图应用

在完成了服务的准备和开发环境的搭建后，开始使用 Flash Builder 创建地图应用程序。

1. 新建 Flex 项目

启动 Flash Builder 4.6，选择"文件"|"新建"|"Flex 项目"，在"项目名"文本框中输入项目名称，如图 1-11 所示。

单击两次"下一步"按钮，转到"为新的 Flex 项目设置构建路径"界面。

2. 添加引用

选择"库路径"选项卡，加载库文件，如图 1-12 所示。单击"添加 SWC"按钮，弹出"添加 SWC"对话框，单击"浏览"按钮，定位到 SuperMap iClient for Flex 安装目录的 libs 文件夹，分别添加 SuperMap.Web.swc 和 SuperMap.Web.iServerJava6R.swc 文件。也可

通过加载库文件所在文件夹("添加SWC文件夹")加载软件的库文件。每个库对应的功能参见表1-2。在"主应用程序文件(M)"文本框中可更改主应用程序的文件名，本示例使用Chapter1_GettingStarted.mxml。

图1-11　新建Flex项目

图1-12　添加引用

单击"完成"按钮，完成创建 Flex 项目。

可以见到"包资源管理器"窗口中新增了 SuperMap iClient for Flex 项目 HelloiClientforFlex，如图 1-13 所示，此时就可以在打开的 Chapter1_GettingStarted.mxml 中添加代码了。

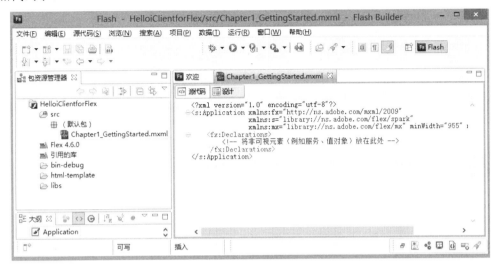

图 1-13　Flex 项目

3. 添加代码

在 Chapter1_GettingStarted.mxml 中添加如下代码，实现访问 SuperMap iServer Java 提供的地图 REST 服务的功能。加粗字体部分为添加的代码。其中地图控件 Map 和 SuperMap iServer Java 图层 TiledDynamicRESTLayer 的具体使用方法将在第 3 章中介绍。

Chapter1_GettingStarted.mxml

```
<?xml version="1.0" encoding="utf-8"?>
<s:Application xmlns:fx="http://ns.adobe.com/mxml/2009"
          xmlns:s="library://ns.adobe.com/flex/spark"
          xmlns:mx="library://ns.adobe.com/flex/mx"
          xmlns:ic="http://www.supermap.com/iclient/2010"
          xmlns:is="http://www.supermap.com/iserverjava/2010"
          width="100%" height="100%">
    <!--添加地图-->
    <!-- url：GIS 服务地址； -->
    <ic:Map id="map" x="0" y="0" height="100%" width="100%" >
      <is:TiledDynamicRESTLayer url="http://localhost:8090/iserver/services/
map-China/rest/maps/china"/>
    </ic:Map>
</s:Application>
```

4. 运行项目并浏览

按 Ctrl+F11 组合键运行程序，可以在浏览器中看到 SuperMap iServer Java 服务发布的中国地图(如图 1-14 所示)。

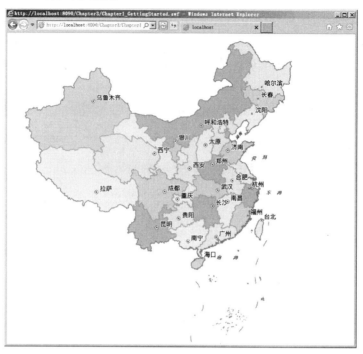

图 1-14　访问 SuperMap iServer Java 发布的中国地图

1.2　SuperMap iClient for Flex 的定位

在学习了基于 SuperMap iClient for Flex 构建 Web GIS 应用的基本流程后，本节介绍在 Web GIS 系统中各层次的职能及其关系，有助于开发者全面了解项目开发过程中需要考量的各个环节，选择合适的数据服务和功能服务来源。

一个典型的 Web GIS 系统可抽象为数据层、服务端和客户端三个组成部分。在 SuperMap GIS 技术框架下，各层次代表的软件分别为桌面软件 SuperMap Deskpro .NET、服务器 SuperMap iServer Java 和客户端 SuperMap iClient for Flex(如图 1-15 所示)。

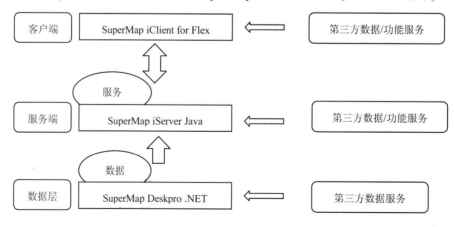

图 1-15　基于 SuperMap 平台的 Web GIS 系统服务来源

- **数据层**：使用 SuperMap Deskpro .NET 等桌面软件制作数据(包括地图的制作、业务数据的整合等)，制作成果为 SuperMap 工作空间(文件类型为.smw、.sxw、.smwu 或.sxwu)，其中包含了项目所需的专题地图、属性信息和空间信息等数据。工作空间中数据的来源可以是本地文件或数据库存储的各类型数据；还可使用 SuperMap Deskpro .NET 直接打开第三方标准数据服务，如 OGC 标准的 WMS 和 WFS 服务、SuperMap 云服务等网络数据，并将其保存在工作空间当中或进行缓存图片的制作。

  本书不再详细说明 SuperMap 工作空间的制作方法。在本书配套光盘中提供了各章使用的 SuperMap 工作空间数据。

- **服务端**：如 1.1.1 节所示，SuperMap iServer Java 可将 SuperMap 工作空间数据通过 REST、WMS、WFS 等各类协议进行发布，供客户端调用。例如：将工作空间中的地图发布为 REST 地图服务资源，将工作空间中的数据发布为 WFS 数据资源等。同时，SuperMap iServer Java 强大的服务聚合能力可以聚合各类第三方标准服务，还可将各种来源服务聚合后重新发布。

- **客户端**：作为 SuperMap iServer Java 配套客户端软件，SuperMap iClient for Flex 可用于调用服务端发布的各类地图服务和功能服务。另外还可在客户端调用 SuperMap 云服务及其他第三方标准服务，在客户端实现服务聚合。

综上所述，SuperMap iClient for Flex 等客户端软件的定位在于调用各类 GIS 服务器发布的服务，在客户端通过丰富、灵活的形式对地图、数据进行呈现。

1.3　SuperMap iClient for Flex 的组成与开发包结构

本节详细介绍 SuperMap iClient for Flex 软件包的组成和开发包结构。软件除本身的软件包外，还包含两款扩展软件：UI 开发框架 SuperMap Flex Bev 和移动端开发包 SuperMap Flex Mobile(将分别在第 14 章和第 15 章具体介绍)。

1.3.1　软件包组成

SuperMap iClient for Flex 软件包的详细目录结构如图 1-16 所示。

图 1-16　SuperMap iClient for Flex 软件包的目录结构

- **help**：帮助文档文件夹，其中包含 SuperMap iClient 6R(2012) for Flex Help.chm 帮助文档。

- **libs**：存放 SuperMap iClient for Flex 库文件，是软件的核心。
- **samples**：存放 SuperMap iClient for Flex 的示范代码。此文件夹中的 readme.txt 介绍了导入示例代码至本地项目的帮助信息。
- **crossdomain.xml**：跨域文件，其具体用途已在 1.1.2 节介绍。
- **SuperMap_iClient_6R(2012)_for_Flex_Readme_CHS.pdf**：自述文件，主要介绍软件包中各个文件的作用。建议在使用软件之前详细阅读此文档。

1.3.2 开发包结构及其主要功能

SuperMap iClient for Flex 安装目录下的 libs 文件夹中存放了软件的核心——库文件。在现有的 5 个类库中，SuperMap.Web.iServerJava6R.swc 和 SuperMap.Web.iServerJava2.swc 分别负责对接 SuperMap iServer Java 6R 和 2008 版本提供的服务，另外 3 个类库 SuperMap.Web.swc、SuperMap.Web.Symbol.swc 和 SuperMap.Web.Gear.swc 主要负责各类数据在客户端的呈现。表 1-2 详细介绍了每个类库中各命名空间的作用。

表 1-2 SuperMap iClient for Flex 包结构与功能

动态库文件	库文件的定位	命名空间	主要功能
SuperMap.Web.swc	客户端核心库	com.supermap.web.actions	地图操作相关类，包括绘制点、线、面，地图放大/缩小，客户端地物编辑等
		com.supermap.web.clustering	聚散显示相关类
		com.supermap.web.components	与地图相关的组件，包括放大镜、鹰眼、时间轴、导航条、罗盘、历史视图、矢量数据绑定列表、比例尺等
		com.supermap.web.core	用于定义附有地理信息的类对象，包括坐标参考系、要素 Feature、客户端矩形、客户端点对象等
		com.supermap.web.events	与客户端功能相关的所有事件类，如地图事件、平移事件、要素图层事件等
		com.supermap.web.mapping	包含图片图层的基类、云服务图层类、客户端图层类及其他辅助类

动态库文件	库文件的定位	命名空间	主要功能
SuperMap.Web.swc	客户端核心库	com.supermap.web.ogc	支持 OGC 标准的服务，包括 WMS、WMTS、WFS、WFS-T 等
		com.supermap.web.rendering	客户端渲染相关类
		com.supermap.web.resources	用于定义错误异常的相关类
		com.supermap.web.themes	主题风格包
		com.supermap.web.utils	辅助工具包，包括比例尺与分辨率之间的相互转换，求取一个多边形内所包含的几何点等
SuperMap.Web.Symbol.swc	行业符号库	com.supermap.web.symbol	用于表示通信行业基站的三叶草样式符号
SuperMap.Web.Gear.swc	工具包	com.supermap.web.gears	地图打印
SuperMap.Web.iServerJava6R.swc	支持 SuperMap iServer Java 6R (2012) 服务的动态库	com.supermap.web.iServerJava6R	支持 SuperMap iServer Java 6R 服务的公共包
		com.supermap.web.mapping	包含专门对接 SuperMap iServer Java 6R 服务的图层：DynamicRESTLayer、HighlightLayer 和 TiledDynamic-RESTLayer
		com.supermap.web.resources	用于定义错误异常的相关类
SuperMap.Web.iServerJava2.swc	支持 SuperMap iServer Java 2008 服务的动态库	动态库结构、主要功能、使用方法等与 SuperMap.Web.iServerJava6R.swc 类似，本书不做介绍	

在类库的设计思路上，SuperMap iClient for Flex 体现了定位明确、易于扩展的特点。具体表现在：核心库 SuperMap.Web.swc 中包含了地图图层基类、服务基类等，而对接具体服务的图层类和服务类在相应类库中实现。例如对接 SupcrMap iScrver Java 6R 地图服务的图层 TiledDynamicRESTLayer 继承自核心库中的 TiledDynamicLayer。当需要对接特定的服务时，可通过扩展核心库中的基类实现服务对接(在本书第 3 篇"扩展开发"部分中，将详细讲解如何扩展对接第三方地图服务与功能服务的方法)。

1.4　快　速　参　考

目　标	内　容
Web GIS 开发流程	数据的获取(数据来源的选择与数据制作)→GIS 服务的准备(服务来源的选择)→开发环境准备(IDE 的安装与开发包的获取)→项目开发
SuperMap iClient for Flex 软件包结构	包含 SuperMap.Web.swc、SuperMap.Web.Symbol.swc、SuperMap.Web.Gear.swc、SuperMap.Web.iServerJava6R.swc 和 SuperMap.Web.iServerJava2.swc 5 个包。具体功能参见表 1-2

1.5　本　章　小　结

　　本章通过开发一个入门级的 Flex 地图显示程序，讲解使用 SuperMap iClient for Flex 进行 Web GIS 项目开发的整个流程，包括如何进行服务与开发环境的准备，创建及发布地图应用的流程等，为后续开发章节的学习打下基础。另外，本章还介绍了软件的包结构，为读者提供快速参考。

第 2 章　Apache Flex 开发技术

Apache Flex 原名 Adobe Flex(通常简称为 Flex，下文提及的 Flex 若无特殊说明，均指 Apache Flex)，是 Adobe 公司将 Flex 框架贡献给 Apache 基金会后更名而来。Apache Flex 是一个高效、免费的开源框架，涵盖了支持 RIA(Rich Internet Application)开发和部署的一系列技术组合，可用于构建具有表现力的 Web 应用程序，这些应用程序利用 Adobe Flash Player 和 Adobe AIR，运行于浏览器和桌面中。本章重点介绍 Flex 的技术现状以及编程基础等，为用户后续的开发工作提供技术支持。

本章主要内容：
- Flex 及 Flash 新特性及在 SuperMap iClient for Flex 中的应用
- Flex 编程基础知识

2.1　RIA 技术简介

RIA 是 Rich Internet Application 的缩写，即富互联网应用程序。早期应用程序结构普遍采用 C/S 模式(Client/Server，简称 C/S)，即大家熟知的客户机/服务器结构，客户端的数据处理能力较强，但因应用程序的不断更新而带来的部署问题却限制了此种模式的应用范围。之后，随着互联网的迅速发展，出现了浏览器/服务器(Browser/Server，简称 B/S)应用程序，B/S 程序的应用解决了 C/S 程序的更新部署困难问题，但其表现层建立于 HTML 页面之上，无法达到 C/S 程序展现丰富数据的体验效果。然而 RIA 技术正是吸取了 C/S 与 B/S 模式的优点，而又弥补了两者的不足之处，它不仅提供多种数据模型来处理客户端复杂的数据操作，减轻服务器负担，提升客户端响应速度，同时还支持丰富的界面元素，可以为用户带来更好的使用体验。

目前常见的 RIA 技术包括 Flex、Silverlight、HTML 5、Laszlo、JavaFX 等。其中 Flex 技术是一个提供开发设计和运行支持的架构，可以使开发人员创建利用 Adobe Flash Player 作为前台的富客户端应用程序，从而满足用户更为直观和极具交互性的在线体验。

2.2　Flex 及 Flash 新特性

2012 年底，Apache Flex 及 Adobe Flash 均发布了新版本，其家族中各位主要成员在移动端、PC 端都有突破性的进展，下面将对此进行系统介绍。
- Apache Flex SDK 4.6 及以上版本
  是继 4.5 版本之后迈向跨平台移动应用程序开发的一个重要里程碑。首先它包含一些针对移动而优化的新的 Spark 组件，如 SplitViewNavigator、CallOutButton 等；

其次该版本进行了许多关键性能优化，移动应用程序具有更高的性能，响应更加迅速；最后，它还提供对最新移动操作系统版本(包括 Apple iOS5 和 Google 即将发布的 Android 更新)的支持。

- Adobe AIR 3.0 及以上版本

  支持 Adobe AIR 本地扩展功能(AIR Native Extension，简称 ANE)，详情请参见2.2.1 节。

  支持 Stage 3D 渲染引擎，详情请参见 2.2.2 节。

  支持运行时绑定(Android 和桌面)：在之前的版本中，最终用户在安装应用之前，需要首先安装 AIR 的运行时，然而 AIR 3.0 则允许用户绑定应用程序和 AIR 运行时，应用程序在安装过程中会自动检测 AIR 环境(如果未安装则自动进行安装)。

  支持原生 JSON(移动和台式机)。原先只能使用 ActionScript 来解析 JSON，现在则是由运行时提供更有效的原生 JSON 支持。相对于 ActionScript 实现，原生的 JSON API 的速度更快，内存占用更少。

- Adobe Flash Player 11.4 及以上版本

  支持多线程：详情请参见 2.2.3 节。

  支持 Stage 3D 渲染引擎：详情请参见 2.2.2 节。

  支持原生 JSON(JavaScript 数据交换格式)：ActionScript 开发人员现在可以利用高性能的本地解析来生成 JSON 格式的数据，把现有的数据无缝集成到以往的项目中。

  三次贝塞尔曲线：通过 Graphics.cubicCurveTo 绘图 API，开发人员可以很容易地创建复杂的三次贝塞尔曲线。

- Adobe Flash Builder 4.6 及以上版本

  随着 Flex 4.6 的发布，Flash Builder 也有了强大更新。除了支持 Flex 框架中的新功能，Flash Builder 还包含将使开发人员能够构建更出色的跨平台移动应用程序的新功能：原生扩展和运行时绑定(Captive Runtime)。

  Flash Builder 中的其他改进包括支持监控移动项目的网络流量(使用 Flash Builder Network Monitor)，支持移动项目的单元测试(使用 FlexUnit)，以及在 Flash Builder 开始页面中突出显示了新内容和扩展。

  SuperMap iClient for Flex 产品是基于 Flex SDK 4.0 开发的富客户端 API 产品，它可以从 Flex SDK 4.0 无缝集成至 4.6 版本，为了方便开发人员更快、更灵活地搭建 GIS 应用项目，SuperMap iClient for Flex 还在 Flex SDK 4.6 版本的基础上推出了 SuperMap iClient Flex Bev 解决方案，以供用户快速搭建开发平台。

在移动端方面，SuperMap iClient for Flex 推出了 SuperMap Flex Mobile 移动二次开发包。它是基于 Flex SDK 4.6 构建而成的，可以在 AIR 环境中快速实现地图浏览、标注、查询、编辑、分析等 GIS 功能；支持离线数据读取，在无网络条件下仍可便捷地访问地图。同时还提供开发 API，用户可以调用这些 API 灵活定制自己专属的移动应用。

本节主要针对 ANE、Stage 3D、多线程三大技术进行介绍，以便用户对 Flex 技术有更深层次的认识，从而充分利用 SuperMap iClient for Flex 实现项目构建。有关 Flex 的更多详细内容，可参见 Flex 官方网站。

2.2.1　ANE

AIR 本地扩展功能(AIR Native Extension，简称 ANE)允许用户将本地的 C、Objective-C 以及 Java 库与 ActionScript 代码进行配对组合。本地扩展利用设备的独特和特定于平台的功能，允许在 ActionScript 应用程序中使用原生代码，重用现有的平台代码，在线程中执行操作来提高应用程序的处理能力，以及提供对原生平台库的访问。本地扩展的封装和分发就像所有其他 ActionScript 库一样：既可以分发自己的库，也可以使用其他开发人员发布的原生扩展，将功能插入自己的应用程序中。

Flash Builder 4.6 以上版本的开发平台对那些充分利用 Adobe AIR 本地扩展功能的移动和桌面应用程序提供一个端对端工作流程。如果用户希望在应用程序中使用本地原生代码，通过项目属性打开"Flex 构建路径"对话框，将一个 AIR 本地扩展文件(.ANE)拖拽到 Flash Builder 项目中即可。如图 2-1 所示，使用"本机扩展"选项卡可以管理添加到项目中的各种扩展功能。单击"添加 ANE..."按钮，可为应用程序导入一个单一的本地扩展功能；单击"添加文件夹..."按钮，可导入一个含有多个本地扩展功能的目录。

图 2-1　导入 AIR 本地扩展文件

相应的扩展功能导入项目中后，就可以在前端调用 Objective-C 或 Java 的原生代码和功能了。

除了上述在 Flash Builder 中使用本地扩展文件以外，使用命令行工具 adt，向它传递一些参数，也能使用本地扩展文件与开发的代码打包成移动应用的 APK 或 APA 文件。

详细的介绍和使用方法，读者可以访问 Adobe ANE 的官方使用地址：http://www.adobe.com/cn/devnet/air/articles/developing-native-extensions-air.html。

在以下情况下，本机扩展非常有用。

● 本机代码实现对特定平台的功能访问。这些特定于平台的功能在内置

ActionScript 类中不可用，也无法在特定于应用的 ActionScript 类中实现。本机代码实现可以提供此类功能，因为它可以访问特定于设备的硬件和软件。

- 本机代码实现有时可能比仅使用 ActionScript 的实现速度更快。

2.2.2　Stage 3D

以往，人们使用 3D 技术在 Flash 中开发出了很多绚丽多彩的应用，业界也出现了很多基于 Flash ActionScript 语言的 3D 框架和引擎，如 Papervision3D、Away3D 和 Alternativa3D 等，利用这些框架和引擎能简化 3D 项目的开发工作。然而，当时的 Flash 3D 框架和引擎是不支持 GPU 硬件加速的，把渲染工作全留给了 CPU，导致系统性能极其低下，只能做出很简单的 3D 模型和场景，在 Adobe Flash Player 11 及 AIR 3 以前的所有 3D 渲染都是基于 CPU 软件渲染模式的。

Stage 3D 技术的出现解决了这一问题，它把庞大的 3D 运算交给了计算机的图形处理单元 GPU，只需消耗很少的 CPU 就能够渲染出复杂的 3D 模型和场景。

下面对 CPU 软件渲染和 GPU 硬件渲染两种模式进行比较。

一般来说，一个 3D 场景由一组 3D 几何图形组成。每个几何图形由一组三角形组成，而每个三角形又由一组顶点组成。所以，一个 3D 场景最终是由一组顶点组成，再加入一些相关渲染信息，如纹理或者顶点颜色。

- **CPU 软件渲染模式**：基于 CPU 软件渲染模式的 3D 引擎会接收顶点的数据流，计算每个三角形在屏幕上的位置，再提示 Flash Player 利用一系列填充操作逐个渲染每个三角形。这种由引擎内置程序执行的过程是非常耗时的，由于场景内容是以三角形而非像素为单位进行渲染的，三角形经常会被放置到错误的位置和错误的层面上。为了性能方面的考虑，Flash Player 10 在一个 3D 场景中只能同时渲染 4000 个三角形。
- **GPU 硬件渲染模式**：软件只需要定义几何图形数据，将它们传递给 GPU，GPU 接收数据后，完全接管了渲染 3D 内容的工作。由于 CPU 所做的工作只是将渲染的参数传给 GPU，而 GPU 则被用来执行专门的操作，即计算顶点和渲染三角形，因此，相比于 CPU 渲染，三维应用运行起来会更快、更高效。

2.2.3　多线程

Adobe Flash Player 11.4 以上版本引入了可编程的 AS3 多线程控制功能——ActionScript Workers，它是 Flash 播放器运行时内置支持的，开发者可以通过 API 编程控制多线程机制。Flash 开发者尤其是游戏开发者可以将高延迟大容量的数据逻辑操作放在多个线程"workers"里来执行，这些线程将由运行时在后台分配不同的执行任务管道，以此来解决以前复杂内容导致的 UI 冻结、动画卡顿等多种问题。目前，Adobe AIR 的移动端暂时不支持多线程功能。

2.2.4　新技术应用

Flex 和 Flash 在各自的技术领域都有了突破性的发展，上述几个小节选取了主要的新特性。SuperMap iClient for Flex 结合这些特性，有效地改善客户端软件的性能，增强软件的功能。ANE 能够调用移动设备的原生功能和第三方工具，如与社交网络相关的地图系统通过 ANE 可操作微信作为通信工具；Stage 3D 使得开发轻量级三维地图客户端并在移动设备中显示成为可能；对于解决客户端海量数据查询和耗时算法的优化而言，多线程则是一个非常好的选择。

2.3　Apache Flex 编程基础

熟悉了 Flex 新技术之后，本节步入初级开发阶段，主要介绍如何构建 Flex 开发环境，并对 Flex 应用程序的运作机理、开发元素等内容进行详细介绍。

2.3.1　Flex 程序的开发工具

Flex 项目常用的开发工具有两种：一种是 Adobe Flash Builder，另一种是 Eclipse(MyEclipse)整合 Adobe Flash Builder 插件的方式。下面分别介绍两种开发环境的使用。

1. Adobe Flash Builder 开发平台

Adobe Flash Builder 可以帮助开发人员使用 Flex SDK 快速开发跨平台的富客户端应用程序，具有可视化代码和设计视窗以及强大的代码提示功能。它提供智能编码、调试和功能强大的测试工具，这些工具可以提高开发速度并创建出性能更高的应用程序。

Adobe Flash Builder 开发环境包括三个基本要素：开发模式、代码编辑器和界面设计面板。其中开发模式包括运行和调试两种；代码编辑器主要支持对 MXML、ActionScript 和 CSS 语言进行编辑，以帮助用户管理代码，排除程序中的故障；界面设计面板用于协助用户进行可视化界面交互设计，无论是技术精湛的开发人员，还是不熟悉开发技巧的设计人员都可以很轻松、快捷地部署出用户界面。

Adobe Flash Builder 最新的 4.6 版本"设计"视图的界面如图 2-2 所示。

进行程序编写的界面如图 2-3 所示。

有关如何使用 Adobe Flash Builder 4.6 创建一个 Flex 应用程序的内容，请参考 1.1.3 节。项目创建完成后的目录结构如图 2-4 所示，其中各文件、目录的作用说明如表 2-1 所示。

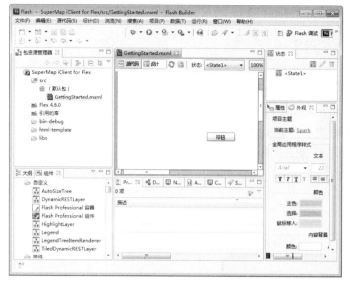

图 2-2 "设计"视图界面

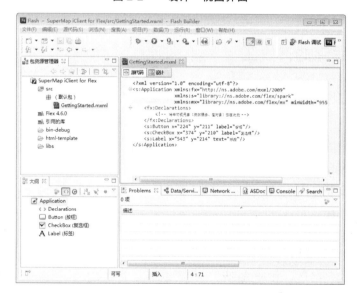

图 2-3 程序编写界面

图 2-4 Flex 项目结构

表 2-1　Flex 项目结构说明

文件或目录	作用说明
.project	描述项目信息，如项目名称、项目注释、相关项目信息及编译参数等
.flexProperties	记录了与 Flex 本身相关的信息，如编译器参数，已创建的 application、module、cssfile 等
bin-debug	用于保存编译后的可执行文件
html-template	用于保存编译后的文件模板，如 js 文件、html 模板、flash 安装文件等
src	保存创建的源文件，如.mxml 文件等，用户可根据情况设置源文件保存目录
libs	用于存放项目所用的库文件

2. Eclipse 插件式开发模式

在 Eclipse(MyEclipse)中直接整合 Adobe Flash Builder 插件也是项目开发人员常用的一种开发模式，下面以 MyEclipse-8.6 和 Adobe Flash Builder 4.6 Plug-in 为例，说明如何将两者整合起来。

(1)　首先安装 MyEclipse-8.6 软件和 Flash Builder 4.6 Plug-in 插件。注意，在安装 Flash Builder 4.6 Plug-in 的过程中要正确设置 Eclipse 安装根目录，如图 2-5 所示。

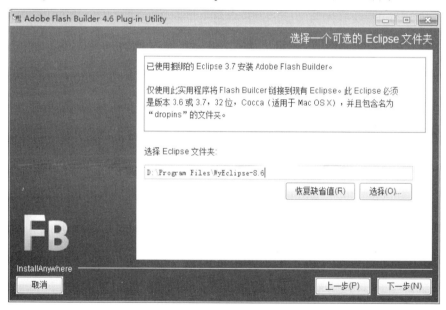

图 2-5　设置 Eclipse 目录

(2)　安装完插件后打开 MyEclipse，在"打开透视图"对话框中选择 Flash 选项，如图 2-6 所示。

(3)　单击"确定"按钮，将开发环境切换至 Flex 环境下，如图 2-7 所示，切换后的窗体结构与 Adobe Flash Builder 平台非常相似，用户可以很方便地在此创建 Flex 应用程序。

图2-6 "打开透视图"对话框

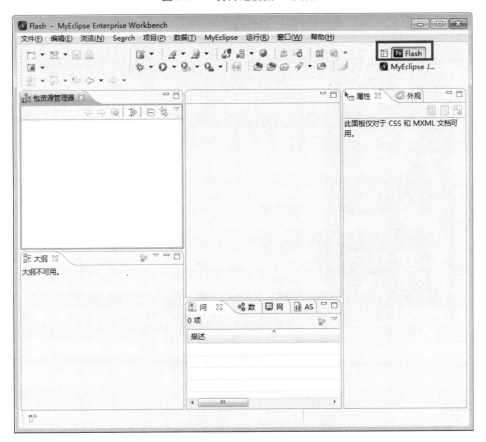

图2-7 Flash 透视图

2.3.2　Flex 程序的组成元素

通常一个 Flex 应用程序包括 Flex framework、MXML、ActionScript、CSS、图形资源和数据等多个元素。

- Flex framework

  Flex framework 包含了创建 RIA 所需的所有组件，如用于应用程序布局规划的容器、获取数据控制的文本框和按钮等组件、事件驱动的开发模式及数据绑定、数据格式化和有效值验证。Flex framework 被包含在公用组件库文件中。

- MXML

  一个 Flex 应用程序至少包含一个 MXML 文件，MXML 文件是该程序的主文件。MXML 语言是一种标记语言，其本质是基于 XML 的一种实现。在 MXML 文件中可以方便地使用 MXML 语言来定义用户界面。

- ActionScript

  ActionScript 是基于 ECMAScript 的一种实现，类似于 JavaScript。可以将 ActionScript 作为一个脚本块，插入 MXML 文件中；也可以直接创建一个单独的 ActionScript 类文件，在其他类中进行引用。

- CSS

  样式的属性一般可通过 4 种方式来定义：主题(theme)、CSS 文件、<style/>标签和组件皮肤(skin)。其中 CSS 文件可以通过设置组件的样式属性来改变组件的外观，从而有条理地控制组件的视觉效果。

- 图形资源

  与很多应用程序一样，Flex 程序也包含了各种各样的图形资源，如图片、按钮、文本等。

- 数据

  可以使用多种数据模型将数据与目标对象进行动态绑定，如将数组或外部 XML 数据资源与 ComBox、DataGrid 等数据显示组件绑定，从而形成数据源与组件内容间的互链接，即一方发生变化，另一方也会随之而变。

2.3.3　Flex 程序的工作原理

Flex 应用程序最终会被编译成一个 SWF 文件，运行于 Adobe Flash Player 中。在源代码被编译的过程中，无论 CSS 还是 MXML 都会被转换成 ActionScript 类，并与图形和其他资源合并到 SWF 文件里。在运行时，SWF 文件与所需的外部库、服务和数据源进行交互，工作原理如图 2-8 所示。

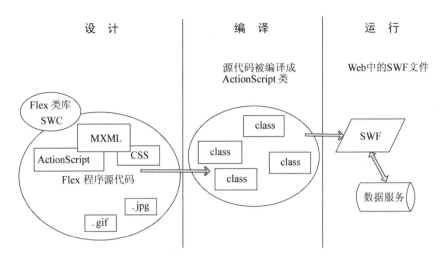

图 2-8　Flex 程序的工作原理

2.3.4　Flex 程序的界面设计

Flex SDK 中封装了多种类型丰富且使用灵活的组件，并且提供了以组件为基础的开发模式，其应用程序界面也是基于各种组件进行设计的。除利用既定组件外，还可以自定义组件来满足多种设计需求，这些组件主要包括控件、容器、样式和皮肤等，下文将对此进行详细阐述。

1. 控件

Flex 控件是用户界面的基本构成元素，如文本框、按钮、滚动条等。Flex 类库提供了丰富的控件，大致分为按钮控件、菜单控件、文本相关控件、数据源控件和其他 Flex 控件。

按钮控件的常用类型及其说明如表 2-2 所示。

表 2-2　按钮控件

按钮类型	说　明
Button(按钮)	大小可变，可包含图片、标签
ButtonBar(按钮条)	可显示一行外观相同的按钮
CheckBox(复选框)	表示被选择和未被选择的布尔值
RadioButton(单选按钮)	在一组按钮中选择一项
RadioButton Group(单选按钮组)	表示一组单选按钮控件，具有唯一的单击事件
ToggleButtonBar(开关按钮)	可显示一行相关的按钮
LinkButton(链接按钮)	可显示文本链接
LinkBar(链接条)	可显示一行链接按钮
PopUpButton(弹出按钮)	可弹出菜单的按钮

菜单控件的常用类型及其说明如表 2-3 所示。

表 2-3　菜单控件

菜单类型	说　明
Menu(菜单)	包括多个可单独选择的菜单项
MenuBar(菜单条)	在一个水平条中排列显示最上一级菜单项
PopUpMenuButton(弹出菜单按钮)	将弹出按钮和菜单结合，单击按钮时可以弹出菜单

文本相关控件的常用类型及其说明如表 2-4 所示。

表 2-4　文本相关控件

文本相关类型	说　明
Label(标签)	显示单行文本，不可编辑
Text(文本)	显示多行文本，不可编辑
TextInput(文本输入框)	显示单行文本，可编辑
TextArea(文本区域)	显示多行文本，可编辑
RichTextEditor(富文本编辑器控件)	显示纯文本和 HTML 格式的富文本，同时可输入、编辑和格式化文本

数据源控件的常用类型及其说明如表 2-5 所示。

表 2-5　数据源控件

数据源类型	说　明
ComboBox(下拉列表)	通过列表选择单一值显示列表数据
DataGrid(数据表格)	显示多列数据的列表，类似于 HTML 中的 Table
Tree(树结构)	通过分支和节点显示继承数据

其他 Flex 控件还包括 DateChooser(日期选择器)、HorizontalList(水平列表)、HRule/VRule(水平尺/垂直尺)、HSlider/VSlider(水平滑杆/垂直滑杆)、Image(图像)、List(列表)、ProgressBar(进度条)、ScrollBar/HScrollBar/VScrollBar(滚动条/水平滚动条/垂直滚动条)、NumericStepper(计数器)等。

2. 容器

Flex 容器提供了一种可以灵活布置子组件的层次结构，是能够容纳其子类的应用组件。开发者可以控制容器中子类组件的布局，改变其大小和位置。Flex 容器主要包括面板、盒子、列表及导航类容器等。一般而言，Flex 容器分为两种，即布局容器和导航容器。

(1) 布局容器可以对置于其中的子类组件进行位置和尺寸的限定，常用的布局容器及其说明如表 2-6 所示。

表 2-6　布局容器

容器类型	说　明
Canvas(画布)	定义了一个矩形框架的区域，用于放置容器和控件
Panel(面板)	可以显示标题条、标题、周边及放置子类的内容部分
TitleWindow(标题窗口)	可以显示标题条、边框和子类的内容区域，且可在浏览器中被拖动
Box/HBox/VBox(盒子/水平盒子/垂直盒子)	在水平或垂直方向上排列子类组件的盒子
DividedBox/HDividedBox/VDividedBox (分离盒/水平分离盒/垂直分离盒)	在水平或垂直方向上排列子类容器的盒子，但有一个可用鼠标拖动的分离标志
ControlBar(控制条)	通常在面板或弹出窗口的最下面出现的区域，放置各类控件
ApplicationControlBar(应用控制条)	ControlBar 的子类，但具有不同的外观和性能
Form(表单)	类似于 HTML 的表单，用于设计收集数据的页面
Grid(格栅)	由行和列组成的格栅单元中放入子类容器
Tile(排列模板)	在单元格中按顺序排列子类，如果一行放满则自动换行

　　(2)　导航容器用于控制置于其中的子类容器，且其子类必须是容器，而不是控件。导航容器不定义子类容器的布局和定位，只限制子类容器的顺序。Flex 中常用的导航容器及其说明如表 2-7 所示。

表 2-7　导航容器

容器类型	说　明
ViewStack(视窗堆栈)	将子类容器从上到下堆栈起来，每次只有一个容器可活动
TabNavigator(列表导航)	是 ViewStack 的子类，管理列表，每个列表都标记一个子类
Accordion(折叠导航)	将一系列面板叠加起来进行管理，可将几个页面分置在几个单独面板中，完成后统一提交

3. 样式

　　Flex 中可以通过丰富的样式来定义组件的外观，一些样式从父容器继承而来，并跨越了样式类型和类。样式能一次性定义，可以使所有同类型控件具有统一的样式。

　　Flex 样式的设计方式主要有两种：一是在 MXML 中使用 CSS，二是在 ActionScript 中使用 CSS。

　　(1)　在 MXML 中使用 CSS 是通过使用<fx:Style>标签来实现的，包括两种形式：一种是通过<fx:Style>标签中的 source 属性来使用外部样式表单文件；另外一种是使用本地的样式来进行定义，通过不同的类型选择器来实现。

　　(2)　在 ActionScript 中使用 CSS 是通过使用相关样式类及其方法实现的。常用样式类包括 StyleManager 类、CSSStyleDeclaration 类等。

4. 皮肤

Flex 中组件的状态是通过皮肤来表现的，皮肤即为组件的外观。在 Flex 中通过更换组件的视觉元素来改变组件外观，其中视觉元素来源于各种图形文件、类文件和 SWF 文件。Flex 除了具有默认的皮肤之外，还可以通过 CSS 来定义各种皮肤。

常用的皮肤类型包括图形皮肤、程序皮肤和状态皮肤。其中图形皮肤大多是以图形文件来表现的，如 BMP、JPEG、GIF 等文件；程序皮肤是通过矢量图形来定义的，包含一组具有起点、终点、颜色、宽度等的线；状态皮肤是通过视窗状态来定义的，如按钮等可以在不同状态下呈现不同的外观。

2.3.5　Flex 程序的安全策略

Flex 应用程序的安全性主要体现在安全沙箱上，安全沙箱模型类似于浏览器中的同源策略。在同域内，被加载的 SWF 文件及其他资源会被放到一个安全组下，这个安全组则被称为 Flex 安全沙箱。

安全沙箱分为远程沙箱与本地沙箱。

远程沙箱控制着远程域上浏览器环境中的安全策略，同一个域(严格域)下的所有文件属于一个沙箱，沙箱内的对象可以互相访问，如果沙箱之间的对象需要交互，则需要 Web 站点控制(跨域策略文件)与作者(开发人员)控制来解决。

本地沙箱对于 Flash 与 Flex 文件在桌面环境中的运行是一个至关重要的安全策略，分为 4 种类型。

(1) 只能与本地文件系统内容交互的沙箱：Adobe Flash Player 在默认情况下将所有本地 SWF 文件和资源放置在只能与本地文件系统内容交互的沙箱中。通过此沙箱，SWF 文件可以读取本地文件，但是无法以任何方式与网络进行通信，从而向用户保证本地数据不会泄漏到网络或以其他方式不适当地共享。

(2) 只能与远程内容交互的沙箱：被分配到只能与远程内容交互的沙箱中的 SWF 文件将失去其本地文件访问权限，但允许这些 SWF 文件访问网络中的数据。

(3) 受信任的本地沙箱：系统管理员和用户可以根据安全注意事项将本地 SWF 文件重新分配到受信任的本地沙箱，分配到受信任的本地沙箱的 SWF 文件可以与任何其他 SWF 文件交互，也可以从任何位置如远程或本地加载数据。

(4) AIR 应用程序安全沙箱：默认情况下，AIR 应用程序沙箱中的文件可以跨脚本访问任何域中的任何文件，但 AIR 应用程序沙箱以外的文件不会被允许跨脚本访问 AIR 文件。

在使用 SuperMap iClient for Flex 开发和部署应用程序时将涉及 Flex 安全沙箱问题，主要有以下两种情况。

(1) 当客户端应用程序与服务不在同一个域时，需要使用跨域文件，服务发布方式不同，则 crossdomain.xml 的存放地址也不同。例如，当客户端应用程序访问的 GIS 服务是 SuperMap iServer Java 服务，而该 GIS 服务默认使用 Tomcat 发布服务时，则将跨域文件放置在 <SuperMap_iServer_Install_Location>\webapps\ROOT 下；如果使用其他方式发布服务，则将跨域文件放置在服务器的根目录中。此种情况属于 Flex 远程沙箱中的 Web 站点

控制(跨域策略文件)问题。

(2) 当在本地直接访问 SuperMap iClient for Flex 范例程序时，如果出现"无法访问本地资源"类似的错误提示时，或显示空白页面，需要按照以下步骤解决此问题。

① 在系统安装盘(如 C 盘)中找到 C:\Users\[计算机名]\AppData\Roaming\Macromedia\Flash Player\#Security 文件夹(若系统盘中不存在该路径，可直接搜索"#Security"文件夹)，进入..\#Security\FlashPlayerTrust 目录下，新建一个.cfg 文件(文件名称可任意定义)，写入如下内容(如果本机还有更多盘符，按以下方式一一写入)：

```
C:\
D:\
E:\
```

② 进入 C:\Windows\System32\Macromed\Flash 路径下，查找是否存在 FlashPlayerTrust 文件夹。如果不存在，将上一步中的 FlashPlayerTrust 文件夹复制到此文件夹下；如果存在，则只需将上一步新建的.cfg 文件复制到此文件夹下即可。

③ 重新运行 Flex 范例程序。

如果系统中不存在(1)中所述的"#Security"文件夹，执行(2)、(3)步即可。在第(2)步中需新建 FlashPlayerTrust 文件夹，并按照第(1)步中所述新建.cfg 文件。

2.4 快速参考

目 标	内 容
Apache Flex	Apache Flex 原名 Adobe Flex(通常简称为 Flex)，是 Adobe 公司将 Flex 框架贡献给 Apache 基金会后更名而来。目前 Apache Flex 已发布 4.9 版本，在移动端、PC 端均有突破性的进展
ANE	AIR 本地扩展功能(AIR Native Extension，简称 ANE)允许用户将本地的 C、Objective-C 以及 Java 库与 ActionScript 和 Flex 代码进行配对组合
Stage 3D	CPU 仅需传递图形参数，图形渲染利用 GPU 硬件完成。相比于以往的 CPU 渲染，三维应用运行速度更快、更高效。Stage 3D 技术已在 AIR 3.0 和 Flash Player 11 上登陆
GPU	计算机的视频处理器，是一种专门用来处理 3D 对象的硬件
多线程	开发者可以通过 API 编程将高延迟、大容量的数据逻辑操作放置在多个线程中执行，从而解决以前复杂内容导致的 UI 冻结、动画卡顿等多种问题
安全沙箱	在同域内，被加载的 SWF 文件及其他资源会被放到一个安全组下，这个安全组则被称为 Flex 安全沙箱。安全沙箱分为远程沙箱与本地沙箱

2.5 本章小结

本章从 RIA 富客户端入手，为读者介绍 Apache Flex 富客户端技术，包括目前 Adobe Flash 的新特性(ANE、Stage 3D、多线程等)以及编程基础知识，为用户在技术路线的选择方面提供一定的依据，并为后续章节的理解奠定基础。

第 2 篇

GIS 常用功能开发

第 3 章　地图显示与操作

将地理数据展示于 Web 端是一系列 GIS 功能开发的基础。SuperMap iClient for Flex 提供地图控件 Map，用于统一管理地图显示与交互式浏览；提供数据容器 Layer，用于承载显示不同的数据类型。本章主要介绍地图显示与操作的基础知识，为后续章节介绍具体功能开发做准备。

本章主要内容：

- 地图显示原理与功能参数介绍
- 图层分类与使用方法
- 地图交互操作与辅助控件
- 地图应用技巧

3.1　地　　图

地图控件 Map 可被视作图层 Layer 的承载容器，继承自 Adobe Flex SDK:mx.core.Container 类，是容器类组件的一员，可以统一管理地图显示范围、显示的比例尺级别、叠加的图层等。本节首先介绍地图显示原理以及地图控件 Map 的功能参数。

3.1.1　地图显示原理

如图 3-1 所示，Map、Layer 和地理数据是地图显示的三个必不可少的元素。

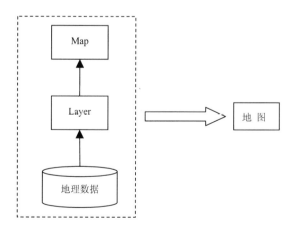

图 3-1　地图显示的要素

Map 作为 Layer 的承载器，两者必须一起使用，才能将地理数据以地图的形式展示于 Web 端。下面的代码用于向地图控件中添加一个图层，有关图层 Layer 的详细描述与分类将在 3.2 节介绍，在此以动态分块图层为例：

```
<supermap:Map>
    <iserver6R:TiledDynamicRestLayer url = "http://localhost:8090/
        iserver/services/maps/rest/maps/World" />
</supermap:Map>
```

在上面的示例中，http://localhost:8090/iserver/services/maps/rest/maps/World 作为数据来源，TiledDynamicRestLayer 作为数据承载器，Map 作为 TiledDynamicRestLayer 的容器，最终构成如图 3-2 所示的地图。

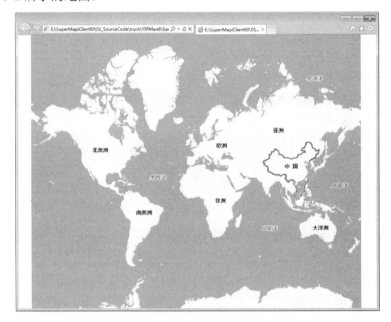

图 3-2　地图显示

3.1.2　Map 的功能参数

Map 作为整个地图的"控制器"，封装了大量的细粒度接口，本节对这些接口按照功能进行分类介绍。接口分类如图 3-3 所示。

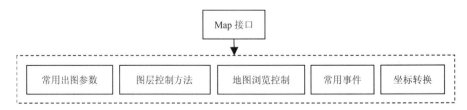

图 3-3　Map 接口分类

1. 常用出图参数

地图显示是一切项目应用的基础，Map 控件常用的出图接口如表 3-1 所示。

表 3-1　Map 常用出图接口

接　口	功能说明
layers: Object	地图中所包含的图层集合
viewBounds: Rectangle2D	控制地图可视范围
scales: Array	地图显示比例尺集合
resolutions: Array	地图显示分辨率集合
infoWindow: InfoWindow	信息浮窗(只读属性)
resolution: Number	地图当前分辨率
CRS: CoordinateReferenceSystem	地图坐标系(只读属性)，该属性值来源于第一个被加载的、具有坐标系信息的图层。坐标系中包含当前地图的投影信息代号(WKID)、地理单位等

Map 控件的 scales 和 resolutions 接口都可用于控制地图显示级别，选择其一设置即可。若设置了 scales 属性，内部会自动根据地图 DPI 将 scales 转换为 resolutions 进行出图显示。DPI、scale、resolution 三者之间的关系如下所示。

$$scale = 1 : \left(\text{Resolution} * \frac{\text{DPI}}{0.0254} \right)$$

InfoWindow 常用于显示地图或某一特征地物的属性信息，且一个 Map 只能对应一个 InfoWindow 对象。示例 Chapter3_1.mxml 在应用初始化时使用 viewBounds 将地图显示范围控制于中国区域，并使用 InfoWindow 标记北京位置信息。示例效果如图 3-4 所示。

Chapter3_1.mxml

```
<?xml version="1.0" encoding="utf-8"?>
<s:Application xmlns:fx="http://ns.adobe.com/mxml/2009"
            xmlns:s="library://ns.adobe.com/flex/spark"
            xmlns:mx="library://ns.adobe.com/flex/mx"
            xmlns:supermap="http://www.supermap.com/iclient/2010"
            xmlns:iServer6R="http://www.supermap.com/iserverjava/2010"
            creationComplete="creationCompleteHandler(event)">
    <fx:Script>
        <![CDATA[
            import com.supermap.web.core.Point2D;
            import com.supermap.web.core.Rectangle2D;
            import mx.events.FlexEvent;
            protected function creationCompleteHandler(event:FlexEvent):void
            {
                //设置 InfoWindow 显示内容
                map.infoWindow.content = content;
                //定义 InfoWindow 显示位置
                map.infoWindow.show(new Point2D(12958399.47, 4852082.44));
                //定义标题
```

```
                    map.infoWindow.label = "北京";

                    //下列代码通过 setStyle 方法定义 InfoWindow 外观显示
                    map.infoWindow.setStyle("paddingTop", 10);
                    map.infoWindow.setStyle("paddingBottom", 10);
                    map.infoWindow.setStyle("paddingLeft", 10);
                    map.infoWindow.setStyle("paddingRight", 10);

                    map.infoWindow.setStyle('backgroundAlpha', 0.8);
                    map.infoWindow.setStyle('backgroundColor', 0xffffffe);
                    map.infoWindow.infoWindowLabel.setStyle('color', 0x000000);
                    map.infoWindow.infoWindowLabel.setStyle('fontSize', "14");
                    map.infoWindow.infoWindowLabel.setStyle('paddingBottom', "15");
                    map.infoWindow.infoWindowLabel.setStyle('fontFamily', "微软雅黑");
                    map.infoWindow.infoWindowLabel.setStyle("lineBreak","toFit");
                    map.infoWindow.infoWindowLabel.maxDisplayedLines = -1;

                    map.infoWindow.infoWindowLabel.showTruncationTip = true;
                    map.infoWindow.setStyle('shadowAngle', 25);
                    map.infoWindow.setStyle('shadowAlpha', 0.4);
                    map.infoWindow.setStyle('shadowDistance', 15);
                    map.infoWindow.setStyle('borderStyle', "solid");
                    map.infoWindow.setStyle('borderThickness', 1);
                    map.infoWindow.setStyle('borderColor', 0x448844);
                    map.infoWindow.setStyle('infoPlacement', "top");
                    map.infoWindow.setStyle('infoOffsetY', 30);
                }
            ]]>
        </fx:Script>

        <fx:Declarations>
            <!-- 定义 InfoWindow 显示内容 -->
            <s:VGroup id="content" horizontalCenter="0" paddingLeft="8" paddingRight="8"
                      paddingTop="2">
                <s:Label text="SMID: 28"/>
                <s:Label text="X 坐标: 12958399.47"/>
                <s:Label text="Y 坐标: 4852082.44"/>
            </s:VGroup>
        </fx:Declarations>
        <!--加载地图-->
        <supermap:Map id="map" viewBounds="{new
        Rectangle2D(7754440.5411,1816976.7392,15605544.8421,7247678.6297)}">
            <iServer6R:TiledDynamicRESTLayer
    url="http://localhost:8090/iserver/services/map-china400/rest/maps/China"/>
        </supermap:Map>
    </s:Application>
```

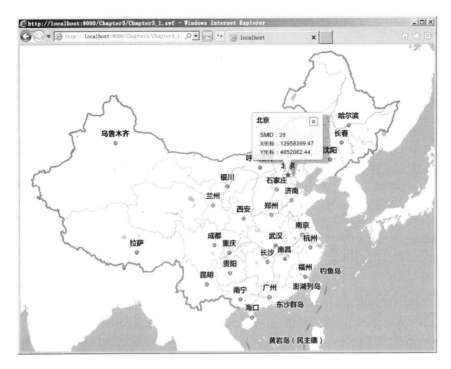

图 3-4 InfoWindow 示例

SuperMap iClient for Flex 提供多种样式供开发者用于定制 InfoWindow 外观,其中 InfoWindow.infoWindowLabel 的样式可参照 Adobe Flex Label 类。示例 Chapter3_1.mxml 在 ActionScript 代码中使用 setStyle()方法设置样式。同样,可以使用 getStyle()方法读取样式值, 示例代码如下。

```
var sAlpha:Number = map.infoWindow.getStyle('shadowAlpha');
```

2. 图层控制方法

动作脚本 ActionScript(简称 AS)与 MXML 标签语言都是 Adobe Flash Player 运行时环境 的编程语言,前者相对于后者具有更大的灵活性。除了使用 MXML 标签语言添加图层外, Map 控件还提供了表 3-2 列举出的 AS 接口,用于添加、删除、获取和刷新地图。

表 3-2 图层控件接口

接　口	功能说明
addLayer(layer:Layer, index:int = -1):String	添加图层,并且可通过参数指定新图层所在的上下位置, 这会影响图层的叠加后显示效果
removeLayer(layer:Layer):void	移除图层
removeAllLayer()	移除所有图层
getLayer(layerId:String):Layer	根据 ID 获取图层,若读者未对 Layer 设置 ID,内部会随 机生成 ID
refresh()	刷新地图,当地图属性变化后可调用此方法刷新地图显示

下例演示了通过 AS 代码实现在 Map 中加载图层的功能。

```
var layer:TiledDynamicRestLayer = new TiledDynamicRestLayer();
layer.url = "http://localhost:8090/iserver/map-rest/World";
map.addLayer(layer);
```

3. 地图浏览

地图浏览一般包括平移和缩放两种操作，Map 控件不仅提供 Function 方法实现浏览操作，同时还内置了通过鼠标、键盘与 Map 交互的功能。

1) 常用参数

表 3-3 列举了 Map 本身封装的一些常用浏览接口，以及鼠标、键盘交互操作接口。

表 3-3　常用交互操作接口

接　口	功能说明
panTo(pnt2D:Point2D):void	将地图平移至某一指定点
pan(offsetX:Number, offsetY:Number):void	按指定的偏移量进行平移
zoomIn(factor:Number = 1):void	放大，factor 表示放大比例，默认为 1 倍
zoomOut(factor:Number = 1):void	缩小，factor 表示缩小比例，默认为 1 倍
doubleClickZoomEnabled	是否支持双击缩放地图
keyboardNavigationEnabled	是否支持通过键盘对地图进行平移和缩放操作。点击上下左右键时地图在垂直或水平方向平移；点击 "+" 号或 "-" 号时进行地图缩放；f 键为全幅显示；home、end、pageup、pagedown 分别为左上、左下、右上、右下四个方向的平移
scrollWheelZoomEnabled	是否支持鼠标滚轮缩放地图

2) 动画效果控制参数

为了达到更好的用户体验效果，Map 控件还在平移缩放过程中嵌入了动画效果。表 3-4 列举出了一些可以控制浏览动画的接口。

表 3-4　浏览动画控制接口

接　口	功能说明
panDuration	地图从一个指定点平移到下一指定点的持续时间。默认值为 300 毫秒(0.3 秒)，最小取值为 1 毫秒。该属性对使用键盘或调用 panTo()接口平移有效
panEasingFactor	地图随鼠标平移的速度。取值范围在 0～1 之间，默认值为 0.2。值越大，平移速度越快。当取值为 1 时，鼠标平移动画取消。该属性仅对鼠标平移有效
panFactor	利用键盘上下左右键平移地图时的平移距离。取值范围在 0～1 之间，默认值为 0.2。例如当按下 "←" 键时，地图向左平移整个屏幕显示范围宽度的 0.2 倍距离
panHandCursorVisible	地图在平移过程中鼠标是否可见
zoomDuration	地图缩放的速度。默认值为 250 毫秒(0.25 秒)，最小取值为 1 毫秒

续表

接　　口	功能说明
zoomFactor	地图缩放因子。默认值为 2。当分辨率数组不为空时，每次放大或缩小地图的 level 属性加 1 或减 1；若分辨率数组为空，则表示地图比例尺放大 1 倍或缩小 1 倍
zoomEffectEnabled	地图在缩放过程中是否添加指示针动画，如左图——缩小，右图——放大

3)　多点触控参数

随着移动设备目前在 GIS 行业的深入应用，触屏功能对 PC 端也已有所要求，对此 Map 控件提供 multiTouchEnabled 接口。当该属性值为 true 时，在 Flex SDK 4.5 或以上版本条件下支持在 PC 端可触控屏幕上双指滑动放大、单指双击缩小的地图浏览操作。

4. 地图事件

事件监听与派发是 Flex 开发的核心技术之一，通过事件可以方便获取到某一状态下的数据信息。Map 控件提供了多种事件类型，以便捕获不同操作状态下的数据信息。常用事件类型如表 3-5 所示。

表 3-5　常用事件类型

事件名称	事件类型	功能说明
load	MapEvent.LOAD	当地图中第一个图层被加载完成时触发。不管地图中有多少个图层,只有第一个图层被加载时该事件才会被触发
layerAdd	MapEvent.LAYER_ADD	在地图中添加图层时触发,通过 Map.layers 或 Map.addLayer()方法加载图层时都会触发该事件
layerRemove	MapEvent.LAYER_REMOVE	在地图中删除某一图层时触发
layerRemoveAll	MapEvent.LAYER_REMOVE_ALL	清空地图中所有图层时触发
viewBoundsChange	ViewBoundsEvent.VIEWBOUNDS_CHANGE	地图可视范围(地理范围)发生变化时触发,即 Map 的 viewBounds 事件发生变化时触发
panStart	PanEvent.PAN_START	地图平移开始时触发

事件名称	事件类型	功能说明
panEnd	PanEvent.PAN_END	地图平移结束时触发,通过该事件可获取地图当前显示范围
zoomStart	ZoomEvent.ZOOM_START	地图缩放开始时触发
zoomEnd	ZoomEvent.ZOOM_END	地图缩放结束时触发,通过该事件可获取地图当前的显示级别相关信息
mapClick	MapMouseEvent.MAP_CLICK	鼠标点击地图时触发,通过该事件可获取点击点的地图坐标

注意 所有事件必须先监听后派发,即首先通过 addEventListerner() 监听事件,然后在某一操作下捕获到相应事件。

示例 Chapter3_2.mxml 使用 AS 代码监听 load 事件获取地图初始化分辨率、可视范围、坐标系等地图信息,示例效果如图 3-5 所示。

Chapter3_2.mxml

```
<?xml version="1.0" encoding="utf-8"?>
<s:Application xmlns:fx="http://ns.adobe.com/mxml/2009"
              xmlns:s="library://ns.adobe.com/flex/spark"
              xmlns:mx="library://ns.adobe.com/flex/mx"
              xmlns:supermap="http://www.supermap.com/iclient/2010"
              xmlns:iServer6R="http://www.supermap.com/iserverjava/2010"
              initialize="creationCompleteHandler(event)">
    <fx:Script>
        <![CDATA[
            import com.supermap.web.events.MapEvent;
            import mx.events.FlexEvent;
            protected function map_loadHandler(event:MapEvent):void
            {
                // 获取地图信息
                this.mapUnit.text += event.map.CRS.unit;
                this.mapRes.text += event.map.resolution.toString();
                this.mapView.text += "\n" + "left: " +
                        event.map.viewBounds.left.toString() + "\n" +
                    "bottom: " + event.map.viewBounds.bottom.toString() +
                "\n" + "right: " + event.map.viewBounds.right.toString() +
                "\n" + "top: " + event.map.viewBounds.top.toString();
            }
            protected function creationCompleteHandler(event:FlexEvent):void
            {
                // 监听 MapEvent.LOAD 事件
                map.addEventListener(MapEvent.LOAD,map_loadHandler);
            }
        ]]>
    </fx:Script>
```

```
<!--加载地图-->
<supermap:Map id="map">
    <iServer6R:TiledDynamicRESTLayer url="http://localhost:8090/iserver/
services/map-china400/rest/maps/China"/>
</supermap:Map>
<s:VGroup top="5" left="5">
    <s:Label id="mapUnit" text="地图单位:"/>
    <s:Label id="mapRes" text="初始化分辨率:"/>
    <s:Label id="mapView" text="初始化可视范围:" maxWidth="175"/>
</s:VGroup>
</s:Application>
```

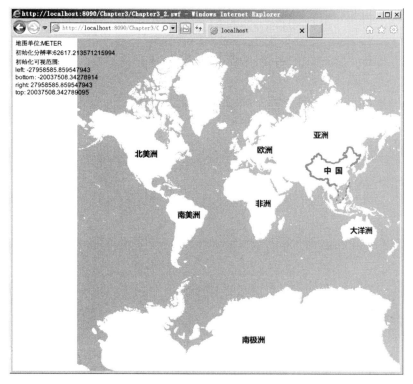

图 3-5　监听 Map 的 load 事件

除了利用 AS 代码监听 load 事件，还可以使用 MXML 标签监听 load 事件，示例代码
如下：

```
<supermap:Map id="map" load="map_loadHandler(event)">
    …
</supermap:Map>
```

5. 坐标转换

地图显示的本质是将地理数据的地理坐标转换为屏幕像素坐标显示于 Web 端。表 3-6
列出了 Map 中封装的 4 种地理坐标与像素坐标间的转换方法。需要注意其中舞台坐标与本
地坐标间的区别：舞台坐标是指目标点相对于 Map 父容器的坐标，本地坐标是指目标点相
对于 Map 容器本身的坐标。示意图如图 3-6 所示。

表3-6　坐标转换方法

方　法	功能说明
screenToMap()	将本地坐标(单位为像素，起点为 Map 控件左上角点)转换为地理坐标
stageToMap()	将舞台坐标(单位为像素，起点为 Map 父容器左上角点)转换为地理坐标
mapToScreen()	将地理坐标转换为本地坐标(单位为像素，起点为 Map 控件左上角点)
mapToStage()	将地理坐标转换为舞台坐标(单位为像素，起点为 Map 父容器左上角点)

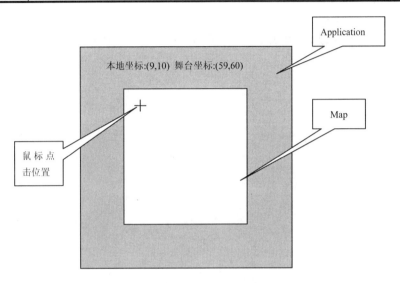

图3-6　本地坐标与舞台坐标

示例 Chapter3_3.mxml 通过监听 Map 的 MouseMove 事件，使用 screenToMap 方法实时获取鼠标点的地理位置(单位：米)。

```
                               Chapter3_3.mxml
<fx:Script>
     <![CDATA[
          import com.supermap.web.core.Point2D;
          import com.supermap.web.mapping.Map;
          import com.supermap.web.mapping.TiledDynamicRESTLayer;
          protected function map_mouseOverHandler(event:MouseEvent):void
          {
               var point2D:Point2D = map.screenToMap(new
                               Point(event.localX,event.localY));
               screenXY.text = "X: " + point2D.x.toFixed(2) + "    Y: " +
                               point2D.y.toFixed(2);
          }
     ]]>
</fx:Script>
<supermap:Map  id="map"  mouseMove="map_mouseOverHandler(event)"  viewBounds="{new
Rectangle2D(7754440.5411,1816976.7392,15605544.8421,7247678.6297)}">
          <iServer6R:TiledDynamicRESTLayer url="http://localhost:8090/iserver/
```

```
services/map-china400/rest/maps/China"/>
    </supermap:Map>
    <s:Label id="screenXY" top ="5" left="10" fontSize="30"/>
```

坐标转换示例如图 3-7 所示。

图 3-7　本地坐标与地理坐标间的相互转换

3.2　图　　层

　　图层 Layer 是地图数据展现于 Web 浏览器中的基础对象，SuperMap iClient for Flex 针对不同的数据类型(如图 3-8 所示)提供多种图层供开发者使用。本节介绍 SuperMap iClient for Flex 提供的图层类型，按照与 GIS 服务器的关系可分为两类：一类与服务器紧密绑定，包括 SuperMap iServer Java 服务图层、SuperMap 云服务图层、OGC 标准服务(WMS/WMTS 等)图层、第三方服务(如 Google、百度地图等)提供的各种标准格式服务图层等；另一类是脱离于服务器，将空间数据在客户端进行渲染的图层，包括矢量要素图层和元素图层。图层之间还可根据实际业务需求进行叠加显示，从而达到较好的制图效果。关于图层叠加的内容将在 3.2.2 节中介绍。

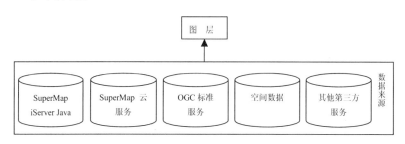

图 3-8　图层的数据来源

> 📖注意 在无特殊说明的情况下，本节中提及的地图/图层均指 SuperMap iClient for Flex 客户端 Map/Layer 对象，区别于 SuperMap 服务器端的地图与图层。以 SuperMap iServer Java 为例，客户端图层 Layer 对应于服务器端的一个地图服务，而 Map 则与服务器端无直接关联，主要用于管理客户端 Layer 对象。

3.2.1 图层分类

SuperMap iClient for Flex 根据数据类型的不同，将图层分为图片图层(ImageLayer)、要素图层(FeaturesLayer 和 GraphicsLayer)和元素图层(ElementsLayer)三种类型。其中图片图层依赖于 GIS 服务器数据；要素图层和元素图层则与 GIS 服务器无直接关系，数据可完全脱离服务器，也可以根据从服务器获取到的矢量数据进行渲染。

1. 图片图层——ImageLayer

图片图层通过发送数据请求参数、接收图片形式的地理数据生成地图。按照出图方式 ImageLayer 又可分为分块图层(TiledLayer)和动态图层(DynamicLayer)，如图 3-9 所示。

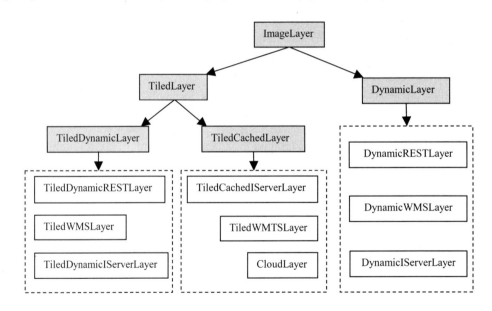

图 3-9　ImageLayer 继承关系图

1)　分块图层 TiledLayer

分块图层是根据不同比例尺要求将一个完整的地图切割成多个相同大小的正方形图片，地图最终呈现时就是由这些图片拼合而成。向服务端发送的请求参数中主要包括当前显示级别，瓦片所在行、列号以及瓦片大小等信息。使用分块图层的方式获取地图服务，由于整张地图被切割为一个个小图片，因此读者在浏览地图时，看到一幅地图会逐步由多个图块拼接而成，缩短了等待一整张地图出图的时间，提升了用户体验。

TiledLayer 从服务器端获取瓦片的原理如示例 Chapter3_4.mxml 中的 layerImage 对象所示，根据输入的行列号、瓦片大小获取某一固定比例尺下的对应瓦片，效果如图 3-10 所示。

Chapter3_4.mxml

```
<?xml version="1.0" encoding="utf-8"?>
<s:Application xmlns:fx="http://ns.adobe.com/mxml/2009"
               xmlns:s="library://ns.adobe.com/flex/spark"
               xmlns:mx="library://ns.adobe.com/flex/mx">
    <fx:Script>
        <![CDATA[
            import com.supermap.web.core.Rectangle2D;
            protected function button1_clickHandler(event:MouseEvent):void
            {
                var url:String =
"http://localhost:8090/iserver/services/map-china400/rest/maps/China/
tileImage.png?" + "scale=2.456018939985119e-8" + "&x=" + this.col.text + "&y="
+this.raw.text + "&width=" + this.size.text + "&height=" + this.size.text;
                this.layerImage.source = url;
            }
        ]]>
    </fx:Script>

    <s:BorderContainer borderColor="0" borderAlpha="0.6" width="100%"
                height="100%" top="50" right="30" left="30" bottom="20"
            horizontalCenter="0" verticalCenter="0">
        <mx:Image id="layerImage" verticalCenter="0" horizontalCenter="0"/>
    </s:BorderContainer>

    <s:HGroup top="10" horizontalAlign="center" width="100%"
                verticalAlign="middle">
        <s:Label text="行号: "/>
        <s:TextInput id="raw" text="2" width="100"/>
        <s:Label text="列号: "/>
        <s:TextInput id="col" text="6" width="100"/>
        <s:Label text="大小: "/>
        <s:TextInput id="size" text="512" width="100"/>
        <s:Button label="getMap" click="button1_clickHandler(event)"/>
    </s:HGroup>
</s:Application>
```

示例 Chapter3_4.mxml 访问的地图服务资源是 SuperMap iServer Java 服务，获取其他服务数据的原理与此相同。

根据分块图层中瓦片生成方式的不同，分块图层又可分为分块动态图层(TiledDynamicLayer)和分块缓存图层(TiledCachedLayer)，如图 3-9 所示。

(1) 分块动态图层 TiledDynamicLayer 是指每一张瓦片都是根据请求参数动态、实时生成的，可以进行无级缩放。针对不同的服务类型，SuperMap iClient for Flex 对分块动态图层进行了详细划分，如表 3-7 所示。

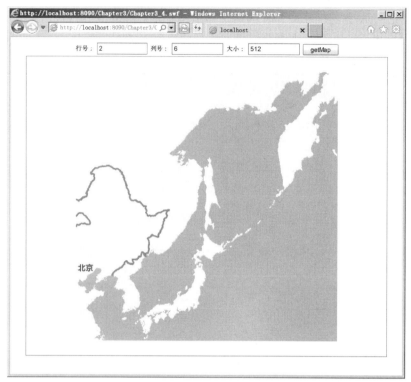

图 3-10　瓦片请求示例

表 3-7　TiledDynamicLayer 的分类

图层类型		功能说明
TiledDynamicLayer	TiledDynamicRESTLayer	呈现来自 SuperMap iServer Java 6R REST 地图服务的数据
	TiledWMSLayer	呈现来自分块 WMS 服务的数据
	TiledDynamicIServerLayer	呈现来自 SuperMap iServer Java 2008 分块地图服务的数据

①　TiledDynamicRESTLayer 图层用于呈现来自 SuperMap iServer Java REST 地图服务数据的容器。TiledDynamicRESTLayer 对象常用的接口如表 3-8 所示。

表 3-8　TiledDynamicRESTLayer 常用接口

接　口	功能说明
url:String	地图服务地址(必设属性)
layersID:String	使用该属性，可控制图层中的子图层是否显示。如 World 地图中包含 country(面)、rivers(线)、capitals(点)等多个图层，该参数可指定只显示其中某一个或多个图层。该参数为空，表示显示所有子图层

接　口	功能说明
visible: Boolean	控制当前 Layer 是否可见

CRS: Coordinate-ReferenceSystem	图层坐标信息，设置该属性后可将地图动态投影至目标投影下，如设置 CoordinateReferenceSystem 的 wkid 值为 3857(Web Mercator 投影坐标系)，则表示将当前图层动态投影至 Web Mercator 投影坐标系下。
	
	注意　WKID 全称为 Well Known ID，每种坐标系都有其唯一的 WKID 标识码。常用的 4326 表示 WGS84 地理坐标系，如天地图所使用的坐标系；3857 表示 Web Mercator 投影坐标系，如 Google、百度地图使用的坐标系。
	如下代码片段展示如何将 WGS84 地理坐标系的 World 地图动态投影至 Web Mercator 投影坐标系下。
	
	`<iserver6R:TiledDynamicRESTLayer`
	`url="http://localhost:8090/iserver/services/map-rest/`
	`maps/World">`
	`    <iServer6R:CRS>`
	`        <supermap:CoordinateReferenceSystem wkid="3857" unit=`
	`"{Unit.METER}"/>`
	`    </iServer6R:CRS>`
	`</iserver6R:TiledDynamicRESTLayer>`

TiledDynamicRESTLayer 对象通过如下代码进行数据呈现。

```
<iserver6R:TiledDynamicRESTLayer
url="http://localhost:8090/iserver/services/maps/rest/maps/World"/>
```

②　TiledWMSLayer 图层用于呈现来自标准 WMS 服务的数据。通过该对象呈现数据时，其 layers 和 url 参数为必设参数。创建 TiledWMSLayer 图层的代码如下。

```
<ic:TiledWMSLayer url=" http://localhost:8090/iserver/services/map-world/
                  wms130/World Map "
            layers="["OceanLabel@World", "Countries@World"]"
            version="1.3.0">
</ic:TiledWMSLayer>
```

注意　对 TiledWMSLayer 进行动态投影时，除了必须设置 CRS 外，bounds 属性必须为与之对应的切图范围，如 WGS84 地理坐标系对应的世界范围为(-180，-90，180，90)，单位为度。Web Mercator 投影坐标系对应的世界范围为(-20037508.3427892，-20037508.3427892，20037508.3427892，20037508.3427892)，单位为米。

③　TiledDynamicIServerLayer 图层对应于 SuperMap iServer Java 2008 服务，使用方法与上述分块动态图层类似，但由于服务本身的限制，该图层不支持动态投影。

注意　SuperMap iClient for Flex 中的 Layer 对应于实际显示的一幅地图，Layer 中的子图层对应实际地图中的图层，如 SuperMap iServer Java 提供的 World 地图，在客户端由 Layer 展示，World 中的图层(如 country、rivers、capitals)则对应于 Layer 的子图层。

(2) 分块缓存图层是按照缓存的切图规则读取并呈现缓存瓦片。缓存瓦片是指将每张地图事先切好存储在 GIS 服务器的缓存目录中(如 SuperMap iServer Java 缓存路径为 SuperMap iServer Java 安装目录\ webapps\iserver\output\cache)，客户端每次向服务端请求瓦片时，服务器不再需要实时计算出图参数生成瓦片，而是根据请求参数直接从缓存目录中获取已生成好的瓦片。相对于动态瓦片，这样可以在最大程度上提高整个系统运行的效率，但也牺牲了一些其他方面作为代价：首先，它需要一定的磁盘空间来存储缓存瓦片，其次地图无级缩放被预先生成的固定比例所替代。而现实应用中，磁盘的大小已达到 TB 级，而缓存比例尺限制问题可在制作缓存瓦片时定义合适的比例尺级别来弱化。

分块缓存图层根据不同的服务类型可分为如表 3-9 所示的几类。

表 3-9　分块缓存图层 TiledCachedLayer 的分类

图层类型		功能说明
TiledCachedLayer	TiledWMTSLayer	呈现来自 WMTS 服务的数据
	CloudLayer	呈现来自 SuperMap 云地图服务的数据
	TiledCachedIServerLayer	呈现来自 SuperMap iServer Java 2008 分块缓存地图服务的数据

注意　由于预先生成的比例尺级别的限定，分块缓存图层在设置比例尺级别时需要特别注意，要与生成预缓存时的比例尺对应，否则无法正常出图。

① TiledWMTSLayer 图层用于呈现来自 WMTS 服务的数据。该对象使用方法如下。

```
<supermap:TiledWMTSLayer url=" http://localhost:8090/iserver/services/
                         map-world/wmts100"
           layerName="World Map"
           tileMatrixSet="GlobalCRS84Scale_World Map"/>
```

注意　TiledWMTSLayer 内部默认支持 OGC 标准发布的 4 种比例尺和分辨率集合 (GlobalCRS84Scale、GlobalCRS84Pixel、GlobalCRS84Qud 和 GoogleMapsCompatible) 以及公众 GIS 服务"天地图"发布的国家标准的比例尺和分辨率集合。若 WMTS 服务非上述 5 种标准，此时必须设置 resolutions，需要注意 bounds 属性的默认值。

② CloudLayer 图层呈现来自 SuperMap 云地图服务的数据。该对象使用方法如下。

```
<supermap:CloudLayer key="abcdef"/>
```

注意　与 TiledWMTSLayer 类似，CloudLayer 内部默认使用了 SuperMap 云服务发布的比例尺和分辨率标准。其中 key 为必设参数，首次使用时需要登录 SuperMap 云服务门户网站(http://www.supermapcloud.com)申请有效的 key 值才能访问地图。

③ TiledCachedIServerLayer 图层支持 SuperMap iServer Java 2008 分块缓存地图服务。其比例尺参数 scales 为必设项，在使用时注意与预缓存生成的比例尺级别对应。

除上述默认提供的缓存图层外，开发者也可继承 TiledCachedLayer 来自定义缓存图层，如扩展访问 Google、百度等第三方服务地图。有关地图扩展的内容将在第 11 章中介绍。

📝 提示　(1) 如要获得 WMTS 各种标准服务所对应的比例尺和分辨率集合,可以访问 OGC 官方网站(http://www.opengeospatial.org/standards/wmts)。

(2) TiledDynamicRESTLayer 内部封装了 enableServerCaching 属性。当该属性值为 true 时,TiledDynamicRESTLayer 被作为缓存图层使用,直接从 SuperMap iServer Java 的缓存目录(SuperMap iServer Java 安装目录\webapps\iserver\output\cache)中获取地图瓦片。

(3) 缓存分块图层中所使用到的缓存瓦片可使用 SuperMap iServer Java 产品的预缓存生成工具制作,也可使用 SuperMap Deskpro .NET 生成。

2)　动态图层

与分块图层相比,动态图层则是完整的地图显示,不需要切割地图,根据开发者请求的地图范围,动态实时生成对应的整幅图片。动态图层的出图效率比分块图层低,所以实际使用相对较少。示例 Chapter3_5.mxml 以访问 SuperMap iServer Java 动态地图服务为例,根据输入的左、下、右、上地理边界值,获取在此范围内的整张地图图片。效果如图 3-11 所示。

```
                           Chapter3_5.mxml

<?xml version="1.0" encoding="utf-8"?>
<s:Application xmlns:fx="http://ns.adobe.com/mxml/2009"
               xmlns:s="library://ns.adobe.com/flex/spark"
               xmlns:mx="library://ns.adobe.com/flex/mx">
    <fx:Script>
        <![CDATA[
            import com.supermap.web.core.Rectangle2D;
            protected function button1_clickHandler(event:MouseEvent):void
            {
                var viewBox:String = "viewBounds={\"rightTop\":{\"y\":" +
                this.top.text + ",\"x\":" + this.right.text
                + "},\"leftBottom\":{\"y\":" + this.bottom.text + ",\"x\":" +
                    this.left.text + "}}";
                var size:String = "width=" + this.layerImage.width.toString() +
                "&height=" + this.layerImage.height.toString();
                var url:String =
"http://localhost:8090/iserver/services/maps/rest/maps/World/image.png?"
+ viewBox+ "&" + size;
                this.layerImage.source = url;
            }
        ]]>
    </fx:Script>
    <s:BorderContainer borderColor="0" borderAlpha="0.6" width="100%"
            height="100%" top="50" right="30" left="30" bottom="20"
            horizontalCenter="0" verticalCenter="0">
        <mx:Image id="layerImage" width="100%" height="100%"/>
    </s:BorderContainer>
```

```
<s:HGroup top="10" horizontalAlign="center" width="100%"
        verticalAlign="middle">
    <s:Label text="左："/>
    <s:TextInput id="left" text="70" width="100"/>
    <s:Label text="下："/>
    <s:TextInput id="bottom" text="15" width="100"/>
    <s:Label text="右："/>
    <s:TextInput id="right" text="135" width="100"/>
    <s:Label text="上："/>
    <s:TextInput id="top" text="55" width="100"/>
    <s:Button label="getMap" click="button1_clickHandler(event)"/>
</s:HGroup>
</s:Application>
```

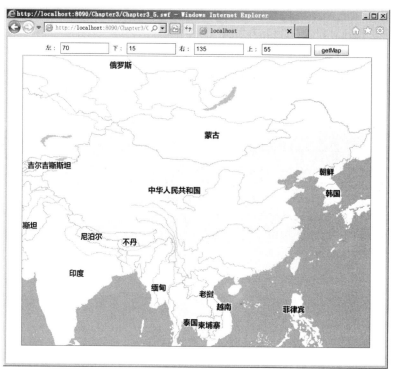

图 3-11　动态图层请求示例

同样，针对不同的服务类型，动态图层可被划分为如表 3-10 所示的类型。

表 3-10　动态图层 DynamicLayer 分类

图层类型	功能说明
DynamicRESTLayer	呈现 SuperMap iServer Java 6R 动态地图服务的数据
DynamicWMSLayer	呈现 OGC 标准的 WMS 动态服务的数据
DynamicIServerLayer	呈现 SuperMap iServer Java 2008 动态地图服务的数据

除了内部发送请求时处理方法不同以外，DynamicRESTLayer、DynamicWMSLayer 和 DynamicIServerLayer 三种图层的使用方法与对应相同服务的分块动态图层的使用方法类

似，在此不再赘述。

2. 要素图层——FeaturesLayer 和 GraphicsLayer

无论哪种图片图层，在使用过程中都是从服务器请求图片加以显示，在地图上看到的单个地物要素不能感知鼠标事件。SuperMap iClient for Flex 提供客户端要素图层 FeaturesLayer 和高性能矢量渲染图层 GraphicsLayer，两者均是在 Web 端调用 Flex SDK 中的绘制引擎对数据进行实时渲染。相比图片图层，FeaturesLayer、GraphicsLayer 可完全脱离服务器，且渲染出的地物要素可感知鼠标事件。图 3-12 为 FeaturesLayer 与 GraphicsLayer 的结构示意图。

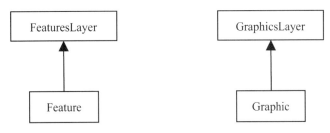

图 3-12　FeaturesLayer 与 GraphicsLayer 的结构示意图

FeaturesLayer 与 GraphicsLayer 的使用很简单，无需设置任何参数便可将其加载于 Map 中。以 FeaturesLayer 为例，加载方法如下。

```
<supermap:Map>
    <supermap:FeaturesLayer/>
</supermap:Map>
```

FeaturesLayer 与 GraphicsLayer 虽然都属于要素图层对象，但是由于它们使用的内部技术不同，决定了它们具有自己的优缺点。

FeaturesLayer 与 GraphicsLayer 从渲染的视觉效果上没有任何差异，但 FeaturesLayer 侧重于支持丰富的图层交互操作，每个矢量要素(Feature)均可感知各种鼠标事件、聚散显示、地物编辑等，适用于业务需求丰富的应用。而当绘制图形的数量较多时，FeaturesLayer 丰富的交互操作势必会对浏览器造成较大的图形渲染压力，出现程序运行缓慢的现象。GraphicsLayer 则弱化了 FeaturesLayer 的丰富操作，矢量要素(Graphic)支持简易的鼠标点击、添加、删除要素等基本操作，但在性能方面远远优越于 FeaturesLayer，定位于上万级的数据量，适用于对性能要求较高、业务需求一般的应用。

> 📝提示　有关 FeaturesLayer 与 GraphicsLayer 的详细介绍及使用技巧将在第 4 章中介绍。

> 📓注意　GraphicsLayer 的渲染对象 Graphic 属于 SuperMap iClient for Flex 命名空间 com.supermap.web.core，区别于 Adobe Flex SDK 中的 Graphic 类。

3. 元素图层——ElementsLayer

SuperMap iClient for Flex 将矢量图形与可视组件完全分离，提供第三种客户端图层，即 ElementsLayer(结构如图 3-13 所示)。该图层用于承载显示 Element 类型的可视组件元素，与 FeaturesLayer 和 GraphicsLayer 相同，不依赖于服务器。其显示单元 Element 可以是 Adobe Flex 提供的任何可视组件，如 Button、Rectangle 等；可以是图片、音频和视频等多媒体元素；可以是任何基于 Sprite 自定义的可视元素。同样，各个 Element 元素继承了 Flex SDK 本身的组件特性，可以感知鼠标事件和添加事件处理代码。

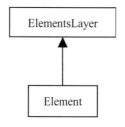

图 3-13　ElementsLayer 的结构示意图

ElementsLayer 加载于 Map 中的方法类似于 FeaturesLayer，在此不再赘述。有关如何向 ElementsLayer 中加载渲染可视组件 Element、监听鼠标事件等具体操作将在第 4 章中介绍。

提示　FeaturesLayer、GraphicsLayer 和 ElementsLayer 一般结合查询、空间分析等服务功能使用，由于需要与服务端交互，服务响应时间必然影响最终的客户端渲染效率，读者可根据实际业务考虑将服务端返回结果存储于客户端，避免服务响应耗时。

3.2.2　图层叠加

一般情况下，实际项目应用中常常会用到两个以上的图层并进行图层叠加，以达到要求的制图效果。Map 控件支持多个图层的叠加操作，所有图层可以按照先后顺序进行叠加，图层间的顺序可以任意调整。

1. ImageLayer 叠加

下例对两个 TiledDynamicRESTLayer 图层进行叠加。

```
<supermap:Map>
    <iserver6R:TiledDynamicRESTLayer
url="http://localhost:8090/iserver/services/map-world/rest/maps/World Map">
        <iserver6R:CRS>
            <supermap:CoordinateReferenceSystem wkid="4326"/>
        </iserver6R:CRS>
    </iserver6R:TiledDynamicRESTLayer>
    <iserver6R:TiledDynamicRESTLayer
url="http://localhost:8090/iserver/services/map-world/rest/maps/Jingjin">
        <iserver6R:CRS>
            <supermap:CoordinateReferenceSystem wkid="4326"/>
        </iserver6R:CRS>
    </iserver6R:TiledDynamicRESTLayer>
</supermap:Map>
```

代码中的粗体部分对两个图层均设置了坐标系统 WKID，这是为了确保两个图层坐标系统一，因为在 SuperMap iClient for Flex 中，只有两个相同坐标系统的图层才能叠加在一起。

对于某些图层来说，没有坐标系统，或坐标系统未知，此时可将 CoordinateReferenceSystem 的 wkid 属性设置为 0，表示任意投影。任意投影的图层可以与任意图层叠加，如上述示例如果将第一或第二个图层的 wkid 属性设置为 0，同样也可以进行叠加。

默认情况下，SuperMap iClient for Flex 会自动从图层所对应的服务器端获取图层坐标信息，如果获取结果为空，则默认图层为任意投影。

在实际应用当中，建议开发者尽量设置地图本身真实的坐标系统，在无法知道这些信息的情况下可将其设置为 0。

> **注意**　当对两个分块缓存图层进行叠加时，还必须保证两者比例尺/分辨率数组相同，否则，在某一级别下，无法同时看到两个图层。

2. ImageLayer 与客户端图层叠加

矢量图层和要素图层都是客户端图层，客户端图层无需考虑坐标系 CRS 信息，因为默认为任意投影，可以与任意图层进行叠加，如下示例将 TiledDynamicRESTLayer 与 FeaturesLayer 和 ElementsLayer 进行叠加。

```
<supermap:Map>
    <iserver6R:TiledDynamicRESTLayer url="http://localhost:8090/iserver/
services/map-world/rest/maps/World/">
    <supermap:FeaturesLayer id="featuresLayer"/>
    <supermap:ElementsLayer id="elementsLayer"/>
</supermap:Map>
```

> **提示**　图层显示的先后顺序遵循堆栈原则，即先被添加的图层显示于最底端，在上例中，ElementsLayer 显示于最顶端，FeaturesLayer 次之，TiledDynamicRESTLayer 显示于最底端。

总之，对图层进行叠加时，首先必须确保坐标系统的一致性，其次还需注意缓存图层间比例尺集合的统一问题。

3.3　地 图 交 互

地图交互是 GIS 应用的一项重要内容，SuperMap iClient for Flex 提供的地图交互内容包括平移、缩放、历史浏览、矢量标绘等常用操作，信息展示、要素定位等高级功能。提供的交互方式包括两种：一是通过调用 Action 接口实现，另一种则是借助地图辅助控件实现。

3.3.1　Action 交互

SuperMap iClient for Flex API 中的 com.supermap.web.actions 命名空间下提供多种地图

交互操作(Action)，包括平移、缩放等浏览操作，以及矢量标绘等绘制功能。这些 Action 主要体现在鼠标和地图控件 Map 交互的过程中，与 Map 的 action 属性绑定，且各种 Action 之间是互斥关系，即同一时间 Map 只能具有一种交互能力。

图3-14列举出了目前SuperMap iClient for Flex提供的所有Action类型，其中MapAction 是所有操作的基类，分为绘制(DrawAction)和浏览(Pan、ZoomAction)两大类。同时，SuperMap iClient for Flex 为每种操作还提供了与之相对应的事件类(DrawActionEvent、PanEvent、ZoomEvent)，以便开发者获取操作过程中或完成后的信息。

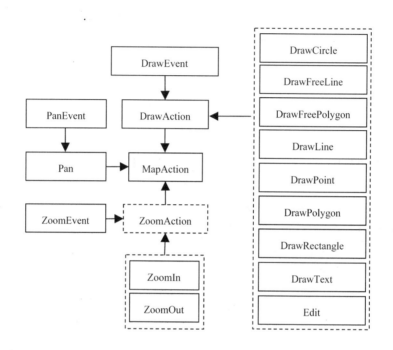

图 3-14　Action 的类型及其继承关系

1. 绘制操作

DrawAction 是绘制操作的基类，包括矢量标绘和编辑两种功能。其中矢量标绘支持的几何类型包括以下内容。

(1) 点(DrawPoint)：左键点击绘制。

(2) 折线(DrawLine)：左键点击绘制线节点，双击结束绘制。

(3) 面(DrawPolygon)：左键点击开始绘制面节点，双击结束绘制。

(4) 矩形(DrawRectangle)：左键保持按下状态，鼠标移动实时根据按下点及移动点生成矩形，左键抬起结束绘制。

(5) 圆(DrawCircle)：左键保持按下状态，鼠标移动时以按下点为圆心，移动点与按下点的距离为半径生成圆，左键抬起结束绘制。

(6) 自由线(DrawFreeLine)：左键保持按下状态，鼠标移动实时添加节点生成线，左键抬起结束绘制。

(7) 自由面(DrawFreePolygon)：左键保持按下状态，鼠标移动实时添加节点生成面，左键抬起结束绘制。

编辑操作(Edit)支持以上所有几何类型，其操作步骤如下。

(1) 鼠标左键选中地物开始编辑。

(2) 鼠标左键单击地物边界，增加节点。

(3) 鼠标左键双击节点，移除节点。

(4) 鼠标左键选中节点并拖动鼠标，移动节点。

(5) 在地物内部或外部双击鼠标或按下 Esc 键，结束编辑。

(6) 当在不同的编辑对象之间切换时，单击其他对象，当前的编辑操作即可结束。

与绘制操作对应的事件类为 DrawEvent，开发者需要通过监听事件才能获取绘制的几何对象。DrawEvent 类包括的事件类型如表 3-11 所示。

表 3-11 DrawAction 对应的事件类型

操作类型	事 件 类	事件类型	说 明
DrawAction	DrawEvent：通过该事件可获取绘制或编辑操作的起点坐标、终点坐标以及操作对象 Feature	DRAW_CANCEL	当在绘制或编辑过程中切换地图操作时，当前绘制操作会自动取消，并触发该事件
		DRAW_END	绘制或编辑结束时触发
		DRAW_START	绘制或编辑开始时触发
		DRAW_UPDATE	绘制或编辑过程触发

示例 Chapter3_6.mxml 以面的绘制和编辑为例，介绍如何实现几何对象的标绘与编辑。

Chapter3_6.mxml

```
<?xml version="1.0" encoding="utf-8"?>
<s:Application xmlns:fx="http://ns.adobe.com/mxml/2009"
        xmlns:s="library://ns.adobe.com/flex/spark"
        xmlns:mx="library://ns.adobe.com/flex/mx"
        xmlns:supermap="http://www.supermap.com/iclient/2010"
        xmlns:iserver6R="http://www.supermap.com/iserverjava/2010"
        width="100%" height="100%">
    <fx:Script>
        <![CDATA[
            import com.supermap.web.actions.DrawPolygon;
            import com.supermap.web.actions.Edit;
            import com.supermap.web.events.DrawEvent;
            //绘制面
            private function addPolygonClick(event:MouseEvent):void
            {
                var drawPolygon:DrawPolygon = new DrawPolygon(map);
            drawPolygon.addEventListener(DrawEvent.DRAW_END,addFeature);
                map.action = drawPolygon;
            }
            //矢量要素绘制完毕事件 DrawEvent.DRAW_END 的侦听函数
```

```
        private function addFeature(event:DrawEvent):void
        {
            featuresLayer.addFeature(event.feature);
        }
        //编辑面
        protected function feaEdit_clickHandler(event:MouseEvent):void
        {
            map.action = new Edit(map, featuresLayer);
        }
    ]]>
</fx:Script>

<!--添加地图-->
<supermap:Map id="map">
    <iserver6R:TiledDynamicRESTLayer
url="http://localhost:8090/iserver/services/map-china400/rest/maps/China"/>
    <supermap:FeaturesLayer id="featuresLayer"/>
</supermap:Map>
<s:HGroup horizontalCenter="0" gap="10">
    <s:Button label="面" click="addPolygonClick(event)" fontSize="20"/>
    <s:Button label="编辑" click="feaEdit_clickHandler(event)"
        fontSize="20"/>
</s:HGroup>
</s:Application>
```

示例效果如图 3-15 所示。

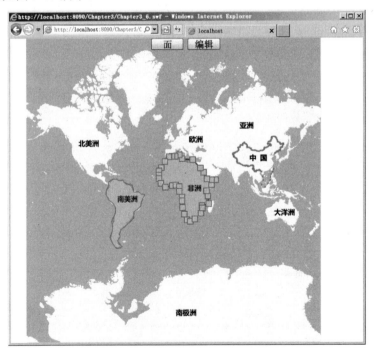

图 3-15　DrawAction 示例

示例中对 DrawPolygon 对象监听了 DrawEvent.DRAW_END 事件，该事件是一个常用的事件类型，例如在多数项目中会涉及几何查询(如拉框查询、点查询等)，这时就需要在该事件处理函数中捕获绘制的几何对象，然后向服务器发送几何查询的请求。

综合上面的描述与操作，实现矢量标绘的方法分为如下步骤。

(1) 定义 DrawAction 对象，map 参数为必设参数，表示与此操作关联的地图控件。

(2) 监听操作完成事件 DrawEvent.DRAW_END。

(3) 为 Map 的 action 属性赋值。

(4) 在 DrawEvent.DRAW_END 事件的处理函数中获取绘制的矢量要素 Feature，并将其渲染至 FeaturesLayer 上。

与矢量标绘不同，编辑操作除了需要设置 map 参数外，还需设置 featuresLayer，但无需监听 DrawEvent.DRAW_END 事件，内部会自动处理，将编辑后的结果渲染至 featuresLayer 上。

注意　DrawAction 只支持 Feature 类型的对象，不支持 Graphic 对象，但可通过 FeaturesLayer 与 GraphicsLayer 交互使用实现 Graphic 对象的实时绘制。在 Chapter3_6.mxml 示例的基础上，修改为如下代码即可实现。

Chapter3_7.mxml

```
//重写 addFeature 方法
private function addFeature(event:DrawEvent):void
{
    var gf:Graphic = new Graphic();
    gf.geometry = event.feature.geometry;
    gf.attributes = event.feature.attributes;
    this.graphicslayer.add([gf]);
}
//Map 中将 FeaturesLayer 对象使用 GraphicsLayer 替代
<supermap:Map id="map">
    ......
    <supermap:GraphicsLayer id="graphicslayer"/>
</supermap:Map>
```

2. 浏览操作

Pan 和 ZoomAction 的使用方法相对 DrawAction 简单，如下代码即可实现平移或缩放操作。

```
map.action = new Pan(map);//平移
map.action = new ZoomIn(map);//放大
map.action = new ZoomOut(map);//缩小
```

与浏览操作相关的事件类型如表 3-12 所示。

表 3-12　浏览操作的事件类型

操作类型	事 件 类	事件类型	说　明
Pan	PanEvent：通过平移事件可获取鼠标点的位置及地图可视范围 viewBounds	PAN_END	平移结束时触发
		PAN_START	平移开始时触发
		PAN_UPDATE	平移过程中触发

续表

操作类型	事 件 类	事件类型	说 明
ZoomIn、	ZoomEvent：通过缩放事件可获取地图当	ZOOM_END	缩放结束时触发
ZoomOut	前的缩放级别、可视范围和缩放因子	ZOOM_START	缩放开始时触发
		ZOOM_UPDATE	缩放过程中触发

除 SuperMap iClient for Flex 提供的默认 Action 类型外，读者也可继承 MapAction/DrawAction 类自定义地图操作。

3.3.2　地图辅助控件

为了达到更好的地图交互体验，SuperMap iClient for Flex 提供多种地图辅助控件与 Map 搭配使用。控件类型如表 3-13 所示。

表 3-13　地图辅助控件

控 件 类	默认样式	说 明
Compass		罗盘控件可以按照方向标的方位来移动地图。当点击罗盘上、下、左、右方向标时，地图将向该方向移动，移动的距离通过 Map.panFactor 属性控制
OverviewMap		鹰眼控件主要用于显示当前地图浏览位置在整幅地图中的区域。蓝色区域即当前地图可视区域
ScaleBar		地图比例尺控件表示当前地图比例尺。支持千米、英里、海里三种单位
MapHistoryManager	无	前后视图控件，用于历史回放，在地图操作完成后回放地图可视边界改变的过程
Magnifier		放大镜控件可以放大当前地图图层，也可以在当前地图上放大显示其他指定图层
ZoomSlider	(a)　　(b)	地图缩放控件用于控制地图的缩放浏览。其中滑动条的缩放级别个数与 Map.scales 或 resolutions 对应(见图(a))。若未设置比例尺或分辨率则为无限缩放，ZoomSlider 将不显示滑动条，只有"放大"和"缩小"按钮(见图(b))
TimeSlider		时间轴控件，能够动态播放矢量要素在不同时间的不同显示状态

控 件 类	默认样式	说　明
FeatureDataGrid	查询结果: SMI▲ SM SM SMP SQ SQMI C CAPITAL COUNTRY 1 0 29. 1536 1.6 6529. 4 莫斯科 俄罗斯 16 0 18. 85.1 155 6018 2 乌兰巴托 蒙古 247 0 96. 343. 936 3616 1 北京 中华人民共和国	该控件实现将地图中的矢量要素与属性表关联，实现属性数据和矢量要素的互查询：当点击列表中的属性记录时则在地图中高亮显示对应的矢量要素，当点击地图中的矢量要素时则在列表中选中对应的属性记录。

下面按照使用方式的不同，对控件进行分类介绍。

1. 罗盘控件(Compass)、缩放条控件(ZoomSlider)与比例尺控件(ScaleBar)

相比之下，Compass、ZoomSlider 和 ScaleBar 三者的用法最简单，只需将其与地图 Map 绑定即可。示例代码如下所示。

```
<!--地图-->
<supermap:Map id="map" panDuration="300" zoomDuration="300"
        scales="{[1e-10,1.25e-9, 2.5e-9, 5e-9, 1e-8, 2e-8, 4e-8, 8e-8,
            1.6e-7, 3.205e-7, 6.4e-7]}">
    <iserver6R:TiledDynamicRESTLayer url=" http://localhost:8090/iserver/
services/map-china400/rest/maps/China"/>
</supermap:Map>
<!--罗盘控件-->
<supermap:Compass map="{map}" left="10" top="10"/>
<!--缩放条控件-->
<supermap:ZoomSlider map="{map}" x="30" y="84"/>
<!--比例尺控件-->
<supermap:ScaleBar map="{map}" bottom="30" left="20"/>
```

其中 Compass 和 ZoomSlider 经常搭配使用，前者负责上、下、左、右平移及全幅操作，后者则负责逐级缩放操作，如图 3-16 所示。

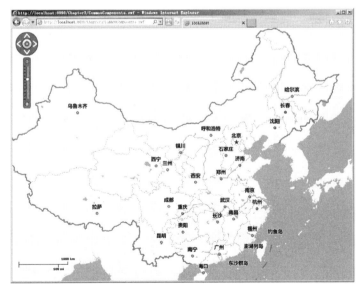

图 3-16　Compass 与 ZoomSlider 使用示例

注意 ZoomSlider中滑动条的显示状态(如显示多少个刻度)取决于Map的分辨率/比例尺数组，若Map的分辨率/比例尺数组为空，则不显示滑动条。

2. 鹰眼控件(OverviewMap)与放大镜控件(Magnifier)

OverviewMap 与 Magnifier 示例代码如下所示。在使用二者时，不仅要将其与地图 Map 绑定，还需设置 OverviewMap 和 Magnifier 作用的图层集合。

```
<!--鹰眼控件-->
<fx:Declarations>
    <iserver6R:TiledDynamicRESTLayer url=" http://localhost:8090/iserver/
services/map-china400/rest/maps/China "
    id="overviewMaplayer"/>
</fx:Declarations>
<supermap:OverviewMap map="{map}" id="oviewer" layers = "{overviewMaplayer}"/>
<!--放大镜控件-->
<fx:Declarations>
        <iserver6R:TiledDynamicRESTLayer url=" http://localhost:8090/iserver/
services/map-china400/rest/maps/China "
    id="magnifierlayer"/>
</fx:Declarations>
<supermap:Magnifier map="{map}" id="magnifier" layers = "{magnifierlayer}"
```

注意 由于同一个可视对象不能同时存在于两个容器中，因此不能直接将 Map 的 layers 赋值于 OverviewMap 与 Magnifier 的 layers 属性，OverviewMap 与 Magnifier 也不能使用同一组 Layer 对象。此时必须重新定义新的 Layer 对象，如示例中的 <fx:Declarations/>。

3. 前后视图控件(MapHistoryManager)

MapHistoryManager 是一个非可视化的组件，封装了两个主要接口：后一视图 viewNextViewBounds()和前一视图 viewPreViewBounds()。前后视图控件需要和界面控件绑定在一起使用。示例 Chapter3_8.mxml 使用按钮 Button 与 MapHistoryManager 绑定实现功能。

Chapter3_8.mxml

```
<fx:Script>
    <![CDATA[
        import com.supermap.web.events.ViewBoundsEvent;
        [Bindable]
        private var isLast:Boolean;
        [Bindable]
        private var isFirst:Boolean;
        private function initApp():void
        {
map.addEventListener(ViewBoundsEvent.VIEW_BOUNDS_CHANGE,viewChangeHandler);
        }
        //地图可视范围改变事件 ViewBoundsEvent.VIEWBOUNDS_CHANGE 的侦听函数
```

```
        private function viewChangeHandler(event:ViewBoundsEvent):void
        {
            isLast = !historyManager.isLastViewBounds;
            isFirst = !historyManager.isFirstViewBounds;
        }
    ]]>
</fx:Script>
<fx:Declarations>
    <!--定义历史管理控件，该组件无外观-->
    <supermap:MapHistoryManager id="historyManager" map="{map}"/>
</fx:Declarations>
<!--加载地图-->
<supermap:Map id="map" panEasingFactor="0.5" load="initApp()">
    <iserver6R:TiledDynamicRESTLayer
url="http://localhost:8090/iserver/services/map-china400/rest/maps/China"/>
</supermap:Map>
<s:HGroup gap="10" horizontalCenter="0">
    <s:Button label="下一视图" click="historyManager.viewNextViewBounds();"
enabled="{isLast}" fontSize="30"/>
    <s:Button label="上一视图" click="historyManager.viewPreViewBounds();"
enabled="{isFirst}" fontSize="30"/>
</s:HGroup>
```

由于地图在浏览过程中会产生一个地图范围序列，当点击前一视图或后一视图多次后，可能地图已经位于整个序列的第一个或最后一个，这时应使用 isFirstViewBounds 或 isLastViewBounds 属性判断当前浏览状态，适时地将前一视图或后一视图按钮的 enable 属性设置为 false(参见示例)。示例效果如图 3-17 所示。

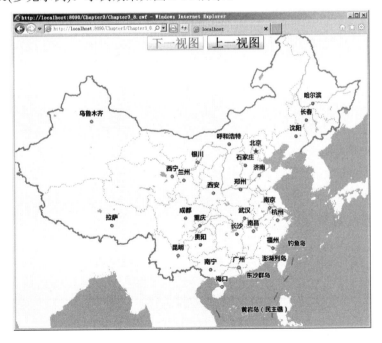

图 3-17　MapHistory 使用示例

📖**注意** 地图平移过程本身带有动画延迟效果，只有当动画结束后内部才会自动记录本次可视范围的变化，因此当平移速度较快时，中间浏览范围可能未被记录，建议使用 MapHistoryManager 时设置 Map.panDuration 属性，减弱平移动画延迟效果。

4. 矢量数据绑定列表控件(FeatureDataGrid)与时间轴控件(TimeSlider)

Compass、ZoomSlider、ScaleBar 、OverViewMap、Magnifier 和 MapHistoryManager 主要通过与 Map 进行鼠标互动完成操作,每个控件都必须设置 map 属性,且 OverViewMap、Magnifier 还必须设置 layers 属性。FeatureDataGrid、TimeSlider 则是用于辅助 FeaturesLayer 控制管理 Feature 对象，以求达到更好的矢量数据展示效果。

- FeatureDataGrid 以列表的形式展示矢量要素 Feature 的属性信息，它可以与 FeaturesLayer 进行相互关联，经常结合查询功能展示查询结果，详情可参见第 5 章。
- TimeSlider 可被视为一个简易版的 GIS 数据播放器，以帧为单位动态展示 Feature 要素在不同时刻的状态。

📖**注意** FeatureDataGrid 和 TimeSlider 不能作用于 GraphicsLayer。

3.4 辅 助 功 能

除了地图显示、浏览、交互等基础功能，SuperMap iClient for Flex 还为开发者提供了多种地图辅助功能，以便开发者快速实现项目开发。例如几何分析，即判断点是否在多边形内，获取与多边形相交的点等；又如支持开发者自定义地图分辨率的地图打印功能，分辨率与比例尺之间的相互转换等。

3.4.1 Utils 工具

比例尺与分辨率是定义地图尺度的两个重要概念，而几何信息是所有地理数据正确显示的基础。SuperMap iClient for Flex 提供 ScaleUtil 工具类，实现分辨率与比例尺之间的相互转换；提供 GeoUtil 工具类，定义几何信息之间的相互转换关系。这两个工具类均封装于 com.supermap.web.utils 命名空间下。

1. ScaleUtil 工具类

ScaleUtil 类的主要接口如表 3-14 所示。

表 3-14　ScaleUtil 类接口

接　口	说　明
getDpi(referViewBounds:Rectangle2D, referViewer:Rectangle, referScale:Number, datumAxis:Number = 6378137):Number	获取地图显示 DPI。DPI 是分辨率与比例尺之间相互转换的基准值，表示屏幕每英寸的像素个数

接 口	说 明
resolutionToScale(resolution:Number, dpi:Number, unit:String = degree, datumAxis:Number = 6378137):Number	将分辨率转换为比例尺
scaleToResolution(scale:Number, dpi:Number, unit:String = degree, datumAxis:Number = 6378137):Number	将比例尺转换为分辨率

2. GeoUtil 工具类

GeoUtil 类的主要接口如表 3-15 所示。

表 3-15　GeoUtil 类接口

接 口	说 明
contains():Boolean	判断点是否在多边形内，该多边形由一组点集合组成
filterPointsByRegion()	获取与多边形相交的点对象集合，包括与多边形边界相交的点
lonLatToMercator(point:Point2D)	将 WGS84 坐标系下的经纬度坐标点转换为 Web 墨卡托坐标系下的米制单位坐标点
MercatorTolonLat(point:Point2D)	将 Web 墨卡托坐标系下的米制单位坐标点转换为 WGS84 坐标系下的经纬度坐标点

3.4.2　地图打印

SuperMap iClient for Flex 提供地图打印功能，支持开发者自定义地图分辨率打印高清地图。该功能封装于命名空间 com.supermap.web.gears.print 下，主要涉及 ImageLoadIOEvent、MapInfo 和 MapPrintContainer 三个类，如表 3-16 所示。

表 3-16　地图打印功能类

类 名	说 明
ImageLoadIOEvent	用于定义打印时的异常事件
MapInfo	用于辅助 MapPrintContainer 进行动态图层(DynamicLayer)打印,提供打印地理范围、像素大小等信息，由内部自动生成。读者可获取该类中的参数扩展动态图层打印
MapPrintContainer	打印功能的出入口，继承于 Group 组件，是容器类可视组件的一员，因此可以将其加载在任何可视化容器中进行显示。MapPrintContainer:makeMapBitmapData() 是 MapPrintContainer 的主要方法，用于生成打印数据

MapPrintContainer 生成打印数据的原理如图 3-18 所示。首先将 Map、resolution(打印分辨率)、viewBounds(打印范围)作为参数传递给 MapPrintContainer:makeMapBitmapData() 方法，之后 makeMapBitmapData()方法根据打印参数(resolution、viewBounds)遍历每个图层对象，生成打印数据，并展示于 MapPrintContainer 中。

在遍历图层的过程中，MapPrintContainer 根据不同的图层类型分别进行了如下处理，生成可用于打印的数据。

- ImageLayer：根据不同的图层类型，分别向服务器发送不同的图片请求，最终将服务器返回的地图图片加载显示于 MapPrintContainer 容器中。

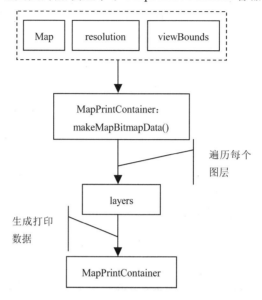

图 3-18　打印数据生成原理

📑**注意**　目前打印功能支持的图片图层(ImageLayer)类型包括 7 种：DynamicRESTLayer、HighlightLayer、DynamicWMSLayer、TiledDynamicRESTLayer、TiledWMSLayer、CloudLayer 和 TiledWMTSLayer。这些类型作为参数被传递给 MapPrintContainer 的 Map 对象，Map 对象的 layers 属性中的图层若不属于上述图层类型，则无法直接打印，需要通过扩展 getDynamicURL()或 getTiledURL()方法实现自定义图片图层打印。关于自定义图层打印功能的实现，可参考 SuperMap iClient for Flex 软件提供的范例代码。

- FeaturesLayer：遍历每个 Feature 对象，调用 Adobe Flex SDK 绘制引擎将矢量对象一一绘制于 MapPrintContainer 容器中。
- ElementsLayer：将每个 Element 可视组件使用截图的方式转换为 Image 对象，最终以图片的形式将可视组件加载显示于 MapPrintContainer 容器中。

📑**注意**　打印功能支持 FeaturesLayer 和 ElementsLayer，但不支持 GraphicsLayer。

示例 Chapter3_9.mxml 介绍如何使用 MapPrintContainer 组件设置打印参数，生成打印数据，并将打印内容显示于 BorderContainer 容器中。

Chapter3_9.mxml

```
<fx:Script>
```

```
            <![CDATA[
                import com.supermap.web.core.Rectangle2D;
                protected function button1_clickHandler(event:MouseEvent):void
                {
                    //打印范围
                    var printBounds:Rectangle2D = new Rectangle2D(Number(left.text),
Number(bottom.text),Number(right.text),Number(top.text));
                    //指定地图打印分辨率
                    var printRes:Number = Number(res.text);
                    //生成打印数据
                    printContent.makeMapBitmapData(map, printRes, printBounds);
                }
            ]]>
        </fx:Script>
        <supermap:Map id="map" visible="false">
            <iserver6R:TiledDynamicRESTLayer url="http://localhost:8090/iserver/
services/maps/rest/maps/World"/>
        </supermap:Map>
        <s:VGroup width="100%" height="100%" paddingTop="10" paddingRight="30"
paddingLeft="30" paddingBottom="30" gap="10">
            <s:HGroup  top="10"  horizontalAlign="center"  width="100%"  verticalAlign
="middle">
                <s:Label text="左："/>
                <s:TextInput id="left" text="70" width="100"/>
                <s:Label text="下："/>
                <s:TextInput id="bottom" text="15" width="100"/>
                <s:Label text="右："/>
                <s:TextInput id="right" text="135" width="100"/>
                <s:Label text="上："/>
                <s:TextInput id="top" text="55" width="100"/>
                <s:Label text="分辨率："/>
                <s:TextInput id="res" text="0.06" width="100"/>
                <s:Button label="getPrintData" click="button1_clickHandler(event)"/>
            </s:HGroup>
            <s:BorderContainer id="parentContent" borderColor="0" borderAlpha="0.6"
width="100%" height="100%" horizontalCenter="0">
                <!--命名空间 printFlex="http://www.supermap.com/gear/2010"-->
                <printFlex:MapPrintContainer id="printContent" horizontalCenter="0"
verticalCenter="0"/>
            </s:BorderContainer>
        </s:VGroup>
```

示例效果如图 3-19 所示。

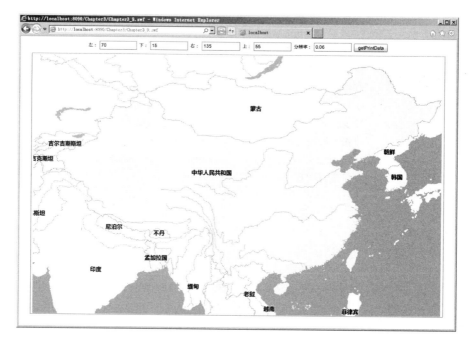

图3-19　生成打印数据

提示　使用 MapPrintContainer.makeMapBitmapData()方法生成打印内容对象后，可利用
Adobe Flex 的 mx.printing.FlexPrintJob 进行打印。在示例 Chapter3_9.mxml 的基础
上添加如下代码即可实现关联打印机打印，效果如图 3-20 所示。

Chapter3_10.mxml

```
protected function button2_clickHandler(event:MouseEvent):void
{
    var bitMapData:BitmapData = ImageSnapshot.captureBitmapData(printContent);
    var image:Image = new Image();
    image.source = new Bitmap(bitMapData);
    var printObj:FlexPrintJob = new FlexPrintJob();
    //按位图或者矢量格式进行打印
    printObj.printAsBitmap = true;
    if (printObj.start())
    {
        try
        {
            //将打印图片加载于 BorderContainer 容器中
            printObj.addObject(image, FlexPrintJobScaleType.NONE);
        }
        catch (error:Error)
        {
            Alert.show(error.toString());
        }
        printObj.send();
    }
}
...
<s:Button label="打印" click="button2_clickHandler(event)"/>
```

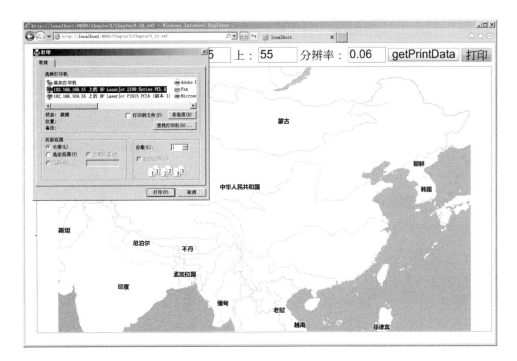

图 3-20　地图打印

3.5　应 用 技 巧

在阐述了与地图相关的所有参数及其使用方法后，本节将针对其中部分常用参数的使用技巧进行详解，以辅助开发者更加灵活、便捷地创建地图。

3.5.1　地图显示范围控制

SuperMap iClient for Flex 提供 4 种方法在不同层次、不同深度上控制地图显示范围，它们可以搭配使用，也可独自发挥作用。表 3-17 列举出了 4 种地图显示范围控制接口：viewBounds、restrictedBounds、viewRegion 和 clipRegion。

表 3-17　地图显示范围控制接口

接　口	功能说明	作用对象
Map:viewBounds	控制地图显示范围：地图以当前 viewBounds 填充于整个屏幕	作用于 Map 中的所有图层
Map:restrictedBounds	控制地图浏览范围：地图在平移过程中，此范围永远处于可视范围内	作用于 Map 中的所有图层

接　口	功能说明	作用对象
TiledLayer:viewRegion	控制地图显示范围：客户端不向服务端请求在此范围外的瓦片	分块图层(TiledLayer)
TiledDynamicRESTLayer:clipRegion	控制地图显示范围：此接口值被发送至服务端，由服务器处理该显示的地图范围	动态分块 REST 图层(TiledDynamicRESTLayer)
DynamicRESTLayer: clipRegion	控制地图显示范围：此接口值被发送至服务端，由服务器处理该显示的地图范围	动态 REST 图层(DynamicRESTLayer)

1. viewBounds

viewBounds 用于控制在某一时刻下的地图显示范围。该接口经常被用于区域聚焦，如在一幅世界地图中，某一时刻只想关注北京地区，如果通过手动平移缩放地图聚焦至北京地区会比较繁琐，此时可使用 viewBounds 接口，直接从当前显示状态平滑过渡至聚焦区域。

2. restrictedBounds

与 viewBounds 不同，restrictedBounds 的作用在于可以严格限制地图平移范围不超出其本身所设定的边界。前者作用于某一时刻的显示，而后者主要用于控制地图浏览的范围。

3. viewRegion

上述两种接口在一定程度上都从视觉效果上控制了地图的显示范围，viewRegion 则可以从本质上控制分块图层的显示，其特点在于与 viewRegion 不相交的瓦片不会向服务端发送请求。

4. clipRegion

clipRegion 与 viewRegion 相同，都是通过控制与服务端的交互结果来限制地图的显示范围，不同之处有以下几点。

(1) clipRegion 的结果由服务端控制，即该参数以请求体的形式发送至服务端，由服务端计算该显示的地图范围；viewRegion 的结果由客户端控制，不在此范围内的瓦片客户端不会向服务端发送请求。

(2) clipRegion 既可作用于分块图层，也可作用于动态图层，但由于其主动权在服务端，因此受服务器类型限制：仅支持 SuperMap iServer REST 地图服务。viewRegion 则只作用于分块图层，但不受服务器类型影响。

(3) 无论地图被缩放至哪一级，地图仅显示 clipRegion 内的区域，但 viewRegion 则不同，与此范围相交的瓦片都会被显示，因此地图实际显示范围比 viewRegion 大。

总结上述三点，可以得出以下结论：clipRegion 可以控制任意多边形范围的地图显示，但依赖于服务器，当多边形越复杂，服务器计算压力越大，此时会严重影响地图显示速度；viewRegion 的控制范围则简化很多，但其不依赖于服务器，完全由客户端控制，不影响地图显示速度。在实际应用中，读者可择其优选择不同的方法。

3.5.2　合理利用分辨率与比例尺

分辨率和比例尺是地图表达尺度的两种概念，读者如果需要控制地图显示尺度，可以通过设置这两个参数实现，但两者设置其一即可。

在 SuperMap iClient for Flex 中，地图控件 Map、缓存分块图层 TiledCachedLayer 都支持分辨率/比例尺设置。在项目开发中可以同时使用 Map 和 TiledCachedLayer 的分辨率/比例尺参数，并结合图层的最大/最小分辨率(maxVisibleResolution/minVisibleResolution)，有效控制缓存图层在某些级别下显示，缓解动态图层带来的出图压力，提升出图性能。TiledCachedLayer 作为 Map 容器的子对象，两者在设置分辨率/比例尺时既有相似性，也存在着一定的兼容性问题。Map 的分辨率/比例尺的作用范围是加载于 Map 中的所有图层 Layer。换言之，TiledCachedLayer 作为图层，Map 的分辨率/比例尺设置直接影响着它。当 Map 与 TiledCachedLayer 同时设置分辨率或比例尺时，SuperMap iClient for Flex 内部会自动将 Map 与所有 Layer 的分辨率或比例尺进行合并，并将这个并集赋值于 Map。因此有时会遇到 Map 的比例尺/分辨率会增加几项。

例如下例将动态 REST 图层与 CloudLayer(SuperMap 云服务图层)进行叠加，其中 CloudLayer 为缓存分块图层，设置其分辨率为 3 个级别，设置 Map 分辨率为 2 个级别，并对 REST 图层的最小分辨率进行了控制，运行后地图显示级别共 5 个：[156697.2575744, 78348.6287872, 39174.3143936, 19587.1571968, 9793.5785984]，其中要求在较小比例尺 1、2、3 级下只显示 CloudLayer，这样无需再耗费时间、性能去请求动态 REST 图层；在较大比例尺 4、5 级下只显示需要动态刷新的数据，即动态 REST 图层，无需再使用缓存数据，即 CloudLayer。

```
<supermap:Map resolutions="{[19587.1571968,9793.5785984]}">
    <supermap:CloudLayer key="GAv0ANRxdj81hdsQGI9Ukw%3D%3D" resolutions=
"{[156697.2575744,78348.6287872,39174.3143936]} "/>
    <iServer6R:TiledDynamicRESTLayer minVisibleResolution="19587.1571968"
url="http://localhost:8090/iserver/services/map-china400/rest/maps/China"/>
    </supermap:Map>
```

3.5.3　有效设置坐标系 CRS

坐标系相当于一个地图的"身份证"，通过坐标系可以很快地对地图进行定位，查找有用信息，配合其他空间数据使用。因此在使用地图时，很有必要对坐标系有一个充分的认识并对其进行有效的设置，从而正确展示地图。

无论是 Map 地图容器还是 Layer 图层，都具有 CRS 属性，该属性为坐标系 CoordinateReferenceSystem 类型。不同的是 Map.CRS 为只读，Layer.CRS 可设置。

SuperMap iClient for Flex 中有关地图的坐标系 CoordinateReferenceSystem 类的接口说明如表 3-18 所示。

表 3-18　CoordinateReferenceSystem 接口说明

接　　口	功能说明
wkid: int	全称 Well Known Identifier，坐标系代号。 如 4326 表示 WGS84 地理坐标系，3857 表示 Web Mercator 投影坐标系
unit: string	地图单位。默认为 degree(经纬度)
datumAxis: number	坐标系所参照的大地椭球体的长轴半径，默认为 WGS84 椭球半径：6378137

Map.CRS 来源于其内封装的第一个 CRS.wkid>0 的图层，如下面的示例代码，Map 最终的 CRS 信息取自 Layer2，wkid 值为 4326。

```
<supermap:Map>
    Layer1: CRS::wkid=0
    Layer2: CRS::wkid=4326
    Layer3: CRS::wkid=3857
</supermap:Map>
```

根据 3.2.2 节中提及的，只有 CRS.wkid 值与 Map 的相等的图层才能相互叠加显示(除 wkid 为 0 的表示任意投影的图层)，可知 Layer3 将不会被加载显示。

Map 的坐标系来源于 Layer，根据 Layer 类型的不同，SuperMap iClient for Flex 对其坐标系进行了如下处理。

1)　ImageLayer

图片图层都是依赖于服务器出图显示的(参见 3.2.1 节)，其坐标系信息均来源于服务器所发布的地图信息。在默认情况下，ImageLayer 会自动获取服务端发布的 CRS 信息，但可通过自定义 CRS 来更改坐标系信息。需要注意的是，只有设置的 CRS::wkid 值大于 0，坐标系信息才能设置成功，否则仍然从服务端获取。

2)　客户端图层

对于 FeaturesLayer、GraphicsLayer 和 ElementsLayer 三种客户端图层，其默认坐标系均为任意投影，即 CRS.wkid 为 0，可以与任意图层叠加。客户端图层的最终展现大多数是与 ImageLayer 叠加显示，因此，一般情况下，对于这三种任意投影的图层，无需更改坐标系信息便可满足需求。

3.6　快速参考

目　　标	内　　容
地图显示	Map 与 Layer 必须结合使用才能显示地图，一个 Map 中可以添加多个 Layer，进行地图叠加显示
图层分类	Layer 按照数据类型可分为图片图层、矢量图层和元素图层三种。图片图层(ImageLayer)用于加载某一地图服务发布的图片数据，要素图层(FeaturesLayer/GraphicsLayer)用于加载 Feature/Graphic 类型的矢量图形数据，元素图层(ElementsLayer)用于加载可视化组件

目　标	内　容
地图交互	与地图交互包括两种类型：一是使用 Action 与 Map 进行鼠标、键盘交互，二是使用地图辅助控件进行地图导航浏览、矢量要素展示等。 一个 Map 在同一时刻只能对应一个 Action
地图辅助功能	SuperMap iClient for Flex 提供地图在线打印、坐标转换、分辨率和比例尺互转等辅助功能

3.7　本　章　小　结

　　本章介绍了 SuperMap iClient for Flex 地图显示原理与使用方法，是学习后续章节的基础。通过本章的学习，能够帮助读者深入了解 SuperMap iClient for Flex 地图模块结构及其应用技巧，顺利启动项目开发。除本章介绍的服务类型(SuperMap iServer Java、SuperMap 云服务、OGC 标准服务)外，在实际项目开发过程中可能需要对接更多第三方地图服务，详情参见第 11 章。

第4章　客户端动态数据展示

在 GIS 系统中，动态数据展示一直以来都是地图呈现不可或缺的重要内容，例如在地图上实时显示车辆的行驶路线，动态显示兴趣目标的具体方位与信息等。相比传统的静态地图，带有地理位置的动态数据具有完整的时空特性，在历史推演、实时监控、观察研究、辅助决策等方面都具有重要意义。而随着客户端展现力逐渐强大，可以将动态数据转换成更为丰富生动的展现形式，实现更加灵活便利的交互操作，真正将 GIS 带入生活。

本章主要内容：
- 动态数据的类型及其展示图层
- 动态数据展示流程
- 矢量要素的几何对象和渲染样式
- 动态数据展示的优化方案：聚散显示和分级显示等

4.1　概　　述

作为一套成熟的 GIS 富客户端软件包，SuperMap iClient for Flex 提供多样的 GIS 数据展现形式，为不同场景下、不同类型数据的客户端渲染提供丰富的选择。本节首先介绍 SuperMap iClient for Flex 中的 GIS 数据分类，然后依次介绍各类型数据的组成和进行数据展现时的主要载体。

4.1.1　动态数据类型

GIS 数据多种多样，在 SuperMap iClient for Flex 中，按照数据格式、内容和应用差别，将数据分为三类：要素数据、元素数据和栅格数据。
- 要素数据是指基本的地理矢量要素，如点、线、面。
- 元素数据主要指使用音频、视频等多媒体数据以及显示组件等方式来展示的地理对象信息。
- 栅格数据用有限的网格像素形式来描述图形，以此来展现具体的地理信息，一般用于展示地理底图。

上述三种数据中，栅格数据主要以图片的方式用于地理底图显示，如第 3 章所讲的 image 图层，展现方式比较固定；要素数据和元素数据则可以分别设置其样式、交互方式等，因其多样性和可交互性，故称之为动态数据。本章主要介绍动态数据的展示。

在 SuperMap iClient for Flex 中，要素数据有 Feature 和 Graphic 两种展现方式，而元素数据则通过 Element 类来表现，每种实现类都有其独立的数据组成和负责显示的承载图层，其关系如表 4-1 所示。

表 4-1 动态数据类型组成及承载图层

动态数据类型	实 例 类	数据组成	承载图层
要素数据	Feature	geometry：地理几何信息	FeaturesLayer
		style：要素展示样式信息	
		attributes：附加描述信息	
	Graphic	geometry：地理几何信息	GraphicsLayer
		style：要素展示样式信息	
		attributes：附加描述信息	
元素数据	Element	bounds：元素显示区域	ElementsLayer
		component：显示组件对象	

1. Feature 要素

Feature 类继承自 Flex 核心库 mx.core.UIComponent 类，是一个独立的可视对象，其数据组成主要包含 geometry、style 和 attributes 三部分。

- **geometry**：用来描述地理矢量信息的几何对象，支持的类别有点(GeoPoint)、线(GeoLine)、面(GeoRegion)，参见包 com.supermap.web.core.geometry。
- **style**：要素数据展示所依赖的样式信息，指定了矢量对象展现时的颜色、线型等。使用不同的样式，可以表现数据的分类、特性含义等信息。以点数据为例，可以通过设置样式为 PredefinedMarkerStyle，控制点数据显示效果(圆点、方点或者图片等)、点的颜色及图片角度等特征，以此来生动地展示数据特性。样式类位于包 com.supermap.web.core.styles 中。
- **attributes**：地理数据所包含的具体业务数据信息，如公交站点的名称、等温线的温度值、绿化区域的面积等，可以赋予数据更真实的意义。

2. Graphic 要素

Graphic 继承自 Object 类，是一个单纯的记录动态数据信息的数据对象。

Graphic 的数据组成和 Feature 基本一致，包含 geometry、style 和 attributes 三部分，每部分数据所起的作用也一样，可参考 Feature 中的介绍，这里不再重复说明。两者的区别主要在于，Feature 本身是显示对象，支持更强大的交互操作和更多类型的样式设置，但也因此带来更多的资源消耗，数据量过大时影响浏览和交互。而 Graphic 更适用于大数据量客户端对象的渲染。关于两者在具体使用时如何选择将在 4.1.2 节做详细说明。

3. Element 元素

Element 元素的数据组成包含 bounds 和 component 两部分。

- **bounds**：Rectangle2D 类型，表示数据所对应的具体显示范围。元素展示的过程中没有具体的点、线、面等地理矢量信息，使用 bounds 来限定元素的地理坐标。
- **component**：DisplayObject 类型，显示组件。这是元素展示的数据部分，各种属于 Flex 的显示对象都可以作为元素添加到地图上，如旅游景区的风景照片、某河

流一天水文记录数据表等。

元素数据对展示方式的多样性支持，方便了开发者创造独具特性的展示和交互，是客户端数据展示中最为灵活的一种。

4.1.2 动态数据展示载体

SuperMap iClient for Flex 分别为 Feature、Graphic 和 Element 数据提供了承载各自展示对象的图层 FeaturesLayer、GraphicsLayer 和 ElementsLayer(位于包 com.supermap.web.mapping 中)。根据数据实现类本身的特性，其对应的承载图层也分别提供了不同的接口和操作方法来展现数据特性。下面分别针对各个图层做详细介绍。

1. FeaturesLayer 图层

FeaturesLayer 是 Feature 要素的展示承载图层，支持所有几何类型(Geometry)以及各种样式(Style)的渲染展示。构建 Map 和 FeaturesLayer 后，只要将 Feature 要素添加到具体的 FeaturesLayer 上便可显示。显示结果则由 Feature 上定义的 geometry、style 和 attributes 数据信息决定。表 4-2 是 FeaturesLayer 操作 Feature 的相关接口。

表 4-2　FeaturesLayer 添加/删除 Feature 的相关接口

接　口	功能说明
addFeature(feature:Feature, isfront:Boolean=true):String	添加矢量要素。当 isfront 为 true 时，表示将 Feature 添加到图层的最上方显示，反之则添加到图层最底端显示
addFeatureAt(feature:Feature,index:int):String	在指定位置处添加矢量要素。若传入的索引值超出范围(小于 0 或大于 this.features.length)，将会抛出异常信息 SmResource.OUT_OF_ARRAY_RANGE
getFeatureAt(index:int):Feature	获取指定位置处的矢量要素。如果 index 超出范围，则抛出异常信息：SmResource.OUT_OF_ARRAY_RANGE
getFeatureByID(id:String):Feature	获取指定 ID 对应的矢量要素
removeFeature(feature:Feature)	移除指定的矢量要素。如果待移除的 Feature 不在图层中，则抛出异常信息：SmResource.OUT_OF_ARRAY_RANGE
removeFeatureAt(index:int):Feature	移除指定位置处的矢量要素。如果索引值超出范围，则抛出异常信息：SmResource.OUT_OF_ARRAY_RANGE
clear():void	移除当前图层中的所有矢量要素

说明　FeaturesLayer 内部使用 ArrayCollection 来存储 Feature 要素，index 记录 Feature 在数组中的位置，index 值越小，显示越靠下，index 值越大，显示越靠上。

2. GraphicsLayer 图层

GraphicsLayer 是 Graphic 的承载和显示图层。构建完成地图和图层后，只需将 Graphic

要素添加到 GraphicsLayer 上即可显示。GraphicsLayer 的主要接口如表 4-3 所示。

表 4-3　GraphicsLayer 添加/删除 Graphic 的相关接口

接　口	功能说明
add(value:Array):void	添加 Graphic 要素数组
remove(value:Array):void	移除 Graphic 要素数组
removeAll():void	移除 GraphicsLayer 中所有的 Graphic 要素

GraphicsLayer 和 FeaturesLayer 都可以用来显示矢量要素，两者有很多相似的地方，也有明显的差异，下面通过几个方面的对比可以看出两者之间的区别。

(1) 数据承载对象。Graphic 和 Feature 拥有相同的数据组成，两者的最大区别在于自身的显示原理。Graphic 继承自 Object，而 Feature 继承自 UIComponent 显示组件，因此 Feature 在使用时要比 Graphic 花费更多的内存开销，但是独立的显示也使控制和操作更灵活。

(2) 操作接口。针对要素操作，GraphicsLayer 提供批量添加、删除等方法，而 FeaturesLayer 则提供针对单个要素的添加、删除和获取方法。相较之下，GraphicsLayer 的批量操作更高效，而 FeaturesLayer 的接口则更具灵活性，针对单个 Feature 的操作在实现要素编辑的过程中更为方便。

(3) 支持的显示样式。GraphicsLayer 只支持点、线、面显示样式，FeaturesLayer 支持更为复杂的组合样式、图片填充样式等。

从对比可以看出，GraphicsLayer 几乎是 FeaturesLayer 的一个精简版本，以损失操作灵活性和显示的复杂多样性为条件来换取数据更快速、流畅地渲染。在数据交互操作不频繁或者数据量很大的情况下，使用 GraphicsLayer 会带给最终用户更流畅的浏览体验。

3. ElementsLayer 图层

ElementsLayer 图层承载元素数据的显示，构建 Map 和 ElementsLayer 后，将准备好的 Element 数据添加到图层上便能完成数据展示。ElementsLayer 的相关接口如表 4-4 所示。

表 4-4　ElementsLayer 添加/删除 Element 的相关接口

接　口	功能说明
addElement(element:Element):String	添加 Element 元素，并返回用于唯一标识元素的 id
addElementAt(element:Element):String	将 Element 元素添加至指定索引位置处，并返回用于唯一标识元素的 id
addComponent(component:DisplayObject, bBox:Rectangle2D):String	添加可视组件，并返回用于唯一标识该元素的 id
addComponentAt(component:DisplayObject, index:int,bBox:Rectangle2D):String	将可视组件添加至指定索引位置处，并返回用于唯一标识该元素的 id
getElementAt(index:int):Element	获取指定位置处的 Element 元素
getElementByID(id:String):Element	通过 id 获取 Element 元素
removeElement(element:Element)	移除 Element 元素，并返回该元素
removeElementAt(index:int):Element	移除指定位置处的 Element 元素，并返回该元素
clear():void	移除当前图层中的所有 Element 元素

ElementsLayer 除了提供操作元素数据的接口外，还提供了 addComponent()和 addComponentAt()接口来简化开发者的使用。在调用这两个接口时，内部会自动将数据 Bounds 和 Component 封装成 Element 对象，并将之添加到图层上展示，省去开发者进行数据封装的过程。

SuperMap iClient for Flex 支持的三种动态数据展示图层各有特点，了解展示数据本身及其图层的特点，在实践中可以制定更合理的显示方案。

4.2　动态数据展示的实现方法

要素数据和元素数据在客户端展示的操作过程相似。本节首先以要素数据展示为例，对动态数据的展示流程做详细介绍，然后再进一步针对动态数据的渲染方式做深入说明。

> 本节只列出关键示意性代码或简单说明，完整项目及详细代码请参考配套光盘\数据与程序\第 4 章\程序。

4.2.1　动态数据展示的开发流程

动态数据的客户端展示流程一般包含三个主要环节：数据获取、数据存储和数据展示。了解动态数据的客户端展示流程，可使开发思路更加清晰，分块对待各个环节并做优化处理。本节通过示例——使用矢量数据的客户端渲染方法模拟京津县级人口密度分段专题图，来对数据展示流程做详细介绍。

1. 动态数据的获取

获取动态数据的方式多种多样，可以通过分析、查询服务等从 GIS 服务端获取，也可以通过客户端绘制或者本地构建等方法生成。在当前示例中，使用 SuperMap iServer Java 的地图 SQL 查询服务获取京津县区域的矢量面信息。代码实现如下。

Chapter4_1.mxml

```
private function queryData():void
{
    //构建查询参数
    var queryBySQLParam:QueryBySQLParameters = new QueryBySQLParameters();
    //设置 SQL 查询的过滤条件参数，查询京津面对象 BaseMap_R 中的所有数据信息
    var filter:FilterParameter = new FilterParameter();
    filter.name = "BaseMap_R@Jingjin";
    filter.attributeFilter = "SMID>0";
    queryBySQLParam.filterParameters = [filter];

    //构建查询服务并发送请求，查询成功则调用函数 dispalyQueryRecords 显示
    var queryByDistanceService:QueryBySQLService =
        new QueryBySQLService(mapUrl);
    queryByDistanceService.processAsync(queryBySQLParam,
        new AsyncResponder(this.dispalyQueryRecords,
```

```
function (object:Object, mark:Object = null):void
{
    Alert.show("查询错误。");
}, null));
}
```

注意　使用查询、分析等服务是获取特定的地理数据最为常见的方式。SuperMap iClient for Flex 类库中提供了对 SuperMap iServer Java 的多种服务的对接，可以方便地获取不同需求的信息。关于如何使用相关服务，读者可以有针对性地查看后续章节。

---

2. 动态数据的存储

动态数据的存储即动态数据的客户端封装、本地化。在客户端展示过程中，第一步获取的矢量点、线、面信息或者是描述性质的文字、图片等多媒体资源，往往因其多样性难以统一处理。使用数据存储对多样的数据进行固定格式封装可以解决该问题，也便于统一展现的样式。

地理几何信息一般在本地存储为 Feature 或者 Graphic 类型。在下面的示例中，使用 Feature 对象对查询结果的县区几何面信息进行封装，根据数据对应的人口密度大小赋予不同显示样式，实现对分段专题的模拟。代码实现如下。

Chapter4_1.mxml

```
private function dispalyQueryRecords(queryResult:QueryResult, mark:Object = null):void
{
    //初始化不同样式信息
    var fillStyle1:Style = new PredefinedFillStyle("solid", 0xB8FBCD, 0.5,
new PredefinedLineStyle("solid", 0));
    var fillStyle2:Style = new PredefinedFillStyle("solid", 0xF4FA99, 0.8,
new PredefinedLineStyle("solid", 0));
    var fillStyle3:Style = new PredefinedFillStyle("solid", 0xEE5566, 0.9,
new PredefinedLineStyle("solid", 0));
    var fillStyle4:Style = new PredefinedFillStyle("solid", 0x2530BA, 1, new
PredefinedLineStyle("solid", 0));
    //获取查询结果信息
    var recordSets:Array = queryResult.recordsets;
    if(recordSets.length != 0)
    {
        for each(var recordSet:Recordset in recordSets)
        {
            //服务返回的信息已经封装成 Feature 对象，遍历 features 数组，设置样式
            for each (var feature:Feature in recordSet.features)
            {
            //获取各县数据对应的人口密度，并根据人口密度大小设置不同样式，模拟分段效果
                var popDesity:Number =
    Number(feature.attributes["POP_DENSITY99"]);
                if(isNaN(popDesity))
                {
                    popDesity = 0;
                }
```

```
            if(popDesity < 0.02)
            {
                feature.style = fillStyle1;
            }
            else if (popDesity < 0.04)
            {
                feature.style = fillStyle2;
            }
            else if(popDesity < 0.06)
            {
                feature.style = fillStyle3;
            }
            else
            {
                feature.style = fillStyle4;
            }
        }
    }
}
```

> **注意** SuperMap iClient for Flex 类库中对于 SuperMap iServer Java 服务的返回结果在内部封装成 Feature 对象以方便开发者使用。对于通过其他方式获取的本地矢量要素，则需读者自行封装，即自行构建 Geometry 对象，并将其赋予 Feature 或者 Graphic 对象。

3. 动态数据的展示

动态数据的展示是指数据在客户端的最终展现。要素数据的绘制显示、元素数据的多样化显现、交互支持都属于动态数据渲染的范畴。SuperMap iClient for Flex 软件包提供的展示图层为各类型的动态数据展示提供了良好的支持，只需将在存储步骤封装好的数据根据所属类型添加到对应的图层中便可显示。通过使用 Flex 灵活的客户端交互，可以跟随使用者的指令动态修改数据的展示，提供更好的操作体验。

在下面的示例中，通过给封装好的 Feature 对象添加交互——监听鼠标在 Feature 上的移入移出来更改样式，来增强展示效果。设置交互效果后，将 Feature 对象通过接口 addFeature()添加到构建好的 FeaturesLayer 上，完成显示。代码实现如下。

```
                         Chapter4_1.mxml
//鼠标移入 feature, 更改样式高亮显示
private function selectHandler(event:MouseEvent):void
{
    var feature:Feature = event.target as Feature;
    //记录 Feature 对象原来的样式，方便样式还原时使用
    _lastStyle = feature.style;
    feature.style = _selectStyle;
}
//鼠标移出 feature, 恢复之前显示样式
private function unSelectHandler(event:MouseEvent):void
```

```
{
    var feature:Feature = event.target as Feature;
    if(_lastStyle)
    {
        feature.style = _lastStyle;
    }
}
feature.addEventListener(MouseEvent.MOUSE_OVER, selectHandler)
feature.addEventListener(MouseEvent.MOUSE_OUT, unSelectHandler);
featuresLayer.addFeature(feature);
```

该示例使用矢量数据的客户端渲染模拟京津县级人口密度分段专题图，同时添加了针对鼠标的交互来丰富最终的展示，其运行结果如图 4-1 所示。

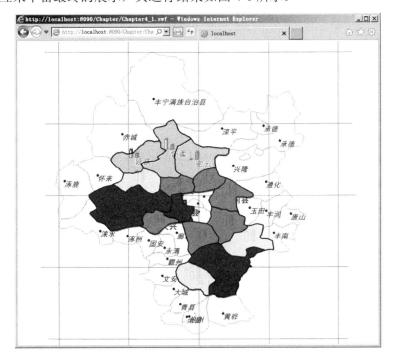

图 4-1　客户端模拟分段专题图

4.2.2　要素数据渲染

动态数据客户端展示的各个环节都和客户端的数据类型密切相关，深入了解动态数据类型的结构以及类对象之间的相互关系，对于使用 SuperMap iClient for Flex 开发包进行客户端开发有着很大帮助。图 4-2 是 SuperMap iClient for Flex 开发包中与要素数据相关的 Graphic、Feature 对象的结构图。图中展示了几何对象 Geometry、样式 Style、地物属性信息等的各自实现和相互关系。其中 Graphic 类支持使用灰色背景中的样式，其他均仅有 Feature 支持。

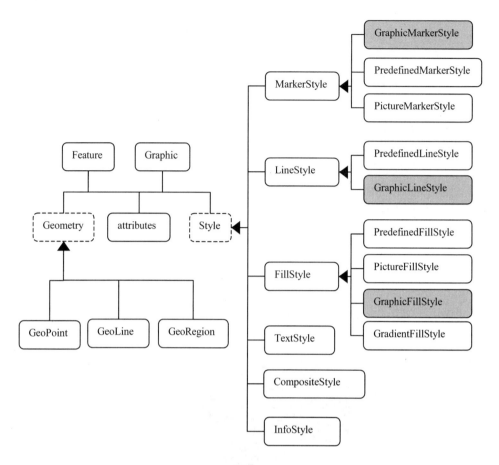

图4-2　要素数据结构图

在要素数据中，Geometry 对象定义了显示形状，Style 则赋予显示效果，下面分别进行介绍。

1. 地理几何对象 Geometry

地理几何对象 Geometry 用来描述几何对象的地理空间信息。为了区别和实际像素坐标的差异，引入 Point2D(com.supermap.web.core.Point2D)对象来描述具体的地理空间坐标。单个 Point2D 对象记录一个地理坐标点的 x，y 坐标信息，是最基本的地理信息描述单元。一般使用多个 Point2D 组合来描述具体的 Geometry 对象。

Geometry 同时也提供针对几何对象的处理方法，如计算中心点、范围等。其具体子类有 GeoPoint、GeoLine 和 GeoRegion，分别对应几何点、线、面对象。

- GeoPoint：几何点对象，使用一对[x,y]坐标来确定固定位置，可用来表示公交站点等点状地物信息。
- GeoLine：几何线对象，由点对象集组成，存储了一个或多个组成线对象的子对象，其中每一个子对象又由若干个地理坐标点 Point2D 组成，可用来表示河流、道路等线状地物。
- GeoRegion：几何面对象，由点对象集组成，存储一个或多个组成面对象的子对象，其中每个子对象都是一个由若干地理坐标点 Point2D 定义的几何面信息，可用来描述省市区域、地块等面状地物信息。

GeoLine 和 GeoRegion 对象除了支持从抽象类 Geometry 继承而来的中心点 center、范围 bounds 属性外，还提供了详细的接口来操作对象本身，如插入点、删除点等，可以在客户端提供对线、面对象的动态修改功能。

2. 矢量要素显示样式 Style

要素显示样式 Style 中定义了矢量对象的显示效果，诸如点形状、线类型和颜色等。不同的 Style 对应不同的几何对象，提供差异化的样式支持。理解样式对象与所对应几何对象类型的关系是正确使用样式的前提，表 4-5 列出了不同样式与几何对象的关系。

表 4-5　Style 与 Geometry 间的对应关系

样式		Feature			Graphic		
		GeoPoint	GeoLine	GeoRegion	GeoPoint	GeoLine	GeoRegion
基础样式	PredefinedMarkerStyle	✓					
	PictureMarkerStyle	✓					
	GraphicMarkerStyle				✓		
	PredefinedLineStyle		✓				
	GraphicLineStyle					✓	
	PredefinedFillStyle			✓			
	PictureFillStyle			✓			
	GradientFillStyle			✓			
	GraphicFillStyle						✓
特殊样式	CompositeStyle	✓	✓	✓			
	InfoStyle	✓					
	TextStyle	✓					
	CloverStyle	✓			✓		

表 4-5 中，样式划分为两大类别——基础样式和特殊样式。基础样式是对矢量点、线、面最直观的定义，这些样式类一般用来直接赋予矢量对象显示效果，如定义点的形状、线段类型、颜色等。基础样式还有一个特点，就是只支持单一几何对象类型。特殊样式的归类没有什么严格标准，如组合样式(CompositeStyle)可以同时设置点、线、面等多种几何对象，而 InfoStyle、TextStyle、CloverStyle 则在展现数据的时候关注更多的是数据本身的特性而不是矢量对象本身。特殊样式较基础样式操作难度增大，但可以增强应用的差异性和灵活性。

下面的部分首先根据几何对象类型分组介绍基础样式。

1) 点类型矢量数据的对应样式

支持点类型矢量数据的样式类有三种，其中 PredefinedMarkerStyle 和 PictureMarkerStyle 针对 Feature 类型的数据，GraphicMarkerStyle 针对 Graphic 类型的数据。

PredefinedMarkerStyle 通过设置点几何对象的颜色、大小等来控制点对象的展现，其支持的属性如表 4-6 所示。

表 4-6　PredefinedMarkerStyle 样式属性

属性名称	类　型	含　义
alpha	Number	指定点要素的透明度。默认值为 1，表示不透明
angle	Number	点要素围绕中心点的旋转角度
border	PredefinedLineStyle	点要素的边线样式(参考 PredefinedLineStyle 的介绍)
color	unit	点要素的填充颜色
size	Number	点要素的大小
symbol	String	点要素形状。常量字符串，具体参见表 4-7
xOffset	Number	点横向(x 方向)偏移量
yOffset	Number	点纵向(y 方向)偏移量

表 4-7　点 symbol 对应的形状

点类型	star	circle	diamond	sector	square	triangle	X
形状	★	●	◆	◗	■	▲	✕

使用 PredefinedMarkerStyle 显示点 Feature 要素，需要首先实例化对象，再对其公开的样式属性进行修改。下例设置了一个点 Feature 的样式：星形，红色，大小为 20 像素。

```
var style:Style = new PredefinedMarkerStyle(
PredefinedMarkerStyle.SYMBOL_STAR, 20, 0xFF0000);
var feature:Feature = new Feature(new GeoPoint(0, 0), style);
```

示例中使用构造函数来设置样式信息，也可以在实例化样式对象后逐一修改，发生变化的样式属性会立刻在对应的 Feature 上展现出来，无需重新设置 Feature 的 style。

```
//直接修改 style 属性即可更改显示，无需重新设置 style 给 feature
style.color = 0x00FF00;
style.size = 25;
//feature.style = style; //多余操作
```

样式属性中,颜色值 color 建议使用十六进制的数值表示,如 0xFF0000。旋转角度 angle 是围绕中心点旋转的角度值，如 45、60。关于旋转角度 angle 和偏移量(xOffset，yOffset) 的具体含义，可参考图 4-3 的描述。

PictureMarkerStyle 用来定义描述点信息的图片样式，和 PredefinedMarkerStyle 相比，减少了矢量描述属性 color、border，但是添加了必需的图片资源属性 source 等，对比表 4-8 与表 4-6 中的样式属性便可清楚两者的差异。

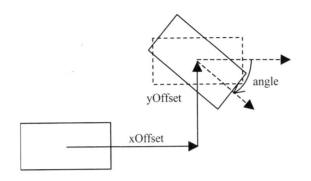

图 4-3　点样式 xOffset、yOffset、angle 属性示意图

表 4-8　PictureMarkerStyle 样式属性

属性名称	类　型	含　义
alpha	Number	指定点要素的透明度。默认值为 1，表示不透明
angle	Number	点要素围绕中心点的旋转角度
height	Number	点要素指定图片的高度
source	Object	点要素指定的图片的路径。必设属性
width	Number	点要素指定图片的宽度
xOffset	Number	点横向(x 方向)偏移量
yOffset	Number	点纵向(y 方向)偏移量

使用 PictureMarkerStyle 设置点要素样式时，source 作为指定图片的资源路径，是必设参数。width 和 height 属性指定图片的展示大小，如果设置的值和原图片的大小不同，则会将图片拉伸显示。下面的代码设置一个图片样式，使用 icon 图片(风向图标✎)，宽高 32 像素，x、y 偏移 40 像素，旋转 90 度角。其结果如图 4-4 所示。

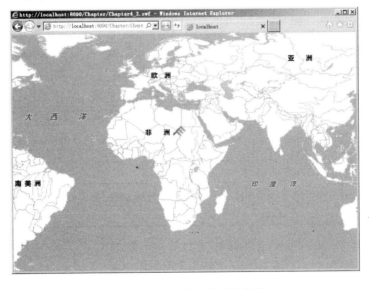

图 4-4　设置图片点样式的效果

```
//定义样式
var pictureStyle:Style = new PictureMarkerStyle("../assets/wind.png",
            32, 32, 40, 40, 1, 90);
//应用样式到要素对象上
var feature:Feature = new Feature(new GeoPoint(0, 0), style);
```

属性 angle、xOffset、yOffset 的作用和 PredefinedMarkerStyle 的对应属性一致，参考 PredefinedMarkerStyle 的介绍即可。

GraphicMarkerStyle 定义了显示在 GraphicsLayer 图层上的 Graphic 要素对象的具体样式，拥有和 PredefinedMarkerStyle 几乎相同的属性，使用方式也基本保持一致，这里不再做过多说明。

GraphicMarkerStyle 与 PredefinedMarkerStyle 的区别介绍如下。

- 添加了一个 icon 属性，当 symbol 属性指定为 GraphicMarkerStyle.ICON 类型时将会采用图片 icon 来作为点要素的渲染方式。
- GraphicMarkerStyle 的属性 angle 只针对图片样式有效，即 symbol 为 ICON 时 angle 设置有效。

2) 线类型矢量数据对应样式

支持线类型矢量数据的样式有 PredefinedLineStyle 和 GraphicLineStyle，前者对应 Feature 类型的要素数据，后者对应 Graphic 类型的数据。虽然应用目标不同，但两种样式都是针对矢量线对象的矢量特性进行显示控制，因此在样式控制和开发使用中都基本一致，这里以 PredefinedLineStyle 为例进行说明，GraphicLineStyle 的相关内容请参考 PredefinedLineStyle 类型。表 4-9 列出了 PredefinedLineStyle 支持的属性信息。

表 4-9　PredefinedLineStyle 样式属性

属性名称	类　　型	含　　义
alpha	Number	指定线要素的透明度，默认值为 1，表示不透明
cap	String	线要素端点的显示类型，当属性 symbol 为 solid 时有效
color	unit	线要素的颜色，默认为蓝色
join	String	线要素拐点的显示类型，当属性 symbol 为 solid 时有效
symbol	String	线要素的形状样式。常量字符串
weight	Number	线要素的显示宽度
miterLimit	Number	表示将在哪个限制位置切断尖角的数字，有效值为 1～255
pattern	Array	线要素上的边界类型编码，当 symbol 为 custom 时用来指定自定义的线要素显示样式

下文重点介绍 PredefinedLineStyle 样式的几个特殊属性。

- symbol 属性指定了线对象的显示形状，支持直线、点划线、虚线等，其属性名与对应的线条形状参考表 4-10。

表 4-10　线型 symbol 对应的显示形状

线型	dash	dashdot	dashdotdot	dot	solid	null
形状	----	--·--·--	--··--··	······	——	

- cap 属性和 join 属性在线型 symbol 为 solid 时有效。其中 cap 属性用来定义线段的端点类型，有三个可选项 CAP_NONE、CAP_ROUND 和 CAP_SQUARE，分别对应的端点类型为不显示、圆头端点和方头端点；join 属性定义线段拐角的样式，也支持三个可选值，JOIN_BEVEL、JOIN_MITER、JOIN_ROUND 分别用来指定线要素拐点为平角、尖角、弧形。这两个属性的设置效果与详细信息请参考 Apache Flex 的 API 帮助文档。

- pattern 属性在 symbol 设置为 custom 时有效，可用来定义开发者自己的虚线类型(虚线中点与线的比例)，当已支持的线型不足以满足需求时可采用该属性。关于 pattern 的具体含义和使用方法可以从 SuperMap iClient for Flex 软件包的帮助文档中查找，这里不做过多介绍。

下列代码设置了一个蓝色、宽度为 10 像素、solid 线型、端点为方头 CAP_SQUARE、拐角为 JOIN_BEVEL 类型的线样式，其显示结果如图 4-5 所示，完整代码请参考范例 Chapter4_3.mxml。

```
//定义几何线对象
var geoLine:GeoLine = new GeoLine();
geoLine.addPart([new Point2D(-20,20),
                 new Point2D(-20,-20),
                 new Point2D(20,20)]);
//定义线样式
var lineStyle:Style = new PredefinedLineStyle(
PredefinedLineStyle.SYMBOL_SOLID,
0x0000FF, 1, 10,
PredefinedLineStyle.CAP_SQUARE, PredefinedLineStyle.JOIN_BEVEL);
//使用几何对象和样式组建 feature 对象
var lineFeature:Feature = new Feature(geoLine, lineStyle);
```

3)　面类型矢量数据对应样式

支持面类型矢量数据的样式有 4 种，即支持 Feature 类型矢量数据的 PredefinedFillStyle、PictureFillStyle、GradientFillStyle 和支持 Graphic 类型数据的 GraphicFillStyle，下面逐一介绍。

PredefinedFillStyle 通过设置面对象的颜色、边框等特性来控制一个矢量面的显示效果，其属性如表 4-11 所示。

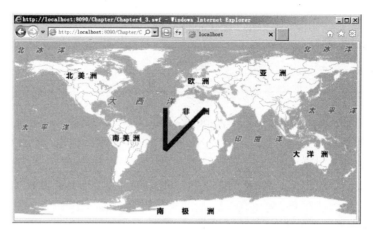

图 4-5　设置线样式后的运行结果

表 4-11　PredefineFillStyle 样式属性

属性名称	类　型	含　义
alpha	Number	面要素的填充透明度。默认值为 0.156
color	unit	面要素填充颜色，默认为蓝色
border	PredefinedLineStyle	面要素的边线样式，参考 PredefinedLineStyle 类型
symbol	String	常量字符串，标记面要素的填充类型
pattern	Array	面要素边线样式编码，参考 PredefineLineStyle 的 pattern 属性

PredefinedFillStyle 通过设置 symbol 属性可支持实体填充、交叉线填充、水平线填充等多种样式，表 4-12 中介绍了不同的 symbol 属性值与其对应的填充效果。

表 4-12　填充样式 symbol 属性值及其对应效果图

symbol 属性值	solid	backslash	cross	horizontal	slash	vertical	null
对应效果							

PredefinedFillStyle 中其他属性都比较明确，border 属性定义了矢量面要素的边线样式，使用方法参考前文 PredefinedLineStyle 中的介绍。剩余属性都较为简单，可参考示例代码学习使用。下例创建了一个红色水平线填充、边线为蓝色点划线的面样式。

```
var geoRegion:GeoRegion = new GeoRegion();
geoRegion.addPart([new Point2D(-20,-10),
new Point2D(20,-10), new Point2D(20,10), new Point2D(-20,10)]);
var lineStyle:PredefinedLineStyle =
new PredefinedLineStyle(PredefinedLineStyle.SYMBOL_DASHDOT, 0x0000FF);
var fillStyle:Style = new PredefinedFillStyle(
PredefinedFillStyle.SYMBOL_HORIZONTAL, 0xFF0000,1, lineStyle);
var regionFeature:Feature = new Feature(geoRegion, fillStyle);
fl.addFeature(regionFeature);
```

PictureFillStyle 定义了使用图片填充矢量面要素的控制因子。图片填充因其多样性的展现可以更加灵活地表现面要素数据的含义，在实际项目中也颇有特色。该样式所支持的属性参考表 4-13。

表 4-13 PictureFillStyle 样式属性

属性名称	类 型	含 义
alpha	Number	填充图片的透明度
angle	Number	填充图片的旋转角度，逆时针方向为正
border	PredefinedLineStyle	面要素的边线样式，参考 PredefinedLineStyle 类型
height	Number	用于填充矢量面要素的图片的高度，单位为像素。当设置的值不同于原图大小时将原图拉伸，为负值时原图上下反方向显示
width	Number	用于填充矢量面要素的图片的宽度，单位为像素。当设置的值不同于原图大小时将原图拉伸，为负值时原图左右反方向显示
source	Object	填充图片的资源路径，必设参数
xOffset	Number	填充图片的水平(x 方向)偏移量，单位为像素
yOffset	Number	填充图片的垂直(y 方向)偏移量，单位为像素
xScale	Number	填充图片的水平缩放系数，值为 1 时表示不缩放
yScale	Number	填充图片的垂直缩放系数，值为 1 时表示不缩放
pattern	Array	面要素边线样式编码，参考 PredefinedLineStyle 的 pattern 属性

PictureFillStyle 指的是使用图片拼接的方式来填充矢量面区域，因此关于图片样式填充的控制因子也大多作用于图片对象。除了 source 属性标记图片资源路径外，其他的 alpha、angle、height、width、xOffset、yOffset、xScale、yScale 等属性分别控制图片不同的显示因子，具体含义可参考表 4-13 中的介绍。

范例 Chapter4_4.mxml 给出了使用 PredefinedFillStyle 和 PictureFillStyle 的对比范例，其运行结果如图 4-6 所示。

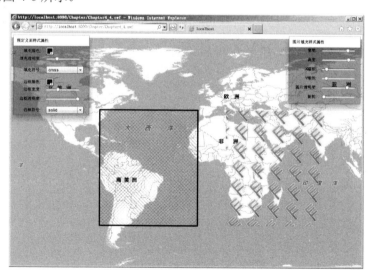

图 4-6　填充样式对比

GradientFillStyle 为渐变样式填充，使用一组指定渐变颜色来填充显示区域。关于渐变色的控制和使用方法可以在 Apache Flex 的 API 文档中找到详细说明，这里简单介绍一下其所支持的样式属性，参见表 4-14。

表 4-14　GradientFillStyle 样式属性

属性名称	类　型	含　义
alphas	Array	渐变颜色透明度数组，和 colors 数组中的颜色一一对应
colors	Array	渐变颜色数组，定义颜色渐变填充的关键色
ratios	Array	渐变颜色分布率，和 colors 中的颜色一一对应，取值为 0~255
border	PredefinedLineStyle	面要素的边线样式，参考 PredefinedLineStyle 类型
matrix	Matrix	一个由 flash.geom.Matrix 类定义的转换矩阵，用于颜色渐变的控制转换
interpolationMethod	Sring	指定用于渐变色插值的方式，可选值有两个：Interpolation Method.LINEAR_RGB 和 InterpolationMethod.RGB
spreadMethod	String	指定渐变的扩展方式，支持的可选值有三种：SpreadMethod.PAD(扩展)、SpreadMethod.REFLECT(反向) 和 SpreadMethod.REPEAT(重复)
type	String	颜色渐变类型，支持径向渐变和线性渐变两种
focalPointRatio	Number	渐变的焦点位置的控制因子。详细信息请参考 Flex API 中关于类 flash.display.GraphicsGradientFill 的 focalPointRatio 属性的介绍

渐变样式填充通过属性 type 设置渐变的具体类型，GradientType.LINEAR 和 GradientType.RADIAL 分别表示线性渐变和径向渐变。其他属性 colors、alphas、ratios 三组数据确定了渐变中关键点的颜色值、透明度以及颜色分布率。interpolationMethod 属性设置过渡颜色计算方法，spreadMethod 属性设置渐变区域外的填充方法，matrix 用来创建对渐变的矩阵变形。上述各个属性都是函数 flash.display.Graphics.beginGradientFill() 的相关参数，关联知识点较多，读者可以参考 Apache Flex 的 API 文档学习各个属性的具体含义和使用技巧。Chapter4_5.mxml 中给出一个简单的红绿蓝三色平缓渐变的填充范例代码。

```
Chapter4_5.mxml
```

```
//填充面
var geometry:GeoRegion = new GeoRegion();
geometry.addPart(new Array(new Point2D(-50,20),
new Point2D(-50,-20), new Point2D(50,-20), new Point2D(50,20)));
//定义渐变样式信息
var colors:Array = [0xFF0000, 0x00FF00, 0x0000FF];
var alphas:Array = [1, 0.4, 0.7];
var ratios:Array = [0,128,255];
var style:Style = new GradientFillStyle(GradientType.LINEAR,
colors, alphas, ratios);
var feature:Feature = new Feature(geometry, style);
```

```
//fl 表示要素图层
fl.addFeature(feature);
```

GraphicFillStyle 用来定义 Graphic 要素的样式，继承自 PredefinedFillStyle，本身并没有做特殊扩展和修改，其拥有的样式属性和使用方法与 PredefinedFillStyle 基本一致，不再赘述。

> **注意**　基础样式是最常使用的要素数据渲染方式，使用过程针对固定的矢量对象类型，如果错误设置(如将点样式设置给一个面对象)将不会获得正确效果。此外，虽然 Graphic 要素对象也同样包含矢量信息，但是针对此类数据的样式只能使用专有的 GraphicMarkerStyle、GraphicLineStyle 和 GraphicFillStyle，其他样式均不支持。

与基础样式相比，特殊样式在使用的过程中有各自明确的特点和技巧，下面逐一介绍。

4)　组合样式 CompositeStyle

组合样式是对基础样式的组合使用，是唯一一个不受限制，可以在点、线、面等多种几何对象上设置的要素显示样式。通过使用组合样式，可以无需关心具体矢量对象 Geometry 的类型，还可以将矢量对象的渲染分解成点、线、面等各个细小环节进行控制。表 4-15 是组合样式的属性信息。

表 4-15　CompositeStyle 样式属性

属性名称	类　型	含　义
styles	Object	组成组合样式的点、线、面样式信息，一般为数组类型

styles 属性包含了组成组合样式的点、线、面样式，使用的时候作为数组传入 CompositeStyle 的构造函数即可。设置组合样式之后，针对数据具体的几何类型，内部会自动选取 styles 中定义的对应当前几何类型的样式赋予数据进行显示。范例 Chapter4_6.mxml 通过分别给点、线、面要素设置组合样式来展示数据，下面是部分关键代码。效果如图 4-7 所示。

Chapter4_6.mxml

```
var markerStyle:Style = new PredefinedMarkerStyle(
PredefinedMarkerStyle.SYMBOL_CIRCLE, 12, 0xFF0000);
var lineStyle:Style = new PredefinedLineStyle(
PredefinedLineStyle.SYMBOL_DASHDOT, 0x0000FF, 1, 5);
var fillStyle:Style = new PredefinedFillStyle(
PredefinedFillStyle.SYMBOL_HORIZONTAL,
    0xCCCC00, 0.6, lineStyle as PredefinedLineStyle);
//定义组合样式
var compositeStyle:CompositeStyle = new CompositeStyle(
[markerStyle, lineStyle, fillStyle]);
//定义几何对象，应用组合样式
//几何点类型要素
var geoPoint:GeoPoint = new GeoPoint(0, 0);
var pointFeature:Feature = new Feature(geoPoint, compositeStyle);
//fl 表示要素图层，下同
```

```
fl.addFeature(pointFeature);
//几何线类型要素
var geoLine:GeoLine = new GeoLine();
geoLine.addPart([new Point2D(-50,50), new Point2D(-50,-50),
new Point2D(50,-50)]);
var lineFeature:Feature = new Feature(geoLine, compositeStyle);
fl.addFeature(lineFeature);
//几何面类型要素
var geoRegion:GeoRegion = new GeoRegion();
geoRegion.addPart([new Point2D(-30,30), new Point2D(-30,-30),
new Point2D(30,-30), new Point2D(30,30)]);
var regionFeature:Feature = new Feature(geoRegion, compositeStyle);
fl.addFeature(regionFeature);
```

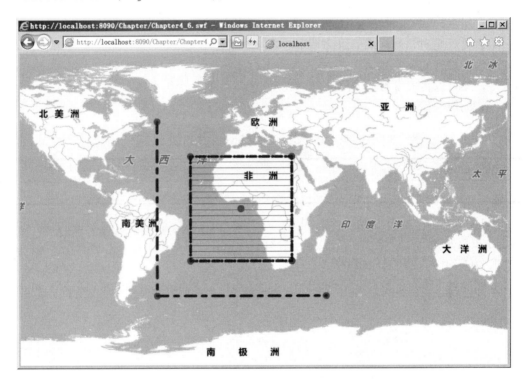

图4-7　组合样式使用效果

5)　文本样式 TextStyle

文本样式 TextStyle 继承自 MarkerStyle，使用方法和基础样式中的点要素样式基本类似。不同的是，文本样式显示的内容主要为要素数据中的 attributes 信息，显示方式则通过直接的文本表达，这点不同于前面介绍的各种样式。使用直接的文本表达，可以描述更为具体的数据含义，如公交站点名称等，在实际项目中颇为常见。TextStyle 支持的属性以控制文本显示的字体、颜色等为主，详细内容见表4-16。

表 4-16　TextStyle 样式属性

属性名称	类　型	含　义
alpha	Number	文本透明度
angle	Number	文本旋转角度
background	Boolean	是否显示文本背景。默认为 false，表示无背景
backgroundColor	unit	文本背景颜色，当 background 为 true 时有效，默认为白色
border	Boolean	是否显示文本边框
borderColor	unit	文本边框颜色。当 border 为 true 时有效，默认为黑色
color	unit	文本字体颜色，默认为黑色
htmlText	String	html 格式的文本内容
text	String	要显示的文本信息
textAttribute	String	要显示的文本属性在当前要素 attributes 中的名称
textFunction	Function	获取文本的函数
placement	String	文本字体的对齐方式，默认为居中对齐，可选值请参考 TextStyle 类中的常量字符串定义 TextStyle.PLACEMENT_BOTTOM 等
textFormat	TextFormat	文本字体格式，可以定义显示文本的字体、形状、粗细等，详细说明和使用方式请参考 Flex 核心库中的 flash.text.TextFormat 类
xOffset	Number	文本锚点横轴偏移量
yOffset	Number	文本锚点纵轴偏移量

TextStyle 提供了 4 个属性来获取最终的显示文本，分别是 text、htmlText、textAttribute 和 textFunction，其优先级顺序和列举顺序一致。如果同时设置这 4 个属性，以优先级高的为准，例如当 text 属性被设置为有效值后，其他 3 个属性都将被忽略。下面简单介绍 4 个属性的使用情况。

● text 直接指定最终被显示的文本信息，优先级最高。缺点是同一个样式对象应用于多个 Feature 要素后显示的信息是一样的，不具有区别性。

● htmlText 用来设置 html 格式的文本信息，和 text 有同样的缺陷，需要构建多个样式才能获取不同文本显示。

● textAttribute 指定显示文本对应的属性名，可以从 Feature 要素的 attributes 中获取对应名称的值作为最终的显示文本。如 Feature.attributes 中包含一个名称为"SMNAME"，值为"丰台路"的属性，则通过设置 textAttribute 为"SMNAME"获得"丰台路"文本显示。

● textFunction 通过设置外部函数来获取最终的文本信息，是最为灵活的文本显示来源。函数接收两个参数(point:GeoPoint, attributes:Object)，point 用来提供几何信息，attributes 用来提供属性信息。

下面的示例代码中设置了一个 TextStyle 来显示要素信息，文本信息来源使用 textFunction 属性。

Chapter4_7.mxml

```
private function getTextFunc(point:GeoPoint, attribute:Object):String
{
    var name:String = attribute['name'];
    var desc:String = attribute['description'];
    return "Name:" + name + "|Description:" + desc;
}
private function main():void
{
    var textFormat:TextFormat = new TextFormat("宋体", 18, null, true);
    var textStyle:TextStyle = new TextStyle(null, 0x0000FF);
    textStyle.textFormat = textFormat;
    textStyle.textFunction = getTextFunc;
    var textFeature:Feature = new Feature(new GeoPoint(116,40), textStyle,
        {name: "北京", description: "中国首都"});
    fl.addFeature(textFeature);
}
```

6）InfoStyle

InfoStyle通过设置一个特有样式的显示容器对象(使用infoRenderer属性定义)来更加生动地展示样式所具有的属性信息。使用InfoStyle可以获得更绚丽的客户端渲染效果。表4-17列出了InfoStyle的相关属性。

表4-17　InfoStyle 样式属性

属性名称	类　型	含　义
containerStyleName	String	指定用于设置 InfoStyle 容器外观样式信息的样式表名称。支持的属性信息请参考 com.supermap.web.mapping.InfoWindow 类中的定义
infoPlacement	String	InfoStyle 的显示位置，属性取值可参考 com.supermap.web. mapping.InfoPlacement 中的常量字段
infoRenderer	IFactory	IFactory 类，该属性用来定义 InfoStyle 的最终显示效果和内容

infoRenderer 是 InfoStyle 使用的核心，infoRenderer 继承自 IFactory 接口。样式展示的时候，代码内部通过其 newInstance()接口获取最终的显示对象，实现方法类似 Flex 类库中的 itemRenderer，有兴趣的读者可以自行研究。通过 MXML 和 ActionScript 语句都可以定义 infoRenderer 的实现，Chapter4_8.mxml 给出了相应示范。

下面是使用 MXML 语句定义 infoRenderer 以及应用到 InfoStyle 的详细代码，使用 ActionScript 定义 infoRenderer 请参考配套光盘\数据与程序\第 4 章\程序\src\infoStyles\ SceneryInfoRenderer.as。图4-8是范例中使用 InfoStyle 的展示效果。

Chapter4_8.mxml

```
<?xml version="1.0" encoding="utf-8"?>
<s:Application xmlns:fx="http://ns.adobe.com/mxml/2009"
            xmlns:s="library://ns.adobe.com/flex/spark"
```

```
            xmlns:mx="library://ns.adobe.com/flex/mx"
            xmlns:ic="http://www.supermap.com/iclient/2010"
            xmlns:is="http://www.supermap.com/iserverjava/2010"
            creationComplete="init()"
            width="100%" height="100%">
    <!--信息显示样式—InfoStyle-->
    <fx:Style>
        @namespace s "library://ns.adobe.com/flex/spark";
        @namespace mx "library://ns.adobe.com/flex/mx";
        @namespace ic "http://www.supermap.com/iclient/2010";
        @namespace is "http://www.supermap.com/iserverjava/2010";
        .infoStyleName
        {
            backgroundColor:#b9fbd2;
        }
    </fx:Style>
    <fx:Declarations>
        <!—使用 mxml 定义 infoRenderer -->
        <ic:InfoStyle id="infoStyleEx">
            <ic:infoRenderer>
                <fx:Component>
                    <s:HGroup>
                        <mx:Image source="../assets/tiananmen.jpg"
width="100" height="75"/>
                        <mx:Text text="北京是中华人民共和国首都、中央直辖市、中
国国家中心城市，中国政治、文化、教育和国际交流中心，同时是中国经济金融的决策中心和管理中心。
中心位于北纬 39 度 54 分 20 秒，东经 116 度 25 分 29 秒。"
color="#255" width="150" height="100%"/>
                    </s:HGroup>
                </fx:Component>
            </ic:infoRenderer>
        </ic:InfoStyle>
    </fx:Declarations>

    <fx:Script>
        <![CDATA[
            import com.supermap.web.core.Feature;
            import com.supermap.web.core.Rectangle2D;
            import com.supermap.web.core.geometry.GeoPoint;
            import com.supermap.web.core.geometry.Geometry;
            import infoStyles.SceneryInfoRenderer;

            [Bindable]
            private var mapUrl:String;

            private function init():void
            {
                mapUrl =
"http://localhost:8090/iserver/services/map-world/rest/maps/World Map";
            }
```

```
            private function main():void
            {
                map.viewBounds = new Rectangle2D(90,5,130,50);
                infoStyleEx.containerStyleName = "infoStyleName";
                //使用mxml中定义的style渲染feature
var feature3:Feature = new Feature(
new GeoPoint(116.25,39.54), infoStyleEx);
                featuresLayer.addFeature(feature3);
            }
        ]]>
    </fx:Script>
    <!--添加地图-->
    <ic:Map id="map" load="main()">
        <is:TiledDynamicRESTLayer url="{this.mapUrl}"/>
        <ic:FeaturesLayer id="featuresLayer"/>
    </ic:Map>
</s:Application>
```

图 4-8　InfoStyle 样式效果图

7)　三叶草符号样式 CloverStyle

三叶草符号样式 CloverStyle 位于类库 SuperMap.Web.Symbol.swc 中，是提供通信行业
基站标记的特殊符号样式。该样式中定义了多个扇形瓣，每个扇形都具有独立显示特性，
并且可以响应事件。使用 CloverStyle 样式时还需要了解扇叶样式类(SectorItem)和三叶草事
件类(CloverEvent)，下面分别介绍说明。表 4-18 给出了 cloverStyle 样式属性，表 4-19 给出
了 SectorItem 属性信息。

表 4-18　CloverStyle 样式属性

属性名称	类　型	含　义
numSector	int	组成三叶草的扇形个数
sectorItems	Array	由 SectorItem 实例组成的三叶草扇形样式集合

表 4-19　SectorItem 属性信息

属性名称	类　型	含　义
attributes	int	扇形所具有的属性信息
borderAlpha	Array	扇形边框透明度
borderColor	unit	扇形边框颜色
borderWeight	Number	扇形边框宽度
isBorder	Boolean	是否显示扇形边框
sectorCenterLineAngle	Number	扇形在三叶草样式符号中的显示角度
sectorColor	unit	扇形填充颜色
sectorInnerAngle	Number	扇形弧的角度，默认为 60 度
sectorRadius	Number	扇形的半径值，默认为 30 像素
sectorAlpha	Number	扇形的填充透明度

　　上面两个类用来定义三叶草符号样式的显示，使用 CloverStyle 定义三叶草的扇形叶个数和分布，使用 SectorItem 定义每个扇形叶的具体显示效果。SectorItem 中的 sectorCenterLineAngle 指扇形中分线对应的相对于坐标系的旋转角度，逆时针为正；而 sectorInnerAngle 指的是扇形的张角，是个角度值。读者可以参考图 4-9 加深理解。

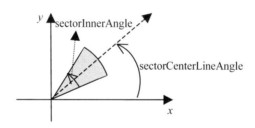

图 4-9　SectorItem 中角度属性说明

　　除了提供对扇形显示的灵活设置外，CloverStyle 还提供对扇叶交互事件的控制。CloverEvent 支持鼠标对扇叶的单击、移入、移出事件，通过这些事件可以获取当前触发事件的具体扇叶，对不同扇叶做相应的处理，这样往往能得到非常好的体验效果。CloverEvent 的信息在表 4-20 中已经列出，关于 CloverStyle 的具体使用请参考范例 Chapter4_9.mxml。

表 4-20　CloverEvent 支持的事件类型和属性

项　目	名　称	类　型	含　义
事件类型	CLOVER_CLICK	-	当三叶草的某一子项被鼠标单击时触发该事件
	CLOVER_OUT	-	当鼠标离开三叶草的某一子项时触发
	CLOVER_OVER	-	当鼠标悬停于三叶草的某一子项时触发
属性	sectorItem	SectorItem	触发事件的三叶草扇形子项

范例运行结果如图 4-10 所示。

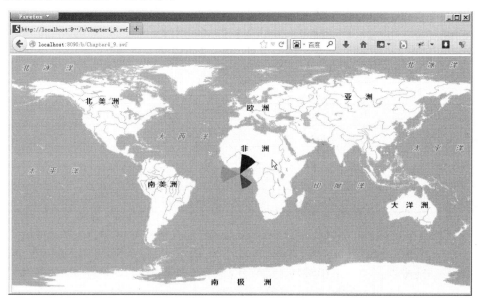

图 4-10　CloverStyle 样式效果图

4.2.3　元素数据渲染

元素数据作为客户端数据的一大分类，其具体的数据类型丰富多样，可以是矢量的地图几何对象，也可以是具体的图片、音频、视频等资源。因此对于元素数据的显示方式要根据具体的数据类型灵活展示。

元素数据的渲染也满足以上介绍的动态数据展示的三个步骤，因其数据的灵活性，获取数据和数据存储需针对具体的类型选择合理的存储方案。元素数据不同于要素数据，后者有固定的样式类型支持，而前者的展示完全是开放式的，开发者可以随意选取 Flex 中可显示的控件对数据进行渲染展示，因此可以尽情发挥想象力，创造最绚丽的效果。例如在旅游地图上直接展示旅游图片和音频导游信息，在统计图上直接使用表单和图片，进行统计数据的直观显示等。

本节通过在客户端使用图片资源模拟天气预报的范例来简单说明元素数据的渲染流程。程序 Chapter4_10.mxml 如下所示，图 4-11 是其运行结果。

```
<?xml version="1.0" encoding="utf-8"?>
<s:Application xmlns:fx="http://ns.adobe.com/mxml/2009"
               xmlns:s="library://ns.adobe.com/flex/spark"
               xmlns:mx="library://ns.adobe.com/flex/mx"
minWidth="955" minHeight="600"
               xmlns:ic="http://www.supermap.com/iclient/2010"
               xmlns:is="http://www.supermap.com/iserverjava/2010">
    <s:layout>
        <s:BasicLayout/>
    </s:layout>
    <fx:Script>
        <![CDATA[
            import com.supermap.web.core.Rectangle2D;
            import flash.filters.GlowFilter;
            import mx.controls.Image;
            private var image:Image;

            [Bindable]
            private var mapUrl:String =
"http://localhost:8090/iserver/services/map-world/rest/maps/World Map";

            //加载元素
            private function main():void
            {
                //显示中国区域
                map.viewBounds = new Rectangle2D(90,5,130,50);
                //获取各城市经纬度以及天气状况(模拟)
                var cityWeather:Array = [];
                cityWeather.push({city:"北京",
 weatherIcon:"../assets/sunny.png", location: [116.25, 39.54]});
                cityWeather.push({city:"上海",
 weatherIcon:"../assets/rainy.png", location: [121.21, 31.20]});
                cityWeather.push({city:"广州",
 weatherIcon:"../assets/cloudy.png", location: [113.15, 23.06]});
                cityWeather.push({city:"重庆",
 weatherIcon:"../assets/cloudy.png", location: [106.33, 29.35]});
                cityWeather.push({city:"拉萨",
 weatherIcon:"../assets/sunny.png", location: [91.00, 29.60]});
                cityWeather.push({city:"乌鲁木齐",
 weatherIcon:"../assets/sunny.png", location: [87.68, 43.77]});
                cityWeather.push({city:"哈尔滨",
 weatherIcon:"../assets/snowy.png", location: [128, 45]});

                //将源信息封装成不同的 Element 要素，添加到 ElementsLayer 上显示
                var image:Image;
                var bounds:Rectangle2D;
                var itemWeather:Object;
                for( var i : int = 0; i < cityWeather.length; i++ )
                {
```

```
//用Image元素显示天气情况
itemWeather = cityWeather[i];
image = new Image();
image.width = 64;
image.height = 64;
image.source = itemWeather["weatherIcon"];
image.filters = [new GlowFilter(0Xffffff)];

//用Rectangle2D显示天气预报信息的位置
bounds = new Rectangle2D(itemWeather["location"][0],
            itemWeather["location"][1],
                itemWeather["location"][0],
                itemWeather["location"][1]);
//添加元素到图层上显示
elementsLayer.addComponent(image, bounds);

            }
        }
    ]]>
</fx:Script>

<!--加载地图-->
<ic:Map id="map" load="main()">
    <is:TiledDynamicRESTLayer url="{this.mapUrl}" alpha="0.85"/>
    <ic:ElementsLayer id="elementsLayer"/>
</ic:Map>
</s:Application>
```

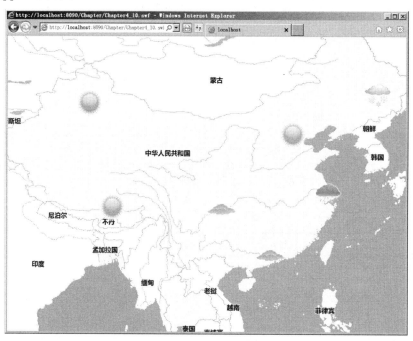

图4-11　使用元素数据展现天气状况

4.3　数据展示优化方案

前面的章节介绍了动态数据在客户端渲染的开发流程，借助这些知识足以应对普通的项目开发。但是，如果需要获得更高的性能、更好的体验，本节会给读者提供些许建议。本节内容介绍动态数据展示时的优化方案，如分级加载显示、范围裁剪、聚散、使用高性能矢量图层。

4.3.1　分级加载显示

针对海量数据加载缓慢的问题，SuperMap iClient for Flex 提供分级加载显示的方法进行初始加载的性能改进。使用分级加载显示，在毫秒级便可浏览到数据，大幅缩短以往浏览大量数据的等待时间。

分级加载显示的原理比较简单，如图 4-12 所示。首先将传入的数据(features/elements)分为 n 组(n 的大小可由开发者设置)，之后以组为单位进行遍历，将每组数据批量加载至承载容器中，先加载的数据不会延迟等待下一批数据的加载，而是实时绘制显示。使用分级加载，用户可以在很短的时间内浏览到第一组数据，相比默认的一次性全部加载，等待时间会缩短很多，体验也就更为流畅。

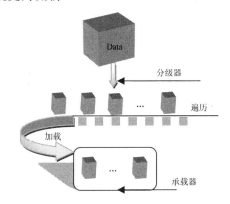

图 4-12　分级加载显示原理

分级加载使用前后对比模型如图 4-13 所示。

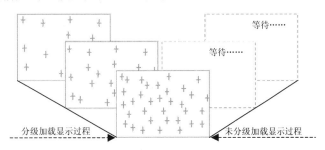

图 4-13　分级加载显示使用前后对比模型

SuperMap iClient for Flex 中通过设置图层(ElementsLayer 或 FeaturesLayer)的属性 graduatedCount 来指定应用分级加载显示的级数，如果设置为 3，则表明分 3 级进行加载。该属性默认值为 1，表示不执行分级加载显示。

4.3.2 范围裁剪

范围裁剪用来改进动态数据的浏览性能，是指仅绘制和显示当前图层可视范围内的数据，将不在可视范围内的数据"裁掉"，不做渲染处理，以此来减少性能损耗，获取更流畅的展示效果。范围裁剪的原理模型如图 4-14 所示。

SuperMap iClient for Flex 类库中的 FeaturesLayer 和 ElementsLayer 都默认支持范围裁剪。

与范围裁剪相关的图层属性有两个：isViewportClip 和 viewBoundsExpandFactor。属性 isViewportClip 为 Boolean 类型，标记是否应用范围裁剪，该属性在两个图层上都有实现；属性 viewBoundsExpandFactor 只在 FeaturesLayer 中支持，用来对默认的裁剪范围进行调整，该属性表示自定义裁剪范围与默认裁剪范围(地图窗口范围)的比值，默认值为 1，表示裁剪范围等于当前地图窗口范围。

一般情况下，地图裁剪可带来更流畅的展示效果。但由于对数据的范围裁剪也会带来一定的性能损耗，所以在明确所有的显示数据都在视窗范围内时无需使用范围裁剪。

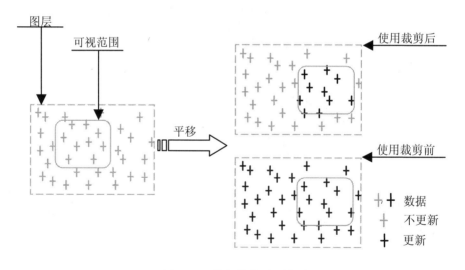

图 4-14　范围裁剪原理模型

4.3.3 聚散显示

聚散显示是指将一定范围内的要素数据聚合显示至一个点，以此来避免大量数据显示时候重复叠加带来的视觉混乱，提供更清晰的数据表达。设置 FeaturesLayer 的 clusterer 属性为相关的聚散对象(Clusterer 类型的子类)即可获取对应的聚散显示效果。下面首先介绍聚散显示的特点和 SuperMap iClient for Flex 中支持的聚散模式。

聚散显示的过程中，被聚合的要素没有关联性上的限制，可以是地理上具有相关性的要素、具有属性统一性的要素或是没有任何关联性的要素。聚散显示的主要特性在于：一方面它可以从全局的角度表达被聚合要素的共性，如图 4-15(c)所示；另一方面它可以简化要素布局，这种情况适用于大量要素的分布，如图 4-15(b)所示。

虽然被聚合要素没有关联性上的限制，但它们在类型上必须统一，即同为点/线/面要素。同时，SuperMap iClient for Flex 软件包内部是以要素的某一几何特征点为基础进行聚合的，即当被聚合要素为线/面时，开发者可通过 Clusterer.featureToGeoPointFunction 接口设置线/面要素的几何特征点获取方法，如线中点、面中点，或线端点、面的某一角点等；点要素的几何特征点为其本身。

SuperMap iClient for Flex 软件包中提供三种模式的聚散显示，相互之间可以动态切换，下面逐一介绍(下文中的"离散点"是指被聚合要素的几何特征点，在无特殊说明的情况下，统一代表被聚合要素)。

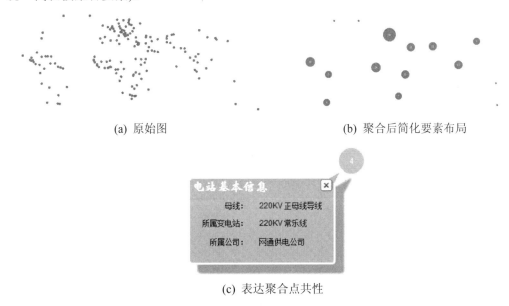

(a) 原始图　　　　　　　　　　　(b) 聚合后简化要素布局

(c) 表达聚合点共性

图 4-15　聚散显示特性(以点要素为例)

1)　中心聚散(CenterClusterer)

中心聚散是指将离散点所在的图层按照一定的像素区域大小分为若干网格，再将每一个网格内的所有离散点聚合至网格的中心点，图 4-16 是原始数据进行中心聚散的显示结果。中心聚散的网格大小可以通过 CenterClusterer.size 属性进行设置。

2)　区域聚散(RegionClusterer)

区域聚散需要根据指定的权重计算函数来计算每个离散点的权重值，最后再根据读者指定区域(多边形)中的每个相关离散点的权重比例确定聚合中心点，如此反复直到区域内所有的离散点都被聚合。使用区域聚散的效果可参见图4-17。相较中心聚散，区域聚散的范围更加灵活，聚散的中心点也侧重在权重值而不是地理位置。可以通过接口featureWeightFunction 来定义离散点的权重计算方法，通过 regionFeatures 来定义聚散区域。

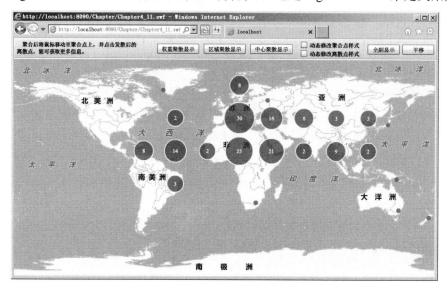

图 4-16　中心聚散效果

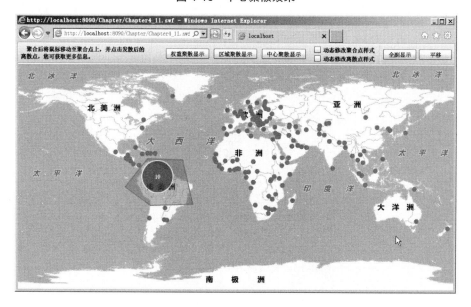

图 4-17　区域聚散效果

3)　权重聚散(WeightedClusterer)

权重聚散根据权重函数计算每个离散点的权重值，再将离散点所在的图层按照一定区域大小划分成若干网格，最后依次遍历每个网格，将同一网格内的离散点按照权重比例进行聚合来确定最终的聚合中心，聚合点偏向于权重值较大的离散点。效果如图4-18所示。使用 WeightedClusterer.featureWeightFunction 可以定义离散点的权重计算函数。

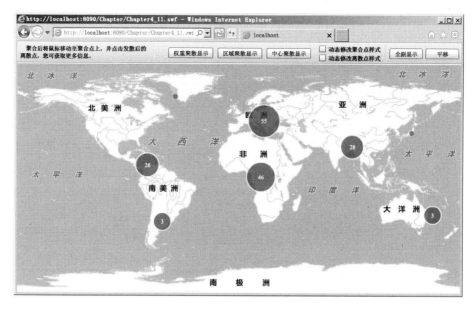

图 4-18　权重聚散效果

了解聚散显示各模式之间的区别，便于开发者根据实际需要选择合适的模式。聚散显示另外的特点就是它所支持的动态聚散样式。SuperMap iClient for Flex 提供三种聚散样式，它们同时适用于三种聚散模式，并且相互之间可以自由地动态切换。范例 Chapter4_11.mxml 给出了一个完整的聚散使用示例。表 4-21 是聚散样式类与对应的聚散图例。

表 4-21　聚散样式与对应图例

样式类型	类	图　　例
单元样式	CellClusterStyle	
简单样式	SimpleClusterStyle	
发散样式	SparkClusterStyle	

聚散样式的使用与前文介绍的要素数据样式操作基本类似，下面直接给出使用中心聚散时的关键代码来说明使用步骤。

```
//首先定义发散样式，在此使用默认设置
var clusterStyle:SparkClusterStyle = new SparkClusterStyle();
//定义中心聚散对象
var clusterer:CenterClusterer = new CenterClusterer();
//设置中心聚散的显示样式
clusterer.style = clusterStyle;
//设置图层 clusterer 属性，将中心聚散应用到图层上，clusterLayer 为 FeaturesLayer 类型
clusterLayer.clusterer = clusterer;
```

4.3.4　高性能渲染图层

高性能矢量渲染图层 GraphicsLayer 定位在轻量级交互操作的前提下，支持上万级矢量数据的流畅显示和浏览，同时支持快速更新、选择和数据编辑。GraphicsLayer 支持的 Graphic 数据类型和样式 GraphicXXXStyle 在前面都已经做过介绍，图 4-19 展示了它们之间的相互关系。

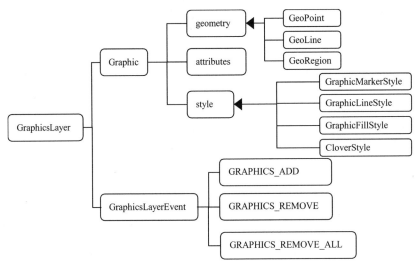

图 4-19　GraphicsLayer 结构图

前文已经对 GraphicsLayer 和 FeaturesLayer 的数据特点、样式使用做过一些区分，表 4-22 列出完整总结，以供读者参考。

表 4-22　GraphicsLayer 和 FeaturesLayer 的主要区别

区　别　点	GraphicsLayer	FeaturesLayer
特性	适用于高性能显示与浏览，轻量级的交互操作	适用于丰富的交互操作，普通性能
功能	• 数据更新：批量添加/删除等 • 数据编辑：不支持编辑样式设置及编辑事件派发 • 数据选择：支持鼠标单击选择 Graphic 对象	• 数据更新：不仅支持批量添加/删除/样式更新等，还支持索引更新、显示顺序更新等多种针对 Feature 数组的操作，如 getFeatureAt、getFeatureByID、moveFeatureAt、moveToTop 等 • 数据编辑：支持编辑样式设置及编辑事件派发 • 鼠标事件：Feature 对象支持所有鼠标事件的监听，可对 Feature 进行选择、标记等丰富操作 • 聚散：支持 Clusterer 聚散显示 • 绘制：支持 DrawLine、DrawPoint、DrawRegion 多种绘制操作 • 客户端渲染：支持单值、统一、分段渲染 • 样式：支持图片填充面——PictureFillStyle

续表

区 别 点		GraphicsLayer	FeaturesLayer
性能	点样式	支持上万级数据量快速实时更新与浏览，可以在如公交实时监控等动态数据更新方面大幅度提升性能	建议 10000 以内数据量加载显示
	线样式		
	面样式		
	三叶草	支持 5000 数据量浏览显示,不支持选择、编辑功能	支持 1000 以内数据量浏览显示，同时支持各种鼠标事件，可对其进行选择操作

相比 Feature 对象，Graphic 在使用过程中最大的区别在于选择和编辑。不同于 Feature 对象上的直接操作，Graphic 的选择和编辑操作由 GraphicsLayer 来提供。GraphicsLayer 中提供一个可以设置的函数属性 graphicClickHandler 来对使用者选择的 Graphic 数据进行操作，该函数形如 function graphicClickHandler (graphic:Graphic):void{…}，其中参数 graphic 是用户单击 GraphicsLayer 图层时选中的 Graphic 对象，获取选中对象之后便可对其进行样式修改、显示附加信息等操作。下列代码是一个修改选中 graphic 样式的简单示例。

```
this.graphicsLayer.graphicClickHandler = graphicClickFunc;
private function graphicClickFunc(graphic:Graphic):void
{
if (graphic)
{
if (graphic.geometry is GeoPoint)
{
  //将选中对象颜色修改为黄色
  (graphic.style as GraphicMarkerStyle).color = 0xffff00;
}
}
//修改属性后，必须调用 refresh 方法进行刷新，否则无法立即看到修改结果
this.graphicsLayer.refresh();
}
```

GraphicsLayer 提供了属性 editable 来控制图层中的 Graphic 对象是否可编辑,当 editable 属性为 true 时图层处于可编辑状态。矢量对象的编辑操作方法如下。

(1) 鼠标左键选中地物开始编辑。

(2) 鼠标左键单击地物边界，增加结点。

(3) 鼠标左键双击结点，移除结点。

(4) 鼠标左键选中结点并拖动鼠标，移动结点。

(5) 在地物内部或外部双击鼠标或按下 Esc 键，结束编辑。

(6) 当在同一图层不同的编辑对象之间切换时，单击其他对象，当前的编辑操作即可结束。

注意　编辑属性 editable 的优先级高于选择属性 graphicClickHandler,即意味着在编辑过程中无法进行对象选中并对其进行操作。

4.4　快 速 参 考

目　标	内　容
动态数据分类	客户端动态数据分为要素数据和元素数据。要素数据使用 Feature/Graphic 类来进行本地封装，通过图层 FeaturesLayer/GraphicsLayer 进行加载显示；元素数据使用 Element 类封装，通过图层 ElementsLayer 进行渲染展示
动态数据的组成	Feature(或 Graphic)要素数据由 geometry(要素几何对象)、attributes(要素附加字段信息)、style(要素显示样式)三部分组成。 Element 元素数据包含 bounds(显示范围)、component(显示组件)两部分
动态数据展示流程	客户端动态数据渲染分为三个步骤：数据获取、数据存储(本地化封装)、数据展示
要素显示样式	SuperMap iClient for Flex 提供多样的要素显示样式，其中简单样式针对矢量点、线、面分别予以显示效果设置；复杂样式中提供文本、三叶草符号、InfoStyle、组合样式等特殊样式，适用于不同的应用场景
动态数据展示优化方案	SuperMap iClient for Flex 客户端提供了分级加载显示、范围裁剪、聚散显示、高性能渲染图层(GraphicsLayer)等，分别针对动态数据加载、渲染、浏览的各个环节提供优化方案

4.5　本 章 小 结

　　动态数据渲染是 GIS 项目中必不可少的重要环节。本章围绕动态数据展示，介绍 SuperMap iClient for Flex 支持的动态数据类型、应用特性、适用场景和使用方式，明确了动态数据展示的流程，详细介绍了要素显示样式。希望本章的知识可以帮助读者更好地了解客户端动态数据展示的特性，掌握其开发流程和各种优化方案。

第5章 查　　询

查询作为 GIS 应用的基础功能之一，在日常生活中扮演着重要的角色。无论是大众应用(如在 Web 地图上搜索餐馆、旅游景点、健身场所等)，还是在城市管理、水利环保、气象海洋、军队建设等行业应用中，GIS 查询的身影处处可见。

SuperMap iClient for Flex 软件中，查询分为地图查询和数据查询两类。本章主要介绍查询的概念、开发思路，并以地图查询为例详细介绍几种常见的查询方法。

本章主要内容：

- 查询的概念以及开发思路
- 几种常见的查询方法
- 业务表关联查询等查询技巧

5.1　概　　述

在 SuperMap iClient for Flex 中，查询有着丰富的类型，以满足不同应用场景的需求。本节主要介绍查询的分类以及查询功能的开发思路。

5.1.1　查询的分类

SuperMap iClient for Flex 软件中，根据对接 SuperMap iServer Java 服务模块的不同，将查询分为地图查询和数据查询两类。其中，地图查询对应地图服务模块，数据查询对应数据服务模块。按照查询方式的不同，将地图查询分为 SQL 查询、几何查询、距离查询、范围查询和最近地物查询，将数据查询分为 SQL 查询、几何查询、缓冲查询和 ID 查询，如图 5-1 所示。

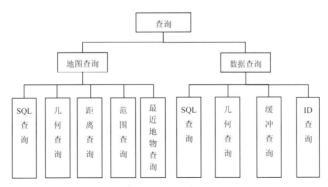

图 5-1　查询的分类

(1) SQL 查询是指在一个或多个指定的图层上(对于数据查询,这里指要查询的数据集集合)查询符合 SQL 条件的空间地物。

(2) 几何查询是指查找与指定的几何对象符合某种空间查询模式(SpatialQueryMode)和查询条件的地物。

例如,某工程队要修补美国密苏里河两岸破损的堤坝,需要查询密苏里河流经的所有州,则选取几何查询,空间查询模式为相交,设置被查询图层为全部州所在的面图层 StatesR,查询几何对象为密苏里河,查询结果如图 5-2 所示。图中,斜线阴影部分为查询结果。

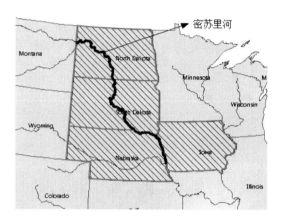

图 5-2　相交模式几何查询

SuperMap iClient for Flex 支持的空间查询模式除有相交外,还有重合、叠加、邻接、交叉、包含、被包含、分离,共计 8 种。

(3) ID 查询,顾名思义是在数据集集合中查找与指定 ID 对应的地物。

(4) 范围查询是指查找包含于指定范围内,以及与指定范围边界相交的所有符合查询条件的地物。百度地图中视野范围内搜索就属于范围查询。图 5-3 是范围查询的一个应用实例,在文本图层 CountryLabel 上查询落入矩形范围内的国家,查询结果以文本风格显示(文本图层的查询将在 5.6.3 节中介绍)。

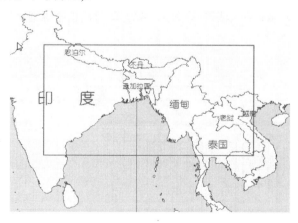

图 5-3　范围查询

注意 该范围只能是矩形，不能是多边形。

（5）距离查询就是查询距离几何对象一定范围内符合指定条件的地物。距离查询常用于周边一定距离范围内的搜索，即周边搜索。图 5-4 所示为查询距离当前位置 1 公里范围内银行的搜索结果。

图 5-4　距离查询

（6）最近地物查询，即查找距离指定几何对象一定范围内最近的地物，其结果相较距离查询添加了一个由近及远的优先级处理。

在 SuperMap iClient for Flex 中，最近地物查询与距离查询共同使用服务参数类 QueryByDistanceParameters，属性 isNearest 用于指定是否进行最近地物查询，默认为 false，表示进行普通距离查询。

（7）缓冲查询是对指定的几何对象进行一定距离的缓冲，从指定数据集集合中查询出与缓冲区区域相交的矢量数据。缓冲查询与距离查询概念相近，均是查询一定距离范围内的地物。缓冲查询属于数据查询，而距离查询属于地图查询。

注意 在 SuperMap iClient for Flex 中，距离查询和缓冲查询中的距离单位与所查询图层对应的数据集单位相同：若数据集单位为经纬度，则距离半径采用度为单位；若数据集单位为米制，则距离半径也采用米制。

5.1.2　开发思路

SuperMap iClient for Flex 查询功能涉及的类主要包括服务参数类、服务类和服务结果类。服务参数类负责设置查询参数，服务类负责组织参数并与 GIS 服务器完成通信，服务结果类提供查询结果。

使用 SuperMap iClient for Flex 实现查询功能的开发流程如图 5-5 所示。

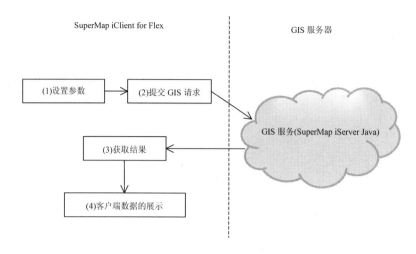

图 5-5　查询的开发流程

具体步骤如下。

(1)　实例化服务参数类，设置查询参数。

(2)　使用查询服务地址 URL 实例化服务类，通过服务类的 processAsync()方法向服务端提交查询请求。

(3)　获取查询结果。获取结果有两种方式：一是通过服务类的方法 processAsync()的第二个参数 responder 获取；二是通过监听服务类的查询完成事件(地图查询监听事件类型为 QueryEvent.PROCESS_COMPLETE,数据查询监听事件类型为 GetFeaturesEvent.PROCESS_COMPLETE)，从事件类的属性 result 中获取结果。

(4)　使用第 4 章介绍的知识，在客户端展示查询结果。

本章提及的与查询功能相关的服务类、服务参数类及服务结果类的关系如表 5-1 所示。

表 5-1　查询服务相关类的关系

服务功能		服 务 类	服务参数类	服务结果类
地图查询	SQL 查询	QueryBySQLService	QueryBySQLParameters	QueryResult
	几何查询	QueryByGeometryService	QueryByGeometryParameters	
	距离查询	QueryByDistanceService	QueryByDistanceParameters	
	范围查询	QueryByBoundsService	QueryByBoundsParameters	
数据查询	SQL 查询	GetFeaturesBySQLService	GetFeaturesBySQLParameters	GetFeaturesResult
	几何查询	GetFeaturesByGeometryService	GetFeaturesByGeometryParameters	
	缓冲查询	GetFeaturesByBufferService	GetFeaturesByBufferParameters	
	ID 查询	GetFeaturesByIDsService	GetFeaturesByIDsParameters	

其中，地图查询各参数类继承自基类 QueryParameters。QueryParameters 和 QueryResult 接口描述及使用将在 5.2 节中介绍。数据查询相关内容将在 5.5 节中介绍。

本章示例数据使用配套光盘\数据与程序\第 5 章\数据\World\World.sxwu。拿到示例项目及数据后，需先发布工作空间为 REST 地图服务和 REST 数据服务，具体发布方法参考 1.1.1 节。

5.2　SQL 查询

本节介绍普通 SQL 查询的实现方法。其他如连接查询、关联查询等高级 SQL 查询功能将在 5.4 节中介绍。

地图查询涉及 4 个类，分别是服务参数类、服务类、服务结果类和事件类。其中，服务参数类、服务类和服务结果类位于 com.supermap.web.iServerJava6R.queryServices 命名空间下，类之间的对应关系请查阅表 5-1；事件类 QueryEvent 位于 com.supermap.web.iServerJava6R.serviceEvents 命名空间下。

若查询成功，开发者可以通过两种方式获取查询结果：(1)通过 AsyncResponder 类获取；(2)通过监听 QueryEvent.PROCESS_COMPLETE 事件获取。

5.2.1　接口说明

SQL 查询相关参数及服务类的所有接口及其功能说明如表 5-2 所示。

表 5-2　SQL 查询接口及其功能说明

接　　口	功能说明
QueryParameters.customParams:String	自定义参数，供扩展使用
QueryParameters.expectCount:int	期望返回的结果记录个数，默认返回 100 000
QueryParameters.filterParameters:Array	查询过滤参数数组，数组元素类型为 FilterParameter。数组元素个数与查询图层数有关：对于单图层查询，只设一个 FilterParameter 元素；对于多图层的查询，每个图层对应于一个 FilterParameter 实例。使用 FilterParameter.name 区分各待查询图层
QueryParameters.holdTime:int	查询结果资源在服务端保存的时间，默认为 10(分钟)。returnContent 为 false 时，本参数才有效
QueryParameters.networkType:String	网络数据集对应的查询类型(点和线两种)。若查询的图层为网络数据集，需设置该参数
QueryParameters.queryOption:String	查询结果返回类型，QueryOption 枚举类常量，包括三种：只返回对象的属性信息，只返回对象的几何信息，返回对象的属性信息和几何信息。默认为第三种
QueryParameters.returnContent:Boolean	返回查询结果记录集 recordsets，还是返回查询结果的资源 resourceInfo。默认为 true，表示返回 recordsets

接　口	功能说明
QueryParameters.startRecord:int	查询起始记录位置，默认值为 0。对于最近地物查询，该属性设置无效
QueryService(url:String = null)	构造函数，url 为当前地图服务地址
QueryService.processAsync(parameters :QueryParameters, responder:IResponder = null):AsyncToken	执行查询操作，即发送参数并获取结果。若使用事件监听方式获取查询结果，则不必传入参数 responder；若使用异步方式获取查询结果，必须传入参数 responder
QueryService.processComplete()	事件类型：QueryEvent。与服务端交互成功时触发该事件。用法：addEventListener("processComplete",successHandler) 或 addEventListener(QueryEvent.PROCESS_COMPLETE, successHandler)
QueryResult.customResponse:String	自定义操作处理的结果
QueryResult.recordsets:Array	查询结果记录集(Recordset)数组。数组长度与过滤条件参数数组长度一致，即对于每个图层的查询，需设置一个 FilterParameter 对象，返回结果对应于一个 Recordset 实例。returnContent 为 true 时，返回此结果
QueryResult.resourceInfo:ResourceInfo	查询结果资源。returnContent 为 false 时，才返回
FilterParameter.attributeFilter:String	属性过滤条件。相当于 SQL 语句中的 WHERE 子句。例如：attributeFilter = "name like '%酒店%'"
FilterParameter.fields:Array	属性表中的查询字段，默认返回所有属性字段。用法：fields = ["SMID","Name"]
FilterParameter.groupBy:String	分组条件查询语句。相当于 SQL 语句中的 GROUP BY 子句。对单个字段分组，用法：groupBy ="字段名"。对多个字段分组时，字段之间以英文逗号进行分割，用法：groupBy ="字段名1,字段名 2"
FilterParameter.ids:Array	查询 id 数组，即属性表中的 SmID 值。查询条件：ids 和 attributeFilter 为逻辑与关系
FilterParameter.joinItems:Array	与外部表的连接信息(JoinItem)数组。连接查询和关联查询将在 5.4 节中详细介绍，这里不再赘述
FilterParameter.linkItems:Array	与外部表的关联信息(LinkItem)数组
FilterParameter.name:String	待查询的图层名。用法：数据集名称@数据源名称，如 "Capitals@World"
FilterParameter.orderBy:String	对查询结果进行排序，因此该字段必须为数值型。单个字段的排序，用法：orderBy = "字段名"。多个字段的排序，字段之间以英文逗号进行分割，用法：orderBy = "字段名 1,字段名 2"。升序排列，用法：orderBy = "字段名 ASC"。降序排列，用法：orderBy = "字段名 DESC"

5.2.2 示例程序

本例实现在地图 World 上查询 1994 年人口超过 1.5 亿的所有国家，并高亮显示查询结果。设置过滤条件为"Pop_1994 > 150000000"，按照开发思路组织查询代码如下。示例中查询功能使用的地图服务 URL 为 http://localhost:8090/iserver/services/map-World/rest/maps/World。

Chapter5_2.mxml

```
[Bindable]
public var mapUrl:String =
 "http://localhost:8090/iserver/services/map-World/rest/maps/World";

protected function queryBtn_clickHandler(event:MouseEvent):void
{
//过滤条件设置
    var filterParam:FilterParameter = new FilterParameter();
    filterParam.name =  "Countries@World";
    filterParam.attributeFilter = "Pop_1994 > 150000000";

//查询参数设置
    var sqlParams:QueryBySQLParameters = new QueryBySQLParameters();
    sqlParams.filterParameters = [filterParam];
    sqlParams.returnContent = false;//设置返回结果为资源形式

    //查询服务类
    var queryBySqlService:QueryBySQLService = new QueryBySQLService(mapUrl);
    queryBySqlService.processAsync(sqlParams,new AsyncResponder(resultDispose,
    function (object:Object, mark:Object = null):void
    {
        Alert.show("与服务端交互失败", "抱歉", 4, this);
    },null));
}

//高亮显示查询结果
private function resultDispose(queryResult:QueryResult, mark:Object = null):void
{
    if (queryResult.resourceInfo)
    {
        //高亮图层
        var highlayer = new HighlightLayer(mapUrl);
        highlayer.queryResultID = queryResult.resourceInfo.newResourceID;

        //高亮面风格设置
        var serverstyle:ServerStyle = new ServerStyle();
        serverstyle.lineWidth = 0.5;
        serverstyle.fillOpaqueRate = 80;
```

```
        highlayer.style = serverstyle;
        this.map.addLayer(highlayer);//将高亮图层添加到地图上
    }
}
```

运行效果如图5-6所示。

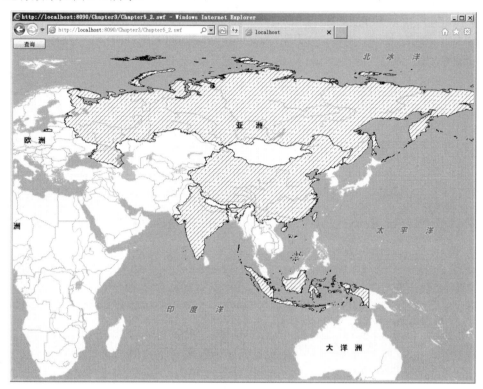

图5-6　SQL查询示例

5.3　几 何 查 询

几何查询，是查找与指定的几何对象符合某种空间关系及满足属性约束条件的地物。SuperMap iClient for Flex 支持相交、重合、叠加、邻接、交叉、包含、被包含、分离八种空间查询模式。

几何查询涉及 5 个类，除事件类 QueryEvent、结果类 QueryResult 外，还有参数类 QueryByGeometryParameters、服务类 QueryByGeometryService、空间查询模式枚举类 SpatialQueryMode。空间查询继承的相关父类属性、方法等本节不再重复介绍，读者可查阅 5.2.1 节。

5.3.1　接口说明

几何查询参数类 QueryByGeometryParameters 的主要接口及其功能说明如表5-3所示。

表 5-3　QueryByGeometryParameters 的接口及其功能说明

接　口	功能说明
geometry:Geometry	查询的参考几何对象(点/线/面)，必设属性。 在实际应用中，参数 geometry 可以灵活设置，依具体应用而定。例如城市规划行业中，要查询将要修建的道路 A 所经过的乡镇。此时，将要修建的道路 A 为几何查询中的参考对象 geometry，则在应用中将道路 A 设置为通过绘制得到的线对象。 另如水利环保行业中，要查询与某干流 B 相连的所有支流。此时，干流 B 为几何查询中的参考对象 geometry。由于干流 B 在图层中已经存在，故在应用中将干流 B 设置为通过单击选择得到的线对象
spatialQueryMode:String	空间查询模式(SpatialQueryMode)，必设属性。通过空间查询模式设置几何对象与地物满足的空间关系，如相交、相离等

5.3.2　示例程序

本例实现在地图 World 上查询与所绘制几何对象相交的所有国家，查询图层为 Countries@World，查询功能使用的地图服务 URL 为 http://localhost:8090/iserver/services/map-World/rest/maps/World。示例程序中提供了三种几何对象查询的方式：绘点查询、绘线查询和绘面查询。关键代码如下所示。

```
                        Chapter5_3.mxml
//组件初始化完成执行函数
private function initApp():void
{//地图"World"资源地址
    mapUrl =
 "http://localhost:8090/iserver/services/map-World/rest/maps/World";
}

//单击"查询"按钮触发事件
private function onExcuteQueryClick(event:MouseEvent):void
{
    //subQueryType 为 ComBox 对象，有绘点、绘线、绘面三种方式供设置查询的参考几何对象
var subQueryTypeStr:String = subQueryType.selectedItem.toString();
    if(subQueryTypeStr == "绘点")
    {//当前鼠标状态切换为绘制点操作
var pointQueryActoin:DrawPoint = new DrawPoint(map);
pointQueryActoin.addEventListener(DrawEvent.DRAW_END,queryExecute);
        map.action = pointQueryActoin;
    }
    if(subQueryTypeStr == "绘线")
    {//当前鼠标状态切换为绘制线
        var lineQueryActoin:DrawLine = new DrawLine(map);
 lineQueryActoin.addEventListener(DrawEvent.DRAW_END,queryExecute);
```

```
            map.action = lineQueryActoin;
        }
        else if(subQueryTypeStr == "绘面")
        {//当前鼠标状态切换为绘制面
            var polygonQueryActoin:DrawPolygon = new DrawPolygon(map);
            polygonQueryActoin.addEventListener(DrawEvent.DRAW_END,queryExecute);
            map.action = polygonQueryActoin;
        }
    }

    //执行几何查询
    private function queryExecute(event:DrawEvent):void
    {
        if (event.feature == null)
            return;
        //定义过滤条件
        var sqlParam:FilterParameter = new FilterParameter();
        sqlParam.name = subQueryLayer.text;//查询图层名
        sqlParam.attributeFilter = this.txtSQLExpress.text;//属性过滤条件
        //定义几何查询参数
        var queryParam:QueryByGeometryParameters = new
    QueryByGeometryParameters();
        queryParam.filterParameters = [sqlParam];
        queryParam.spatialQueryMode = SpatialQueryMode.INTERSECT;
        if(event.feature.geometry)
            queryParam.geometry = event.feature.geometry;
        else
            return;
        //执行几何查询
        var geometryQuery:QueryByGeometryService =
    new QueryByGeometryService(mapUrl);
        geometryQuery.processAsync(queryParam,new
AsyncResponder(this.displayQueryRecords,
        function (object:Object, mark:Object = null):void
        {
            Alert.show("与服务端交互失败", "抱歉", 4, this);
        }, null));
        //结束当前鼠标绘制状态
        map.action = new Pan(map);
    }

    //在 FeaturesLayer 上展示查询结果
    private function displayQueryRecords(queryResult:QueryResult, mark:Object
= null):void
    {
        resultFeatures = [];//数组 resultFeatures 存放查询结果要素
        if(this.recordGrid)
        {
            this.recordGrid.clear();
        }
        this.featuresLayer.clear();
```

```
    if(queryResult.recordsets == null || queryResult.recordsets.length == 0)
    {
        Alert.show("查询结果为空", null, 4, this);
        return;
    }
    var recordSets:Array = queryResult.recordsets;
    if(recordSets.length != 0)
    {
        for each(var recordSet:Recordset in recordSets)
        {
            for each (var feature:Feature in recordSet.features)
            {
                resultFeatures.push(feature);
            }
        }
    }
    if(!this.recordGrid)
    {//若 FeatureDataGrid 不存在，将之实例化
        this.recordGrid = new FeatureDataGrid(
    this.featuresLayer, resultFeatures, this.result);
    //this.result 是 TitleWindow 类型的布局容器，指示元素 FeatureDataGrid 的摆放位置
        this.recordGrid.left = 5;
        this.recordGrid.right = 5;
        this.recordGrid.bottom = 5;
        this.recordGrid.top = 2;
    }
    else
    {
        this.recordGrid.features = resultFeatures;
    }
    this.result.removeAllChildren();
    //FeatureDataGrid 与 Map 的交互
    this.recordGrid.addEventListener(FeatureDataGridEvent.FEATURE_SELECTED,
FDSeledHandler);
    this.result.addChild(this.recordGrid);
    this.result.visible = true;
}
```

设置完查询参数后，选择子查询类型为"绘线"，查询图层为 Countries@World，单击"查询"按钮，在地图上绘制线要素，查询结果如图 5-7 所示。

本例使用控件 FeatureDataGrid 展示查询的记录集。FeatureDataGrid 是一款矢量数据绑定列表控件，能将地图中的矢量要素与属性表相关联，实现属性数据和矢量要素的互查询。交互方式如下：单击列表中的某一属性记录时，在地图上高亮显示对应的矢量要素；单击地图上的矢量要素，则在列表中高亮显示对应的属性记录。

要 使 用 FeatureDataGrid 控件，必 须 设 置 三 个 参 数： features、featuresLayer、parentContainer(如表 5-4 所述)。

图 5-7 绘线查询

表 5-4 FeatureDataGrid 必设参数介绍

接　口	功能说明
features:Array	FeatureDataGrid 中所有属性记录对应的矢量要素(Feature)集合
featuresLayer:FeaturesLayer	与矢量数据绑定列表控件绑定的要素图层 FeaturesLayer
parentContainer:DisplayObject	FeatureDataGrid 所在的父容器

5.4 业务表关联查询

一般来说，地理实体具有多个属性特征，若是将所有种类不同的属性信息都放到一个矢量数据集属性表中保存，不仅外形庞杂，属性数据毫无复用性，更增加了属性数据的维护难度。为此，SuperMap iClient for Flex 允许将这些属性信息分类存放到纯属性表中，需要查询这些信息时，只需将矢量数据集与纯属性表建立关联即可查询获得。本节介绍业务表关联查询的概念及使用。

5.4.1 连接查询与关联查询的原理

表之间联系的建立有两种方式，一种是连接(join)，一种是关联(link)。为便于理解，此处设主表(矢量数据集属性表)为 TableA，外表为 TableB。

1. 连接查询

进行连接查询时，需设置 JoinItem 连接条件。当执行 TableA 的查询操作时，系统将根据连接条件及查询条件，将满足条件的 TableA 中的记录与满足条件的 TableB 中的记录构成一个查询结果表，并将之保存在内存中。需要获取结果时，再从内存中取出相应的结果。

图 5-8 所示为连接条件"A.Name = B.Name"的查询原理示意图。

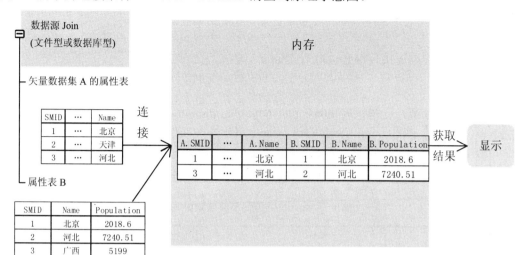

图 5-8 连接查询原理示意图

2. 关联查询

进行关联查询时，则需设置将 TableB 关联到 TableA 的关联信息，即实例化 LinkItem 类并设置其属性。此时，TableA 与 TableB 通过主表(TableA)的外键(LinkItem 类的 ForeignKey 属性)和外表(TableB)的主键(LinkItem 类的 PrimaryKey 属性)实现关联。当执行 TableA 的查询操作时，将根据关联信息中的过滤条件及查询条件，分别查询 TableA 与 TableB 中满足条件的内容，TableA 的查询结果与 TableB 的查询结果分别作为独立的两个结果表保存在内存中。当需要获取结果时，再将两个结果进行拼接返回。图 5-9 为将 A 与 B 进行关联查询的示意图，其中 Name 为 A 表的主键，B 表的外键。因此需**注意，进行关联查询时，查询参数中的返回字段一定要有主表的外键，否则无法根据外键的值获取外表中的关联字段值，外表中的字段值将返回 null。**

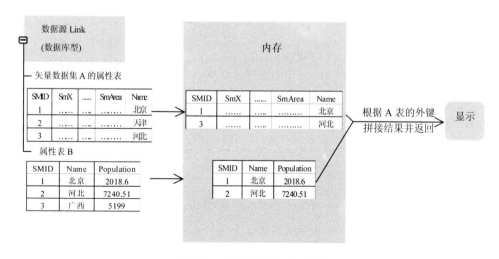

图 5-9 关联查询原理示意图

5.4.2　接口介绍及使用

下面将分别介绍连接查询和关联查询的接口和实现方法。

1. 连接查询

连接查询通过设置查询参数 filterParameter(有关 FilterParameter 的接口介绍请查阅表 5-2)的三个属性 name、fields、joinItems 实现。name 表示主表表名，fields 用于设置主表和外表需返回的字段，joinItems 用于设置外表信息和两表的连接信息。joinItems 是数组类型，允许一个主表与多个外表进行连接查询，数据元素类型为 JoinItem，接口介绍如表 5-5 所示。

表 5-5　JoinItem 接口及其功能说明

接　口	功能说明
foreignTableName:String	外表的名称。例如：foreignTableName = "CityPop_2011"
joinFilter:String	矢量数据集与外表之间的连接表达式。例如：joinFilter = "Province.city = CityPop_2011.name"
joinType:String	两个表之间的连接类型，JoinType 常量，JoinType. INNER_JOIN(内连接)或 JoinType. LEFT_JOIN(左连接)

例如：同一数据源 orcl_iclientOracle 下，有面矢量数据集 Province 和属性表 CityPop_2011，现在要查询 2011 年 Province 表中所有省会城市的人口，则如下所示设置查询参数 filterParameter。

```
var joinItem:JoinItem = new JoinItem();
joinItem.foreignTableName = "CityPop_2011";
joinItem.joinFilter = "Province.city = CityPop_2011.name";
joinItem.joinType = JoinType.INNER_JOIN;

var filterParam:FilterParameter = new FilterParameter();
filterParam.name = "Province@orcl_Province";
filterParam.fields = new Array("Province.SMID", "Province.name",
 "Province.city", "CityPop_2011.pop");
filterParam.joinItems = new Array(joinItem);
```

2. 关联查询

进行关联查询时，同样需设置查询参数 filterParameter 的三个属性：name、fields、linkItems。但这里 fields 仅用于设置主表需返回的字段，而外表需返回的字段通过 LinkItem 类的属性 linkFields 设置。linkItems 是数组类型，允许一个主表与多个外表进行关联查询，数据元素类型为 LinkItem，接口介绍如表 5-6 所示。

表 5-6　LinkItem 接口及其功能说明

接　口	功能说明
datasourceConnectionInfo :DatasourceConnectionInfo	与外表的数据源连接信息，包括：数据源名称、数据源连接的数据库或文件等相关信息
foreignKeys:Array	矢量数据集的外键，即主表的外键
foreignTable:String	关联的外部属性表的名称，例如：foreignTable = "CityPop_2011"
linkFields:Array	外表需返回的字段，例如：linkFields = ["pop "]
linkFilter:String	对外表的过滤条件，例如：linkFilter = "SmID < 20"
name:String	此关联信息对象的名称，可不设
primaryKeys:Array	需要关联的外部属性表的主键，即外表的主键

DatasourceConnectionInfo 用于设置与外表的数据源连接信息，接口描述如表 5-7 所示。

表 5-7　DatasourceConnectionInfo 接口及其功能说明

接　口	功能说明
alias:String	关联数据源的别名。别名是数据源的唯一标识。该标识不区分大小写
dataBase:String	关联数据源所在数据库的名称
driver:String	关联数据源连接所需的驱动名称，如"SQL Server"。若使用 oracle 数据库，用法：driver = ""
engineType:String	关联数据源连接的引擎类型，EngineType 枚举类型。关联查询只支持 EngineType.SQL_PLUS 和 EngineType.ORACLE_PLUS 两种数据库引擎类型
exclusive:Boolean	是否以独占方式打开数据源。如果以独占方式打开，一个数据源只能由一个用户打开，其他用户不能以任何方式再打开该数据源
password:String	访问数据源的用户密码
readOnly:Boolean	是否以只读方式打开数据源。如果以只读方式打开数据源，数据源的相关信息以及其中的数据都不可修改
server:String	SQL Server 服务器名或 Oracle 数据库实例名(即 Oracle 客户端配置的连接名)
user:String	访问数据源的用户名

功能实现的主要代码如下所示。

```
//设置与外表所在数据源的连接信息
var dataSrcConnecInfo:DatasourceConnectionInfo =
new DatasourceConnectionInfo();
dataSrcConnecInfo.server = "orcl";//oracle 数据库实例名
dataSrcConnecInfo.engineType = EngineType.ORACLE_PLUS;//引擎类型
dataSrcConnecInfo.user = "Lily";//oracle 数据库中的用户"Lily"
dataSrcConnecInfo.password = "123";//用户密码
dataSrcConnecInfo.alias = "orcl_CityPop_2011";//打开数据源的别名
dataSrcConnecInfo.driver = "";//若打开 oracle 类型的数据，设置为""或不进行设置
dataSrcConnecInfo.readOnly = false;
dataSrcConnecInfo.exclusive = false;
```

```
//关联查询 LinkItem 的设置
var linkItem:LinkItem = new LinkItem();
linkItem.datasourceConnectionInfo = dataSrcConnecInfo;
linkItem.foreignKeys = new Array("name");//主表的外键
linkItem.foreignTable = "CityPop_2011";//进行关联查询的外表名称
linkItem.linkFields = new Array( "pop");//查询外表需返回的字段
linkItem.primaryKeys = new Array("name");//外表的主键

var filterParam:FilterParameter = new FilterParameter();
filterParam.name = "Province@orcl_Province";   //已在服务端发布的用户"Tom"中
                                               //建立的矢量数据集"Province"
filterParam.fields = new Array("SmID","name");//查询矢量数据集需返回的字段
filterParam.linkItems =  new Array(linkItem);
```

5.4.3 注意事项

进行连接查询或关联查询时，需注意以下事项。

- 用于连接(join)查询和关联(link)查询的外表，可以是矢量数据集属性表，也可以是纯属性表。
- 用于与矢量数据集属性表连接(join)查询的外表必须与其在同一 SuperMap 数据源下。
- 用于与矢量数据集属性表关联(link)查询的外表与其可以不在同一 SuperMap 数据源下。但此时要求 SuperMap 数据源只能是 Oracle 或 SQL 数据库型数据源。

5.5 数 据 查 询

前面几节详细介绍了地图查询的几种常见查询方法的应用，本节主要介绍数据查询的实现方法，有关数据查询的概念分类请查阅 5.1 节。本节所有示例数据查询服务 URL 均为 http:// localhost:8090/iserver/services/data-World/rest/data/featureResults。

5.5.1 数据集 SQL 查询

同地图查询一样，完成一个完整的数据查询功能也需设置查询参数类、服务类和查询结果类。以下是数据集 SQL 查询相关类介绍。相关接口详细说明如表 5-8 所示。

表 5-8 数据集 SQL 查询接口及其功能说明

接 口	功能说明
GetFeaturesParametersBase.datasetNames:Array	进行查询的数据集名称数组，必设参数
GetFeaturesParametersBase.fromIndex:int	返回对象的起始索引值。默认值为 0，表示从第一个对象开始返回

续表

接　口	功能说明
GetFeaturesParametersBase.toIndex:int	返回对象的终止索引值。默认值为 19，表示终止索引指向数组的第 20 个对象。当该值为-1 时，表示返回全部对象
GetFeaturesBySQLParameters. filterParameter: FilterParameter	查询过滤条件
GetFeaturesResult.featureCount:int	查询到的要素总个数，即符合条件的所有要素数目
GetFeaturesResult.features:Array	获取查询到的矢量要素(Feature)集合
GetFeaturesBySQLService(url:String)	构造函数，url 为数据服务地址。例如："http://localhost:8090/iserver/services/data/rest/data/featureResults"
GetFeaturesBySQLService.processAsync(parameters :GetFeaturesBySQLParameters, responder:IResponder = null):AsyncToken	执行查询操作，即发送参数并获取结果

注意　进行数据集 SQL 查询时，FilterParameter 中的接口 name 设置无效。

功能实现的主要代码如下所示，完整代码请参考配套光盘\数据与程序\第 5 章\程序\src\ Chapter5_4.mxml。

```
                          Chapter5_4.mxml
//单击"查询"按钮触发事件
protected function queryBtn_clickHandler(event:MouseEvent):void
{
    // TODO Auto-generated method stub
    var queryParameter:GetFeaturesBySQLParameters = new
 GetFeaturesBySQLParameters();
    queryParameter.datasetNames = ["World:Countries"];
    //通过属性查询要素
    var filterPara:FilterParameter = new FilterParameter();
//例如：country='德国', countryName 为文本输入框
    filterPara.attributeFilter = "country = '"+countryName.text+"'";
    queryParameter.filterParameter = filterPara;
    //SQL 查询服务类
    var queryService:GetFeaturesBySQLService = new GetFeaturesBySQLService(
"http://localhost:8090/iserver/services/data-World/rest/data/featureResults");
    queryService.processAsync(queryParameter,new
AsyncResponder(displayResults,
    function (object:Object, mark:Object = null):void
                {
                    Alert.show("与服务端交互失败", "抱歉", 4, this);
                },null));
}
//在要素图层上展示查询结果
private function displayResults(result:GetFeaturesResult, mark:Object =
null):void
```

```
{
    featuresLayer.clear();
    var features:Array = result.features;
    if(result.featureCount>0)
    {
        for(var i:int = 0;i<features.length;i++)
        {
            featuresLayer.addFeature(features[i]);
        }
    }
    else
    {
        Alert.show("未能找到查询结果，请输入正确的国家名！");
    }
}
```

5.5.2　缓冲查询

数据集查询中除 SQL 查询外，还有 ID 查询、缓冲查询和几何查询，其开发思路同 SQL
查询一致，在此不再赘述，只介绍地图查询中未包含的缓冲查询功能。

缓冲查询参数类 GetFeaturesByBufferParameters 自身的属性共 4 个，如表 5-9 所示。

表 5-9　GetFeaturesByBufferParameters 接口及其功能说明

接　口	功能说明
attributeFilter:String	缓冲区查询属性过滤条件。用法："fieldValue < 100"，"name like '%酒店%'"等
bufferDistance:Number	缓冲半径，单位与所操作的数据集单位相同
fields:Array	需返回的要素属性字段。若不设置，则返回所有属性字段
geometry:Geometry	制作缓冲区的几何对象

具体用法如下列代码段所示。

```
                          Chapter5_5.mxml
//查询条件的设置，在 "World" 数据源下 "Countries" 数据集中查找用户兴趣点 geoPoint
//周围 30 度范围内 COLOR_MAP=3 的所有国家，并返回属性字段"SMID"和"COLOR_MAP"
var queryParams:Array = ["World:Countries"];
var getFeatureByBuffPara:GetFeaturesByBufferParameters =
new GetFeaturesByBufferParameters();
getFeatureByBuffPara.bufferDistance = Number(this.bufferdist.text);
// 兴趣点 geoPoint 经绘制点操作得到，绘制操作如 5.3.2 节中所述
getFeatureByBuffPara.geometry = event.feature.geometry;
getFeatureByBuffPara.datasetNames = queryParams;
getFeatureByBuffPara.fields=["SMID","Country","COLOR_MAP","CONTINENT"];
getFeatureByBuffPara.attributeFilter = "COLOR_MAP=3";
//向服务端发送请求，获取结果并进行处理
var getFeatureByBufferService:GetFeaturesByBufferService =
```

```
new GetFeaturesByBufferService(
"http://localhost:8090/iserver/services/data-World/rest/data/featureResults");
getFeatureByBufferService.processAsync(getFeatureByBuffPara,
new AsyncResponder(this.dispalyQueryRecords, excuteErros) );
```

单击"绘点"按钮，在地图上进行绘制点操作，则位于缓冲区内并且满足"COLOR_MAP=3"的所有要素都会被添加到地图上，运行效果如图 5-10 所示。为了直观地表现缓冲查询，本示例在查询成功处理函数 this.dispalyQueryRecords()中加入了对绘制的点和制作的缓冲区的显示。

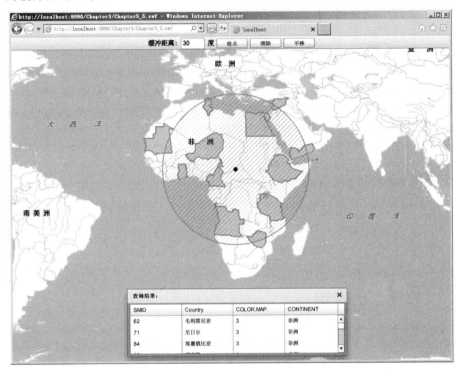

图 5-10　数据集缓冲查询示例

5.6　应用技巧

本节对前面几个示例查询结果的展示方法进行总结，对项目实施中通常用到的多图层查询和文本图层的查询进行讲解，以辅助用户顺利地使用查询功能。

5.6.1　查询结果的展示

在地图查询中，查询参数 returnContent 控制查询结果的返回形式，可选择返回结果的资源还是结果的记录集。其中，返回结果的资源表示可使用高亮图层 HighlightLayer 将查询结果以高亮图的形式展现，用法如 5.2.2 节所述；若设置返回记录集，则是通过遍历记录集中的每个要素，将之添加到要素图层进行显示，同时可使用 FeatureDataGrid 控件实现属性数据和地图上矢量要素的联动，如 5.3.2 节所述。

对于数据查询，查询得到的结果是矢量要素，通常选择在要素图层上进行展示。

5.6.2　多图层的查询

地图查询和数据查询均支持一次查询多个图层，下面分别介绍其实现方法。

1. 地图查询中的多图层查询

在地图查询中，查询参数 filterParameters 数据类型为数组，其中元素类型为 FilterParameter，用于设置需要查询的图层名及过滤条件。

对于单图层查询，只需设置一个 FilterParameter 元素；对于多图层的查询，每个图层对应于一个 FilterParameter 实例。使用 FilterParameter.name 区分各待查询图层。

在查询结果中，记录集 recordsets 也是数组类型，与查询参数 filterParameters 中的元素一一对应。若查询返回的是结果资源，高亮图层 HighlightLayer 会将所有的查询结果展示出来。

2. 数据查询中的多图层查询

同地图查询不同，数据查询只需设置一个查询条件，即可将目标数据集中满足条件的要素查询出来。datasetNames 是数组类型，用于设置需要查询的数据集名称，所有查询结果将会被封装在要素集合 GetFeaturesResult.features 中。

5.6.3　文本图层的查询

SuperMap iClient for Flex 除了可以对点、线、面图层进行查询，还支持对文本图层的查询，效果如图 5-3 所示。文本图层的查询方法没有特殊之处，只是在显示 Feature 对象时，Feature 的 style 类型为文本风格 TextStyle，几何对象为 GeoPoint 类型。若需修改文本要素的风格，只需设置其 TextStyle 即可。如图 5-3 所示的范围查询在结果展示部分需做如下设置，完整代码请参考配套光盘\数据与程序\第 5 章\程序\src\Chapter5_1_2.mxml。

Chapter5_1_2.mxml

```
//查询结果展示
private function countyDispose(queryResult:QueryResult, mark:Object = null):void
{
    var features:Array = (queryResult.recordsets[0] as Recordset).features;
    for(var i:int = 0;i<features.length;i++)
    {
        var txtStyle:TextStyle = features[i].style as TextStyle;
        txtStyle.color = 0xff0000;
        fL.addFeature(features[i]);//fL 为 FeaturesLayer
    }
}
```

5.7 快 速 参 考

目　标	内　容
查询分类和查询步骤	根据对接 SuperMap iServer Java 的服务模块不同，查询分为地图查询和数据查询两大类。地图查询包括 SQL 查询、几何查询、距离查询、范围查询和最近地物查询，数据查询包括 SQL 查询、几何查询、缓冲查询和 ID 查询。 完成一个完整的查询需要 4 步：设置参数、提交 GIS 请求、获取结果、在客户端展示结果数据
SQL 查询	SQL 查询是指在一个或多个指定的图层上查询符合 SQL 条件的空间地物。SQL 查询条件通过属性 filterParameters 设置
几何查询	几何查询即查找与指定的几何对象符合查询条件和某种空间查询模式 (SpatialQueryMode) 的地物。SuperMap iClient for Flex 支持相交、重合、叠加、邻接、交叉、包含、被包含、分离共 8 种空间查询模式
业务表关联查询	当需要两个表之间进行关联查询时，可使用业务表关联查询功能。表之间建立联系的方式有连接和关联两种。在同一数据源下的关联查询使用 JoinItem，不在同一数据源下的关联查询使用 LinkItem
数据查询	数据查询属于数据服务功能模块。其功能实现思路和方法与地图查询基本一致，完成一个完整的数据查询功能也需设置查询参数类、服务类和查询结果类

5.8 本 章 小 结

本章介绍了查询的概念、分类、开发思路及实现方法。查询功能是 GIS 项目中最常使用的功能，且在 SuperMap iClient for Flex 中，其他与 GIS 服务器交互的功能的实现思路是统一的。理解和掌握查询功能的实现原理和实现方法对后续章节的学习有着事半功倍的效果。

第6章 专 题 图

专题图是使用各种图形风格(例如颜色或填充模式)显示地图基础信息特征的地图，是空间数据的重要表达方式之一。制作专题图的本质是根据数据对现象的现状和分布规律及其联系进行渲染，从而充分挖掘利用数据资源，直观形象地展现丰富的数据内容。本章主要讲解专题图的分类、应用场景、实现原理及企业级开发的注意事项，并通过一些有代表性的专题图示例的分析，深入讲解专题图的开发技巧。

本章主要内容：
- 专题图的概念、分类、原理及开发流程
- 单值专题图
- 标签矩阵专题图
- 内存数据制作专题图
- 客户端专题图

6.1 概　　述

SuperMap iServer Java 提供了十分强大且丰富的专题图功能，SuperMap iClient for Flex 对 SuperMap iServer Java 的专题图 REST API 进行封装，提供了简便灵活的接口，可以根据各种需求制作出生动、精美的专题图。本节对 SuperMap iClient for Flex 支持的专题图类型、生成原理及开发思路进行详细介绍。

6.1.1 专题图的分类

SuperMap iClient for Flex 可以直接创建单值专题图、范围分段专题图、标签专题图、统计专题图、等级符号专题图、点密度专题图等。这些专题表达方法在实际中都有广泛的应用。图 6-1 展示了各种专题图类型。
- 单值专题图
  单值专题图将图层中属性字段值相同的对象归为一类，为每一类设定一种渲染风格(如颜色或符号等)，以表达不同属性值之间对象的差别。单值专题图有助于强调数据的类型差异，但不能显示定量信息，因此多用于具有分类属性的地图，如土壤利用类型图、土地利用图、行政区划图等。
- 范围分段专题图
  范围分段专题图将图层中所有对象的专题值按照某种分段方式分成多个范围段，为每一个范围段设定一种渲染风格，对象根据各自的专题值所处的范围段的风格进行显示。范围分段专题图表示了某一区域的数量特征，如不同区域的销售数字、家庭收入、GDP，或者显示比率信息，如人口密度等。

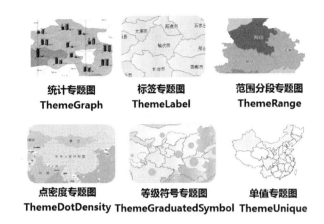

图 6-1　专题图类型

- 标签专题图

  标签专题图主要用于对地图进行标注说明，可以用图层属性中的某个字段(或者多个字段)对点、线、面等对象进行标注。多用于文本型或数值型字段，如标注地名、道路名称、河流宽度、等高线高程值等。

- 统计专题图

  统计专题图通过为图层中每个对象绘制统计图以反映其专题值的大小。统计专题图可以基于多个专题变量，反映地图对象的多个属性。借助统计专题图可以更好地分析自然现象和社会经济现象的分布特征和发展趋势，在统计图区域本身与各区域之间形成横向和纵向的对比，多用于具有相关数量特征的地图上，如表示不同地区多年的粮食产量、GDP、人口等。

- 等级符号专题图

  与范围分段专题图类似，等级符号专题图将矢量图层的某一属性字段信息映射为不同等级，每一级分别使用大小不同的点符号表示，符号的大小与该属性字段值成比例，属性值越大，专题图上的点符号就越大，反之亦然。等级符号专题图多用于具有数量特征的地图上。

- 点密度专题图

  与范围分段专题图和等级符号专题图类似，点密度专题图将矢量图层的某一属性字段信息映射为不同等级，每一级别使用表现为密度形式的点符号表示，点符号分布在区域内的密度高低与该属性字段值成比例，属性值越大，专题图上的点符号的分布就更为密集，反之亦然。点密度专题图多用于具有数量特征的地图上。

6.1.2　专题图的实现原理

SuperMap iServer Java 提供了一种全新的专题图机制，充分利用 Mashup 原理，地图显

示效果及性能都得到很大提升。专题图的实现原理如图6-2所示。

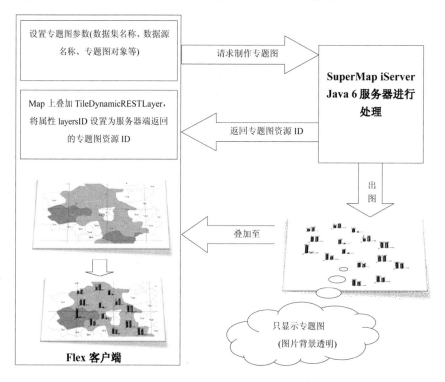

图6-2　专题图生成原理图

> **注意** TiledDynamicRESTLayer 的 transparent 属性必须为 true,且必须添加到 Map 的图层列表的最顶层。

使用 SuperMap iClient for Flex 生成专题图的实现步骤如下。

(1) 设置 ThemeParameters 专题图参数。

(2) 通过 ThemeService.processAsync()方法向服务端提交专题图的请求。

(3) 对服务端返回的 ThemeResult 进行解析,获得结果资源 ID。

(4) 将资源 ID 赋值于 TiledDynamicRESTLayer 或 DynamicRESTLayer 的 layersID。

(5) 将新图层加载到 Map 地图控件中,显示专题图。

删除专题图的实现步骤如下。

(1) 设置移除专题图参数 RemoveThemeParameters 的 id 属性(要移除的专题图资源的 ID)。

(2) 用 RemoveThemeService.processAsync()方法向服务端提交移除该专题图的请求。

(3) 服务端成功处理并返回 RemoveThemeResult(移除专题图结果)。

(4) 从 Map 地图控件移除该专题图层。

SuperMap iClient for Flex 可以制作统计、标签、范围分段、等级符号、单值、点密度及若干专题图层组合的混合专题图。主要接口如表6-1所示。

表 6-1 专题图相关接口列表

专题图	服务类	服务参数类		服务结果类
单值专题图			ThemeUnique	
标签专题图			ThemeLabel	
点密度专题图	ThemeService	ThemeParameters	ThemeDotDensity	ThemeResult
等级符号专题图			ThemeGraduatedSymbol	
统计专题图			ThemeGraph	
范围分段专题图			ThemeRange	

本章示例数据请参考配套光盘\数据与程序\第 6 章\数据\China.sxwu。拿到示例项目及数据后，请先发布数据，数据发布方法请参考 1.1.1 节。单值专题图示例的 URL 为 http://localhost:8090/iserver/services/map-China/rest/maps/china，其他示例的 URL 为 http://localhost:8090/iserver/services/map-China/rest/maps/landForm。

6.2 单值专题图

单值专题图是利用不同的颜色或符号(线型、填充)表示图层中某一属性信息的不同属性值，属性值相同的要素具有相同的渲染风格。本节用全国高程面数据做单值专题图，直观表现全国地形情况。

6.2.1 接口说明

本节所用接口如表 6-2 所示。

表 6-2 单值专题图接口及其功能说明

接 口	功能说明
ThemeParameters.datasetNames:Array	制作专题图的数据集名称
ThemeParameters.dataSourceNames:Array	制作专题图的数据源名称
ThemeParameters.Themes:Array	专题图对象集合，本节中为 ThemeUnique 数组
ThemeUnique.uniqueExpression:String	制作单值专题图的字段或字段表达式
ThemeUnique.items:Array	单值专题图子项(ThemeUniqueItem)类数组
ThemeUniqueItem.unique:String	单值专题图子项的单值
ThemeUniqueItem.Style:ServerStyle	单值专题图子项的显示风格(ServerStyle)对象

6.2.2 示例程序

该示例程序主要讲解生成单值专题图的流程。

(1) 设置专题图参数 ThemeUnique。

Chapter6_1_ThemeUnique.mxml

```
//定义单值专题图参数
private function setThemeUnique():ThemeUnique
{
    //单值专题图子项数组
    var items:Array = [];
    //单值专题图子项 1
    var item1101:ThemeUniqueItem = new ThemeUniqueItem();
    //单值专题图子项的值，可以为数字、字符串等
    item1101.unique = "1101";
    //单值专题图子项的可见性，默认为 true
    item1101.visible = true;
    //单值专题图子项的显示风格，此处为面对象，故设置面填充
    //前景色、面的边线颜色及线型风格
    var style1101:ServerStyle = new ServerStyle();
    //设置填充颜色
    style1101.fillForeColor = new ServerColor(130, 162, 116);
    style1101.lineWidth = 0.05;
    //设置线状符号的编码，即线型库中线型的 ID
    style1101.lineSymbolID = 5;
    item1101.style = style1101;
    //添加到单值专题图子项数组
    items.push(item1101);
    //剩余子项参见示例代码
    var theme:ThemeUnique = new ThemeUnique();
    theme.items = items;
    //专题图字段
    theme.uniqueExpression = "SMUSERID";
    //专题图默认风格
    var style:ServerStyle = new ServerStyle();
    style.fillOpaqueRate = 100;
    style.fillForeColor = new ServerColor(80, 130, 255);
    style.fillBackOpaque = true;
    style.lineSymbolID = 5;
    style.lineWidth = 0.05;
    theme.defaultStyle = style;
    return theme;
}
```

(2) 提交单值专题图请求，参数为 ThemeParameters。

Chapter6_1_ThemeUnique.mxml

```
//提交专题图请求
private function submitHandler():void
{
    //判断专题图是否已生成
    if(this.isTheme == true)
```

```
    return;
    //定义获取专题图时所需参数
    var themeUniqueParam:ThemeParameters = new ThemeParameters();
    //设置专题图对象集合
    themeUniqueParam.themes = [setThemeUnique()];
    //单值专题图所需的数据源名称集合
    themeUniqueParam.dataSourceNames = ["china400"];
    //单值专题图所需的数据集名称集合
    themeUniqueParam.datasetNames =["LandForm"];
    //实例化专题图服务类
    var themeservice:ThemeService = new ThemeService(this.mapUrl);
    //向服务器提交专题图制作请求
    themeservice.processAsync(themeUniqueParam,new
        AsyncResponder(this.displayTheme, excuteThemeErros, null));
}
```

(3) 结果展示，获取服务器端返回的专题图资源 ID，叠加到底图上显示。

Chapter6_1_ThemeUnique.mxml

```
//专题图获取成功时调用的处理函数
private function displayTheme(themeresult:ThemeResult,
    mark:Object=null):void
{
    this.isTheme = true;
    themeLayer = new TiledDynamicRESTLayer();
    //获取服务端返回的专题图图片资源 ID
    themeLayer.layersID = themeresult.resourceInfo.newResourceID;
    layerid = themeresult.resourceInfo.newResourceID;
    //不使用服务器端缓存
    themeLayer.enableServerCaching = false;
    themeLayer.url = this.mapUrl;
    //要叠加到底图上，背景透明
    themeLayer.transparent = true;
    //叠加到底图上，此处默认置顶
    this.map.addLayer(themeLayer);
}
```

(4) 异常处理。

Chapter6_1_ThemeUnique.mxml

```
//与服务端交互失败时调用的处理函数
private function excuteThemeError(event:FaultEvent, mark:Object = null):void
{
    Alert.show("专题图生成失败，" + event.message);
}
```

(5) 效果展示，如图 6-3 所示。

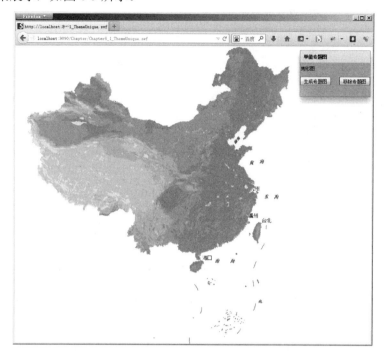

图 6-3　地形单值专题图

注意　(1)　图层的专题值项不能超过 3000 条。

(2)　本章示例只列出关键示意性代码，详细代码请参考配套光盘\数据与程序\
第 6 章\程序。

(3)　ThemeUnique 专题图字段 uniqueExpression 支持字段表达式，并且只能是相
同数据类型字段间的运算。

6.3　矩阵标签专题图

标签矩阵专题图，即矩阵式标签专题图。它是指在标签专题图中采用矩阵式格式组织
标注的内容，即通过一个类似于 *n* 行 *m* 列的表格，在矩阵单元格中可以显示图片、符号或
文本信息。一个单元格可以嵌套另一个 *n* 行 *m* 列的表格，形成复杂的矩阵式标签专题图。
通过对矢量图层(点、线、面)中的每一个对象采用一个矩阵式标签进行标注，标签矩阵专
题图可以承载丰富的标注内容。

标签矩阵专题图常见应用有天气预报图、旅游专题图等。

6.3.1　接口说明

本节所用接口如表 6-3 所示，前文已经说明的接口将不再赘述。

表 6-3　矩阵标签专题图接口及其功能说明

接　口	功能说明
ThemeLabel.matrixCells:Array	矩阵标签元素二维数组，数组中的每个对象即为一个矩阵标签元素
ThemeLabel.background:ThemeLabelBackground	标签专题图中标签的背景显示样式
ThemeLabelBackground.labelBackShape:String	标签背景的形状，可以是矩形、圆角矩形、菱形、椭圆形、三角形和符号等
ThemeLabelBackground.backStyle:ServerStyle	标签专题图中标签背景风格
ServerStyle.fillSymbolID:int	填充符号编码，即填充库中填充风格的 ID
ServerStyle.lineSymbolID:int	线状符号编码，即线型库中线型的 ID

6.3.2　示例程序

该示例程序主要讲解生成标签矩阵专题图的流程，其他类型的标签专题图流程类似。

(1)　设置矩阵标签专题图参数 ThemeLabel。

Chapter6_2_ThemeLabel.mxml

```
//定义标签专题图参数
private function setLabelTheme():ThemeLabel
{
    //定义专题图类型的矩阵标签元素 themeLabel1
    var themeLabel1:LabelThemeCell = new LabelThemeCell();
    with(themeLabel1)
    {
        themeLabel = new ThemeLabel();
        with(themeLabel)
        {
            labelEexpression = "name";
            text = new ThemeLabelText();
            with(text)
            {
                uniformStyle = new ServerTextStyle()
                with(uniformStyle)
                {
                    fontName = "黑体";
                    fontHeiqht = 7;
                    fontWidth = 3.5;
                    bold = true;
                    sizeFixed = true;
                    //前景色
                    foreColor = new ServerColor(0, 0, 0);
                }
            }
        }
        type = LabelMatrixCellType.THEME;
```

```
    };
    //定义专题图类型的矩阵标签元素 themeLabel2
    var themeLabel2:LabelThemeCell = new LabelThemeCell();
    with(themeLabel2)
    {
        themeLabel = new ThemeLabel();
        with(themeLabel)
        {
            labelEexpression = "Weather";
            text = new ThemeLabelText();
            with(text)
            {
                uniformStyle = new ServerTextStyle()
                with(uniformStyle)
                {
                    fontName = "黑体";
                    fontHeight = 5;
                    fontWidth = 2.5;
                    bold = true;
                    sizeFixed = true;
                    //前景色
                    foreColor = new ServerColor(0,0,0);
                }
            }
        }
        type = LabelMatrixCellType.THEME;
    };
    //定义专题图类型的矩阵标签元素 themeLabel3
    var themeLabel3:LabelThemeCell = new LabelThemeCell();
    with(themeLabel3)
    {
        themeLabel = new ThemeLabel();
        with(themeLabel)
        {
            labelEexpression = "Temperature";
            text = new ThemeLabelText();
            with(text)
            {
                uniformStyle = new ServerTextStyle()
                with(uniformStyle)
                {
                    fontName = "黑体";
                    fontHeight = 5;
                    fontWidth = 2.5;
                    bold = true;
                    sizeFixed = true;
                    //前景色
                    foreColor = new ServerColor(0,0,0);
                }
            }
        }
        type = LabelMatrixCellType.THEME;
    };
```

```
//定义图片类型的矩阵标签元素 imageCell1
var imageCell1:LabelImageCell = new LabelImageCell();
with(imageCell1)
{
    sizeFixed = true;
    pathField = "Path_1";
    type = LabelMatrixCellType.IMAGE;
};
//定义图片类型的矩阵标签元素 imageCell2
var imageCell2:LabelImageCell = new LabelImageCell();
with(imageCell2)
{
    sizeFixed = true;
    pathField = "Path_2";
    type = LabelMatrixCellType.IMAGE;
};
//定义标签专题图对象 themeLabel
var themeLabel:ThemeLabel = new ThemeLabel();
themeLabel.matrixCells = [[themeLabel1],
                          [imageCell1,imageCell2],
                          [themeLabel2],
                          [themeLabel3]];
themeLabel.background = new ThemeLabelBackground();
themeLabel.background.labelBackShape = LabelBackShape.RECT;
themeLabel.background.backStyle.fillSymbolID = 1;
themeLabel.background.backStyle.lineSymbolID = 5;
return themeLabel;
}
```

注意　本节代码和本章 6.2.2 节示例程序思路一样，提交请求、结果处理等请参考 6.2.2 节。

(2) 效果展示，如图 6-4 所示。

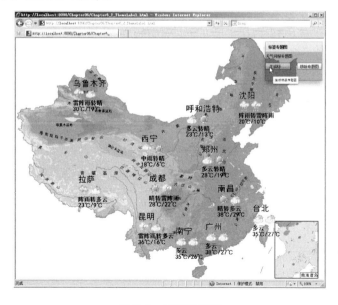

图 6-4　天气预报图

6.4 专题图使用技巧

专题图的本质是根据数据对现象的现状和分布规律及其联系进行渲染，从而充分挖掘数据资源，展现丰富的数据内容。随着数据来源越来越广，用户体验越来越丰富，仅靠纯空间库中数据的出图方式已经不能满足客户需求，更丰富来源的数据如何展示到地图上，实现丰富的用户体验是本节研究的主题。

6.4.1 内存数据制作专题图

制作专题图的数据除 SuperMap 工作空间中的属性信息和外部业务表外，还有第三方数据，如经多次查询和复杂计算的复合信息、数组、XML 文件之类，此时可以用内存数据制作专题图。目前内存数据制作专题图因专题图的不同有两种不同的接口及方法。本节将通过两个示例分别介绍。

1．内存数据制作统计专题图

利用内存数据制作统计专题图时主要有两个属性：ThemeGraph.memoryKeys 代表需要做统计图的地物的 SmID，ThemeGraphItem.memoryDoubleValues 代表需要做专题信息的数据。这些数据可以来自多次查询和复杂计算的结果、数组、XML 文件等。ThemeGraph.memoryKeys 和 ThemeGraphItem.memoryDoubleValues 需要关联起来使用，键列表中数值的个数必须要与值列表的数值个数一致，值列表中的值将代替原来的专题值来制作统计专题图。

1） 接口说明

本节所用接口如表 6-4 所示，前文已经说明的接口将不再赘述。

表 6-4 内存数据专题图接口及其功能说明

接　口	功能说明
ThemeGraph.memoryKeys:Array	制作统计图的对象 ID 数组，默认为空，表示对指定数据集中的所有对象制作统计图表。若该属性不为空，则只针对数组中所指定的对象制作统计图表
ThemeGraphItem.memoryDoubleValues:Array	制作专题图时的值数组，若 ThemeGraph.memoryKeys 属性不为空，则 memoryDoubleValues 数组中所存储的值与 ThemeGraph.memoryKeys 是一一对应的

2） 示例程序

该示例程序主要讲解生成内存数据统计图的流程。

(1)　设置内存数据统计图参数 ThemeGraph。

Chapter6_3_ThemeGraphMemory.mxml

```
//设置内存数据统计专题图参数
private function setGraph():ThemeGraph
{
    var graphItemNOX:ThemeGraphItem = new ThemeGraphItem();
    with(graphItemNOX)
    {
        caption = "NOX";
        graphExpression = "氮氧化物";
        uniformStyle = new ServerStyle()
        with(uniformStyle)
        {
            fillForeColor =new ServerColor(203,142,77);
        }
        memoryDoubleValues = [30,26,43,95,63,62,92,97,114,87,86,56,97,93,
115,128,163,173,103,146,138,126,123,98,90,12,40];
    }
    var graphItemTSP:ThemeGraphItem = new ThemeGraphItem();
    with(graphItemTSP)
    {
        caption = "TSP";
        graphExpression = "悬浮颗粒物";
        uniformStyle = new ServerStyle()
        with(uniformStyle)
        {
            fillForeColor = new ServerColor(88,129,178);
        }
        memoryDoubleValues = [35,23,32,27,92,43,125,128,106,92,96,72,
89,117,93,126,114,105,174,102,116,143,136,102,105,92,83];
    }
    var graphItemSO2:ThemeGraphItem = new ThemeGraphItem();
    with(graphItemSO2)
    {
        caption = "SO2";
        graphExpression = "二氧化硫";
        uniformStyle = new ServerStyle()
        with(uniformStyle)
        {
            fillForeColor = new ServerColor(180,89,85);
        }
        memoryDoubleValues = [237,56,158,264,72,83,136,120,98,83,72,
66,128,140,128,136,158,137,189,198,135,138,143,116,143,102,72];
    }
    var themeGraph:ThemeGraph = new ThemeGraph();
    //memoryKeys 值设置
    themeGraph.memoryKeys = [1,2,3,4,6,7,8,9,10,11,12,13,14,15,16,17,
18,20,21,23,24,26,27,29,30,31,32];
    themeGraph.items = [graphItemNOX, graphItemTSP,graphItemSO2];
    themeGraph.graphSize = new ThemeGraphSize();
    themeGraph.graphType = ThemeGraphType.BAR3D;
```

```
themeGraph.graphSize.maxGraphSize = 1443377;
themeGraph.graphSize.minGraphSize = 828687;
themeGraph.graphText.graphTextFormat =
    ThemeGraphTextFormat.CAPTION_VALUE;
themeGraph.graphText.graphTextDisplayed = true;
themeGraph.graphText.graphTextStyle.sizeFixed = false;
themeGraph.graphText.graphTextStyle.fontHeight =30000;
themeGraph.graphText.graphTextStyle.fontWidth = 15000;
themeGraph.graduatedMode = GraduatedMode.SQUAREROOT;
themeGraph.overlapAvoided =true;
//坐标轴
var graphAxes:ThemeGraphAxes = new ThemeGraphAxes();
graphAxes.axesColor = new ServerColor(0,0,0);
//是否显示坐标轴。默认为 false，即不显示
graphAxes.axesDisplayed = true;
graphAxes.axesTextDisplayed = true;
graphAxes.axesGridDisplayed = true;
graphAxes.axesTextStyle = new ServerTextStyle();
graphAxes.axesTextStyle.sizeFixed = false;
graphAxes.axesTextStyle.fontHeight = 30000;
graphAxes.axesTextStyle.fontWidth = 15000;
themeGraph.graphAxes = graphAxes;
return themeGraph;
}
```

> **注意** 本节代码和 6.2.2 节示例程序思路一样，提交请求、结果处理等请参考 6.2.2 节。

(2) 效果展示，如图 6-5 所示。

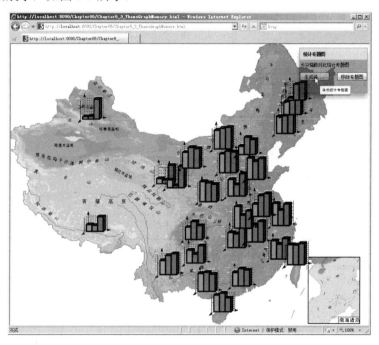

图6-5 内存数据统计专题图示例

2. 内存数据制作等级符号专题图

制作单值、范围分段、等级符号、标签、点密度等内存数据专题图时使用相同的接口，内存数据类 ThemeMemoryData。ThemeMemoryData 有 srcData 和 targetData 两个属性，srcData 是地物属性表字段原始值，targetData 是制作专题图的内存数据，可以来自查询结果、数组、XML 文件等。srcData 属性表字段原始值将被 targetData 属性所指定的值替换掉，制作专题图，但数据库中的值并不会改变。

1) 接口说明

本节所用接口如表 6-5 所示，前文已经说明的接口将不再赘述。

表 6-5　内存数据专题图接口及其功能说明

接　口	功能说明
ThemeMemoryData.srcData:Array	原始值，该属性值将被 targetData 属性所指定的值替换掉，制作专题图，但数据库中的值并不会改变
ThemeMemoryData.targetData:Array	外部值，即用于制作专题图的内存数据，设定该属性值后，会将 srcData 属性所指定的原始值替换掉来制作专题图，但数据库中的值并不会改变

2) 示例程序

该示例程序主要讲解生成内存数据等级符号专题图的流程。

(1) 设置内存数据等级符号专题图参数 ThemeGraduatedSymbol。

Chapter6_4_ThemeGraduatedSymbolMemory.mxml

```
//定义等级符号所需参数
private function setGraduatedSymbol():ThemeGraduatedSymbol
{
    //定义等级符号专题图对象 themeGraduatedSymbol
    var themeGraduatedSymbol:ThemeGraduatedSymbol = new ThemeGraduatedSymbol();
    //定义专题图内存数据类
    var themeMemoryData:ThemeMemoryData = new ThemeMemoryData();
    //srcData 为属性表字段原始值,targetData 为制作专题图的内存数据
    //srcData 和 targetData 的数据以及对应关系来自查询结果、数组、XML 文件之类
    //srcData 属性表字段原始值将被 targetData 属性所指定的值替换掉
    themeMemoryData.srcData = [1,2,3,4,5,6,7,8,9,10,11,12,13,14,15,16,17,18,
19,20,21,22,23,24,25,26,27,28,29,30,31,32,33,34];
    themeMemoryData.targetData = [4,4,4,3,3,3,3,3,3,2,3,3,3,5,3,3,3,2,2,5,
3,4,3,3,4,4,2,2,1,1,2,3,2,2];
    themeGraduatedSymbol.expression = "SMID";
    themeGraduatedSymbol.baseValue = 0.35;
    themeGraduatedSymbol.graduatedMode = GraduatedMode.CONSTANT;
    themeGraduatedSymbol.offset = new ThemeOffset();
    themeGraduatedSymbol.offset.offsetX = "-20";
    themeGraduatedSymbol.offset.offsetY = "-20";
    themeGraduatedSymbol.style = new ThemeGraduatedSymbolStyle();
    themeGraduatedSymbol.style.positiveStyle = new ServerStyle();
    themeGraduatedSymbol.style.positiveStyle.markerSize = 1.6;
    themeGraduatedSymbol.style.positiveStyle.markerSymbolID = 0;
```

```
        themeGraduatedSymbol.style.positiveStyle.lineColor = new ServerColor
(255,0,0);
        themeGraduatedSymbol.themeMemoryData = themeMemoryData;
        return themeGraduatedSymbol;
    }
```

> **注意**　本节代码和 6.2.2 节示例程序思路一样，提交请求、结果处理等请参考 6.2.2 节。

(2) 效果展示，如图 6-6 所示。

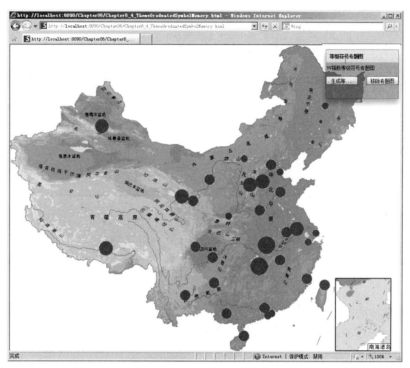

图 6-6　等级符号专题图

6.4.2　客户端专题图

服务端专题图是通过服务器端渲染地图，客户端获取并显示出来。但栅格图片有交互性差、无动画效果、没有充分利用客户端机器的性能等问题，所以对于数据量比较小、渲染效果不太复杂、交互效果要求高的需求，SuperMap iClient for Flex 提供了灵活的客户端展示，如 FeaturesLayer 上的单值、范围分段渲染，ElementsLayer 上承载丰富的 Flex 第三方控件，HeatMapLayer 上通过颜色用图示化方法来表达二维离散数据分布。

1. 客户端渲染

客户端渲染是指对客户端 Feature 要素以某一方式(单值、统一、范围分段)进行样式设置。SuperMap iClient for Flex 客户端渲染相关类包括单值渲染、范围分段渲染和统一渲染。此外，通过自定义 Feature 要素可实现一些特殊行业型的复杂符号的渲染，Feature 要素的具体定制及扩展方法可参考本书第 4 章。

1)　接口说明

本节所用接口如表 6-6 所示，前文已经说明的接口将不再赘述。

表 6-6　客户端渲染接口及其功能说明

接　口	功能说明
RangeRenderer.Attribute:String	获取或设置用于范围分段渲染的属性字段
RangeRenderer.items:Array	获取或设置范围分段渲染子项集合
RangeItem:RangeItem	范围分段子项类，在分段渲染中，每个分段都有其分段起始值、终止值和风格
RangeItem.style:Style	获取或设置范围分段渲染子项的显示风格
UniformRenderer:UniformRenderer	对所有要素使用同一风格进行渲染
UniqueRenderer:UniqueRenderer	单值渲染是将属性值相同的要素归为一类，为每一类设定一种渲染风格

2)　示例程序

本节以范围分段渲染为例进行介绍，其他客户端渲染接口的使用方法类似。

(1)　添加 Feature 要素到 FeaturesLayer 上。

Chapter6_5_ClientRenderer.mxml

```
//绘制查询结果
private function dispalyQueryRecords(queryResult:QueryResult, mark:Object
= null):void
{
    this.features = [];
    var gArr:Array = [];
    var recordSets:Array = queryResult.recordsets;
    if(recordSets.length != 0)
    {
        for each(var recordSet:Recordset in recordSets)
        {
            for each (var feature:Feature in recordSet.features)
            {
                feature.style = null;
                features.push(feature);
                //文本图层，添加该图层作为标注层
                var textStyle:TextStyle = new TextStyle();
                textStyle.text = "年降雨量:"+feature.attributes.rainfall + ":mm";
                //字体大小
                textStyle.size = 15;
                var geopoint:GeoPoint = new GeoPoint(feature.geometry.
center.x,feature.geometry.center.y);
                var textFeature:Feature = new Feature(geopoint,textStyle);
                //添加文本标注到文本图层
                textLayer.addFeature(textFeature);
            }
```

```
        }
    }
    this.excuteRangeRender();
}
```

(2) 对第(1)步添加的 Feature 要素进行范围分段专题图设置。

Chapter6_5_ClientRenderer.mxml

```
//范围分段渲染
private function excuteRangeRender():void
{
    var items:Array= [];
    var fillStyle1:PredefinedFillStyle = new PredefinedFillStyle("solid",
    Number(rgbToHex(71,158,177)), 1, new PredefinedLineStyle("null", 0));
    var fillStyle2:PredefinedFillStyle = new PredefinedFillStyle("solid",
    Number(rgbToHex(68,179,158)), 1, new PredefinedLineStyle("null", 0));
    var fillStyle3:PredefinedFillStyle = new PredefinedFillStyle("solid",
    Number(rgbToHex(87,254,237)), 1, new PredefinedLineStyle("null", 0));
    var fillStyle4:PredefinedFillStyle = new PredefinedFillStyle("solid",
    Number(rgbToHex(180,198,226)), 1, new PredefinedLineStyle("null", 0));
    var fillStyle5:PredefinedFillStyle = new PredefinedFillStyle("solid",
    Number(rgbToHex(141,235,120)), 1, new PredefinedLineStyle("null", 0));
    var fillStyle6:PredefinedFillStyle = new PredefinedFillStyle("solid",
    Number(rgbToHex(191,233,133)), 1, new PredefinedLineStyle("null", 0));
    var fillStyle7:PredefinedFillStyle = new PredefinedFillStyle("solid",
    Number(rgbToHex(254,255,25)), 1, new PredefinedLineStyle("null", 0));
    var fillStyle8:PredefinedFillStyle = new PredefinedFillStyle("solid",
    Number(rgbToHex(224,205,1)), 1, new PredefinedLineStyle("null", 0));
    var fillStyle9:PredefinedFillStyle = new PredefinedFillStyle("solid",
    Number(rgbToHex(216,167,34)), 1, new PredefinedLineStyle("null", 0));
    var rangeItem1:RangeItem = new RangeItem(fillStyle1, 0, 237);
    var rangeItem2:RangeItem = new RangeItem(fillStyle2, 237, 445);
    var rangeItem3:RangeItem = new RangeItem(fillStyle3, 445, 653);
    var rangeItem4:RangeItem = new RangeItem(fillStyle4, 653, 861);
    var rangeItem5:RangeItem = new RangeItem(fillStyle5, 861, 1068);
    var rangeItem6:RangeItem = new RangeItem(fillStyle6, 1028, 1276);
    var rangeItem7:RangeItem = new RangeItem(fillStyle7, 1276, 1484);
    var rangeItem8:RangeItem = new RangeItem(fillStyle8, 1484, 1692);
    var rangeItem9:RangeItem = new RangeItem(fillStyle9, 1692, 2000);
    items.push(rangeItem1, rangeItem2, rangeItem3, rangeItem4,rangeItem5,
        rangeItem6,rangeItem7,rangeItem8,rangeItem9);
    var rangeRenderer:RangeRenderer = new RangeRenderer();
    rangeRenderer.items = items;
    rangeRenderer.attribute = "rainfall";
    this.rangeRenderLayer.features = this.features;
    this.rangeRenderLayer.renderer = rangeRenderer;
}
```

(3)　效果展示，如图 6-7 所示。

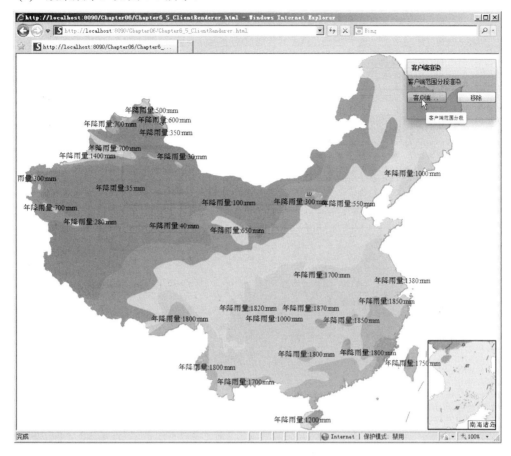

图 6-7　客户端渲染范围分段示例

2. 第三方控件做专题图

ElementsLayer 用于承载显示 Element 元素，是连接地图和 Flex 可视化组件的一个桥梁。可以在 ElementsLayer 上添加 Flex 提供的所有可视组件，例如 Button、Rectangle、图片、音频和视频或者自定义的任意 Flex 元素。

统计图表是以统计图的形式来呈现某事物或某信息数据的发展趋势的图形。地图是用来展示事物或者信息数据空间位置的介质。统计图和地图是数据的不同表述形式，两者结合起来，可以让图表数据具有空间信息，更好地表达状态与趋势等信息。统计图表和地图常见的交互模式有很多。

- 统计图控件直接添加到地图上。
- 统计图和地图关联，操作统计图时在地图上展示其空间信息，操作地图时统计图展示其统计信息。

1)　接口说明

本节所用接口如表 6-7 所示，前文已经说明的接口将不再赘述。

表 6-7　元素图层接口及其功能说明

接　口	功能说明
ElementsLayer:ElementsLayer	获取或设置用于范围分段渲染的属性字段
Element:Element	获取或设置范围分段渲染子项集合

2)　示例程序

本例针对把统计图表控件添加到地图上这种交互模式，简要介绍一下图表和地图交互开发思路。

(1)　继承 Element 元素，扩展一个专题风格元素。

```
                    ClientThemeGraph.as

public class ClientThemeGraph extends Element
{
    //此处为空，请参考示例代码
}
```

(2)　添加 Element 元素到地图上。

```
              Chapter6_6_ClientGraphTheme.mxml

//显示查询结果
private function dispalyQueryRecords(queryResult:QueryResult, mark:Object = null):void
{
    if(queryResult.recordsets == null ||
queryResult.recordsets.length == 0)
    {
        Alert.show("查询结果为空", null, 4, this);
        return;
    }
    var recordSets:Array = queryResult.recordsets;
    if(recordSets.length != 0)
    {
        for each(var recordSet:Recordset in recordSets)
        {
            var i:Number;
            var j:Number;
            var itemD:Array = [];
            if(!recordSet.features || recordSet.features.length == 0)
            {
                Alert.show("当前图层查询结果为空", null, 4, this);
                return;
            }
            for each (var feature:Feature in recordSet.features)
            {
                i=feature.geometry.center.x;
                j=feature.geometry.center.y;
                bounds.push(new Rectangle2D(i,j,i,j));
                //构造单个专题柱子
                itemD.push(new ClientThemeGraphItem("NOX",
(Number)(feature.attributes["NOX"])));
                itemD.push(new ClientThemeGraphItem("TSP",
(Number)(feature.attributes["TSP"])));
                itemD.push(new ClientThemeGraphItem("SO2",
```

```
(Number)(feature.attributes["SO2"])));
                //item 是 ClientThemeGraph 数组
                item.push(itemD);
                itemD=[];
            }
        }
    }
    this.getTheme();
}
//生成客户端专题图
protected function getTheme():void
{
    allTG =[];
    for(var i:int = 0;i < bounds.length; i++)
    {
        var tg:ClientThemeGraph = new ClientThemeGraph(item[i],
ClientThemeGraph.COLUMN,bounds[i]);
        el.addElement(tg);
        allTG.push(tg);
    }
}
```

(3) 效果展示，如图 6-8 所示。

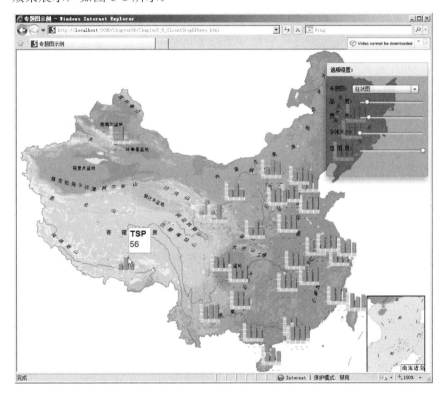

图 6-8　第三方控件统计图示例

3. 热点图

热点图是一种随着富客户端技术兴起而发展起来的专题显示方案，可以直观地展现一组离散的点对象(例如案件)在空间上分布的相对疏密情况。热点图图示化了离散空间数据的分布及相互关系，热点图上的亮色一般代表事件发生频率较高或者事物分布密度较大，暗色反之。使用场景一般为分析空间事件分布情况，如交通事故发生率、环境检测站分布、零售超市分布等。

1) 原理

热点图生成原理如下：对于整幅栅格图，每个热点给定一个缓冲半径(像素坐标系)，每个像素的值根据距离从中心向外递减渐变；把每个像素所分配的值计算总和，然后再根据这个值赋予相应颜色，形成热点圆。因此生成热点图有 4 个相关参数：热点集合、配色方案、缓冲半径和颜色值计算。

热点图通常用于表示事件发生频率或事物分布密度。

2) 接口说明

本节所用接口如表 6-8 所示，前文已经说明的接口将不再赘述。

表6-8　热点图接口及其功能说明

接　口	功能说明
HeatMapLayer:HeatMapLayer	热点图是动态栅格图的一种。它是在二维表面上通过颜色用图示化方法来表达二维离散数据分布的一种方式。常常以一张具备显著颜色差异的图片的形式呈现最终结果，暖色通常表示事件发生频率较高或事物分布密度较大，冷色反之，它能够明显地表现地图中事件发生频率或事物分布密度
HeatStop:HeatStop	渐变填充的过渡站点类，该类用于设置热点图中各热点缓冲范围内的渐变填充过渡站点，包括站点位置和站点所代表的颜色。例如：渐变填充色彩为"红-->黄-->绿"，其中红、黄、绿即为渐变填充的过渡站点。在各站点之间，系统内部又采用适当的插值算法内插出各过渡站点之间的插值点，即由某一颜色到另一颜色的过渡颜色及过渡位置
HeatPoint:HeatPoint	热点为生成热点图的基本要素

3) 示例程序

示例利用模拟的全国检测环境质量监测站点数据，通过热点图来展示监测站点的分布情况。

(1) 获取全国监测站点数据，此处通过 SQL 查询获取。

Chapter6_7_HeatMap.mxml

```
private function excuteQuery():void
{
    //定义 SQL 查询参数
    var queryBySQLParam:QueryBySQLParameters = new QueryBySQLParameters();
    var filter:FilterParameter = new FilterParameter();
    filter.name = "monitoringstation@china400";
    filter.attributeFilter = "SmID > 0";
    queryBySQLParam.filterParameters = [filter];
    //执行 SQL 查询
```

```
    var queryByDistanceService:QueryBySQLService =
new QueryBySQLService(mapUrl);
    queryByDistanceService.processAsync(queryBySQLParam,
new AsyncResponder(this.displayQueryRecords,
    function (object:Object, mark:Object = null):void
    {
        Alert.show("与服务端交互失败", "抱歉", 4, this);
    }, null));
}
```

(2) 用查询结果构造 HeatMap。

```
//显示查询结果
private function displayQueryRecords(queryResult:QueryResult, mark:Object = null):void
{
    //使用要素图层 FeaturesLayer 显示查询结果
    if(queryResult.recordsets == null || queryResult.recordsets.length == 0)
    {
        Alert.show("查询结果为空", null, 4, this);
        return;
    }
    var recordSets:Array = queryResult.recordsets;
    if(recordSets.length != 0)
    {
        for each(var recordSet:Recordset in recordSets)
        {
            if(!recordSet.features || recordSet.features.length == 0)
            {
                Alert.show("当前图层查询结果为空", null, 4, this);
                rcturn;
            }
            for each (var feature:Feature in recordSet.features)
            {
                var x:Number = feature.geometry.center.x;
                var y:Number = feature.geometry.center.y;
                //此处用 SmID 字段值来标示热点所代表的值
                var heatPoint:HeatPoint = new HeatPoint(x, y,
feature.attributes.SMID);
                points.push(heatPoint);
                resultFeatures.push(feature);
            }
        }
    }
    //设置热点圆渐变填充中的颜色过渡站点(HeatStop)集合。其中站点的信息包括位置和颜色
    heatMap.heatPoints = points;
}
```

（3）效果展示，如图 6-9 所示。

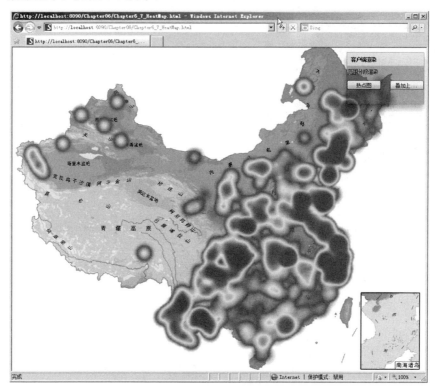

图 6-9　热点图示例

6.5　快速参考

目　标	内　容
专题图概述	SuperMap iClient for Flex 提供了单值专题图、范围分段专题图、标签专题图、统计专题图、等级符号专题图、点密度专题图等。 SuperMap iServer Java 服务器根据 SuperMap iClient for Flex 发送的专题图请求，生成专题图并提供相应的地图资源 ID，SuperMap iClient for Flex 用动态图层根据资源 ID 获取专题图，叠加到底图上进行显示
单值专题图	功能实现思路如下：首先设置 ThemeParameters(专题图参数)，包括 ThemeUniqueItem、ThemeUnique、ServerStyle 等，然后使用 ThemeService.processAsync()方法向 SuperMap iServer Java 服务端提交制作矩阵标签专题图的请求。服务端返回 ThemeResult 专题图结果后对其进行解析，获取结果资源 ID，并赋值于 TiledDynamicRESTLayer 或 DynamicRESTLayer 的 layersID 属性，新图层加载到 Map 上显示单值专题图
矩阵标签专题图	功能实现思路如下：首先设置 ThemeParameters(专题图参数)，包括 ThemeLabel(标签专题图对象)、LabelThemeCell 及 LabelImageCell(矩阵标签元素)、ThemeLabelText(标签文本风格)等，然后通过 ThemeService.processAsync()向 SuperMap iServer Java 服务端提交制作矩阵标签专题图的请求，之后的处理流程同单值专题图

目　标	内　容
内存数据制作专题图	内存数据制作专题图分为两类：统计专题图和其他专题图。 • 内存数据做统计专题图：ThemeGraph.memoryKeys 代表需要做统计图的地物的 SmID，ThemeGraphItem.memoryDoubleValues 代表需要做专题信息的数据。ThemeGraph. memoryKeys 和 ThemeGraphItem.memoryDoubleValues 需要关联起来使用，键列表中数值的个数必须要与值列表的数值个数一致，值列表中的值将代替原来的专题值来制作统计专题图 • 内存做统计外其他专题图时使用专题图内存数据类 ThemeMemoryData，ThemeMemoryData 有 srcData 和 targetData 两个属性。srcData 为属性表字段原始值，targetData 为制作专题图的内存数据。srcData 指定的属性表字段原始值将被 targetData 属性所指定的值替换掉，以此制作专题图
客户端专题图	客户端专题图主要介绍 FeaturesLayer 的客户端渲染、ElementsLayer 的 Flex 第三方控件专题图及热点图。 • 客户端渲染是指对客户端 Feature 要素以某一方式(单值、统一、范围分段)进行样式设置，主要流程为首先绘制 Feature 要素，其次使用 RangeRenderer 来渲染 FeaturesLayer 上的 Feature 要素集合 • 第三方控件专题图主要是扩展 Element 元素，添加到 ElementsLayer 上展示 • 热点图是对每个热点给定一个缓冲半径(像素坐标系)，每个像素的值根据距离从中心向外递减渐变，把每个像素所分配的值计算总和，然后再根据这个值赋予相应颜色，形成热点圆。一般用于分析空间事件分布情况，发现事件发生频率或事物分布密度

6.6　本　章　小　结

　　本章主要从两个方面介绍专题渲染技术原理、实现技巧及适用场景。首先是 SuperMap iClient for Flex 提供的各种服务端专题图，如单值、标签、等级符号、统计等，其次是客户端渲染技术，如客户端范围分段、第三方控件的统计专题图、热点图等。本章通过示例分析阐述了各种专题图的主要接口和开发思路。

第7章 栅格分析

按照处理的空间数据类型，GIS 的空间分析可以分为矢量数据分析和栅格数据分析。栅格数据结构简单、直观，利于计算机操作和处理，是 GIS 常用的空间基础数据格式。基于栅格数据的空间分析是 GIS 空间分析的重要基础。

本章主要讲解栅格分析的分类、应用场景、实现原理以及一些企业级开发时的注意事项。通过对一些有代表性的栅格分析案例进行分析，深入讲解栅格分析的开发技巧。

本章主要内容：

- 栅格数据基本概念及栅格分析的分类
- 表面分析功能的实现及主要接口
- 插值分析功能的实现及主要接口
- 栅格分析应用技巧

7.1 概　　述

SuperMap iServer Java 提供丰富的栅格分析功能，SuperMap iClient for Flex 对接 SuperMap iServer Java 栅格分析服务的 REST API，提供了简便灵活的接口，可以根据各种需求给出分析结果。本节对栅格数据集、栅格数据的空间表达以及 SuperMap iClient for Flex 支持的栅格分析类型进行详细介绍。

7.1.1 栅格数据集

将一个平面空间进行行和列的规则划分，形成有规律的网格，每个网格单元称为一个像元(也称为像素)。栅格数据结构实际上就是像元的阵列，像元是栅格数据最基本的信息存储单元，每个像元都有给定的属性值来表述地理实体或现实世界的某种现象。

SuperMap 支持的栅格数据集有 5 种：DEM 数据集、影像数据集、Grid 数据集、ECW 数据集和 MrSID 数据集。图 7-1 显示了 5 种类型的栅格数据集的显示格式。

其中，Raster_1 为 DEM 数据集，Raster_2 为影像数据集，Raster_3 为 Grid 数据集，QuickBird 和 Ikonos 分别为 ECW 和 MrSID 数据集。ECW 和 MrSID 数据集是 SuperMap 支持的两个外部文件形式的数据集。目前，SuperMap 对这两种数据集支持显示、与矢量数据集的转换以及出图等基本功能。虽然可以通过数据集的导入功能，将 ECW 和 MrSID 数据集导入成栅格数据集，但由于导入过程会花费很多的时间和占用较多的内存，所以不推荐使用，建议使用"新建数据集"的方式，创建 ECW 或 MrSID 文件的链接。影像数据集用来存储和显示遥感影像数据和图片等，在 SuperMap 中影像数据集应用的功能较 Grid 和

DEM 数据集要少，栅格分析中只有部分处理功能对影像数据集适用，例如重采样、栅格矢量转换等。

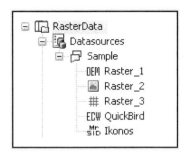

图 7-1　栅格数据集类型

DEM 和 Grid 数据集是参与 SuperMap 栅格分析的两类主要数据集。DEM 专门用来存储和显示数字高程模型(Digital Elevation Model，DEM)数据，Grid 中存储其他连续或离散类型数据。当需要对 ECW、MrSID 或遥感影像数据集应用栅格分析模块中的某些功能时，可通过"导入数据集"命令将其导入成栅格数据集，再进行相应的分析处理。

7.1.2　栅格数据的空间表达

栅格数据以像元为基本组成单元，每个像元都有一个属性值，而像元都具有一定的空间分辨率，即对应地表的一定范围的区域，因而像元值代表的是像元所覆盖的区域占主导的要素或现象。矢量数据可以精确描述单个要素，并以唯一的 ID 值识别单个要素；而栅格数据使用具有相同属性值的相连的像元集合来表达地理要素，虽然丢失了部分要素特征信息，每个要素没有唯一的 ID 值，却可以直观地表达要素之间的关系。点、线和多边形等要素在栅格中都有其特定的表示方法。

- 点：点在栅格数据结构中由一个像元表示(栅格的最小单位)，其数值与邻近网格值明显不同，如图 7-2 所示。点是没有面积的，但是点可以转换为表示区域的像元。因此，像元越小，所覆盖的面积越小，就越接近所表示的点要素。在进行矢量点到栅格点的转换时，当多个点落在同一个像元范围内时，系统会从中随机选择一个点作为该像元的值，所以生成的点栅格数据的要素数量可能会减少，而且当栅格的像元越大，损失的要素点数越多。

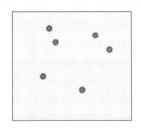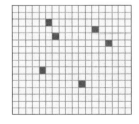

图 7-2　点在矢量和栅格中的表达

- 线：线在栅格数据中由一串彼此相连的像元表示，各个像元的值相同，但与邻域的值差异较大，如图 7-3 所示。值得注意的是，对角的像元也是相连的像元，所以一个像元上下左右以及对角上只有一个相连像元时，标识要素的断开，该像元是线段的一端。当矢量线转化为栅格线时，若多个线段都经过同一个像元，系统将随机选择一条线段的值赋予该像元。另外，像元的大小代表着线段的宽度。例如，当用栅格表示道路时，像元的大小为 30 米，则道路的宽度为 30 米。因此，线性要素转换为栅格时所选分辨率即像元的大小以接近于数据集中最细线段的宽度为宜。

图 7-3　线在矢量和栅格中的表达

- 多边形：多边形在栅格数据结构中由聚集在一起的相互连接的像元组成，多边形内部的像元值相同，但与邻域网格的值差异较大，如图 7-4 所示。栅格用于表示多边形时的精度与像元的大小有关，像元越小，描绘面所用的像元数越多，精度也就越高。在矢量多边形转换为栅格多边形的过程中，像元的值是取占据像元大部分面积的多边形要素的属性值。

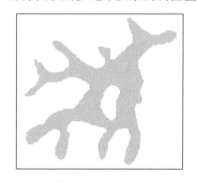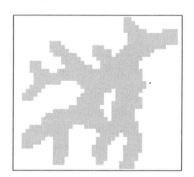

图 7-4　多边形在矢量和栅格中的表达

7.1.3　栅格分析类型

SuperMap iClient for Flex 提供的栅格分析功能包括两种：表面分析和插值分析。
- 表面分析
  表面分析是指通过对数据集或几何对象进行分析，能够挖掘原始数据包含的信息，使某些细节明显化，易于分析。表面分析的功能包括提取等值线和提取等值面。

● 插值分析

插值分析功能用于对离散的点数据进行插值得到栅格数据集。插值分析是将有限的采样点数据，通过插值对采样点周围的数值情况进行预测，从而掌握研究区域内数据的总体分布状况。采样的离散点不仅仅反映其所在位置的数值情况，而且可以反映区域的数值分布。插值方法主要有反距离加权插值法、克吕金插值法、径向基函数(RBF)插值法。

7.2 表 面 分 析

表面分析是指通过对数据集或几何对象进行分析，从中挖掘原始数据所包含的隐藏信息。SuperMap iClient for Flex 提供的表面分析包括提取等值线和提取等值面。

7.2.1 提取等值线

等值线是将相邻的、具有相同值的点连接起来的线。常用的等值线有等高线、等深线、等温线、等压线、等降水量线等。等值线的分布反映了栅格表面上值的变化，等值线分布越密集的地方，表示栅格表面值的变化比较剧烈。等值线分布较稀疏，表示栅格表面值的变化较小。通过提取等值线，可以找到高程、温度、降水等值相同的位置，同时等值线的分布状况也可以反映出变化的陡峭和平缓区。

SuperMap iClient for Flex 提供了两种分析方式，即数据集表面分析和几何对象表面分析。二者区别在于对等值线提取对象的指定方式不同，前者是指定数据集(包括栅格数据集、矢量数据集)和过滤条件参数，后者是指定几何对象参数。

本节将实现从全国平均气温采样点中提取等值线的功能。功能实现思路如下：首先定义表面分析参数设置类，包括重采样容限、光滑度、光滑方法、基准值、间隔等。其次定义数据集表面分析参数，包括数据集名称、中间值分辨率、Z 值、表面分析的类型等。最后通过 SurfaceAnalystService.processAsync()向服务端提交数据集表面分析的请求，待服务端成功处理并返回 SurfaceAnalystResult(表面分析服务结果)数据后对其解析，获得分析结果对象并将其在地图中展示，可让用户直观看到等温线图。

> 注意 本章示例数据请参考配套光盘\数据与程序\第 7 章\数据\spatialAnalyst.sxwu。拿到示例项目及数据后，请先发布数据，发布方法请参考 1.1.1 节。本节发布的地图资源 URL 为 http://localhost:8090/iserver/services/map-spatialAnalyst/rest/maps/SamplesP，栅 格 分 析 URL 为 http://localhost:8090/iserver/services/spatialAnalysis-spatialAnalyst/restjsr/spatialanalyst。

1. 接口说明

本节所用接口如表 7-1 所示。

表 7-1　表面分析参数接口及其功能说明

接　口	功能说明
SurfaceAnalystParameters.resolution:Number	获取或设置指定中间结果(栅格数据集)的分辨率
SurfaceAnalystParameters.surfaceAnalystMethod: String	获取或设置表面分析类型，包括等值线和等值面提取两种。默认值为 SurfaceAnalystMethod.ISOLINE (等值线提取)
SurfaceAnalystParametersSetting.clipRegion: GeoRegion	获取或设置裁剪面对象，如果不需要对操作结果进行裁剪，可以使用 null 值取代该参数
SurfaceAnalystParametersSetting.datumValue: Number	获取或设置等值线/面的基准值，默认值为 0
SurfaceAnalystParametersSetting.interval:Number	获取或设置等值距
SurfaceAnalystParametersSetting.resampleTolerance: Number	获取或设置重采样容限，默认值为 0
SurfaceAnalystParametersSetting.smoothMethod: String	获取或设置光滑处理所使用的方法，由 SmoothMethod 类定义。默认为 SmoothMethod.BSPLINE (B 样条法)
SurfaceAnalystParametersSetting.smoothness: Number	获取或设置等值线或等值面的边界线的光滑度
SurfaceAnalystMethod.ISOLINE: String	用以区分等值线/等值面提取。surfaceAnalystMethod 设置为此值时为等值线提取
SurfaceAnalystMethod.ISOREGION: String	用以区分等值线/等值面提取。surfaceAnalystMethod 设置为此值时为等值面提取
SmoothMethod.BSPLINE: String	B 样条法，等值线会以每四个控制点为单位进行光滑处理，经过第一个和第四个控制点，在第二和第三个控制点附近拟合
SurfaceAnalystService.processAsync()	根据表面分析服务地址与服务端完成异步通信，即发送分析参数并获取分析结果
SurfaceAnalystResult.recordset:Recordset	等值线提取分析的结果记录集

2. 示例程序

该示例程序主要讲解实现提取等值线功能的流程。

(1) 设置表面分析参数以及数据集表面分析参数，并提交请求。

Chapter7_1_IsoLineSurfaceAnalyst.mxml

```
private function dataSetSurface_clickHandler(event:MouseEvent):void
{
    //定义表面分析参数设置类，包括重采样容限、光滑度、光滑方法、基准值、间隔等
    var surfaceAnalystParamsSetting:SurfaceAnalystParametersSetting = new
```

```
SurfaceAnalystParametersSetting();
    surfaceAnalystParamsSetting.resampleTolerance = 0.7;
    surfaceAnalystParamsSetting.smoothMethod = SmoothMethod.BSPLINE;
    surfaceAnalystParamsSetting.datumValue = (Number)(this.basicValue.text);
    surfaceAnalystParamsSetting.interval = (Number)(this.distValue.text);
    surfaceAnalystParamsSetting.smoothness = 3;
        //定义数据集表面分析——等值线提取参数类，包括数据集名称、中间值分辨率、Z 值、表面
        //分析类型等
        var datasetSurfaceAnalystParameters:DatasetSurfaceAnalystParameters =
new DatasetSurfaceAnalystParameters();
        datasetSurfaceAnalystParameters.dataset = "SamplesP@Interpolation";
        datasetSurfaceAnalystParameters.resolution = 3000;
        datasetSurfaceAnalystParameters.zValueFieldName = "AVG_TMP";
        datasetSurfaceAnalystParameters.surfaceAnalystMethod =
SurfaceAnalystMethod.ISOLINE;
        datasetSurfaceAnalystParameters.surfaceAnalystParametersSetting =
surfaceAnalystParamsSetting;
        //执行表面分析——提取等值线
        var surfaceAnalystService:SurfaceAnalystService = new SurfaceAnalystService
(this.dataSetUrl);
        surfaceAnalystService.processAsync(datasetSurfaceAnalystParameters,
new AsyncResponder(processCompleted, excuteErros, null));
    }
```

(2) 将提取的等值线在地图上显示。

Chapter7_1_IsoLineSurfaceAnalyst.mxml

```
    private function processCompleted(result:SurfaceAnalystResult, mark:Object
= null):void
    {
        if(result.recordset.features.length != 0)
        {
            for each(var feature:Feature in result.recordset.features)
            {
                feature.style = new PredefinedLineStyle("solid", 0x0099ff, 1, 2);
                this.bufferLayer.addFeature(feature);
            }
        }
    }
```

(3) 异常处理。

Chapter7_1_IsoLineSurfaceAnalyst.mxml

```
//与服务端交互失败时调用的处理函数
private function excuteErrors(event:FaultEvent, mark:Object = null):void
{
    Alert.show("表面分析失败！"+ event.message);
}
```

(4) 效果展示，如图 7-5 所示。

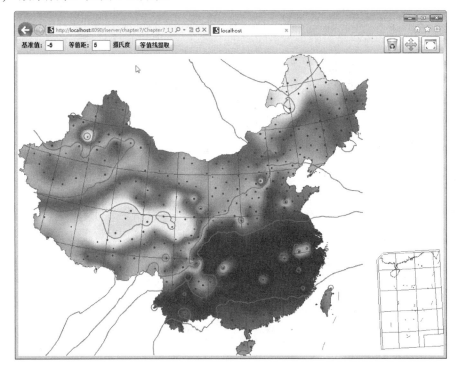

图 7-5　等值线提取

7.2.2　提取等值面

等值面是由相邻的等值线封闭组成的面。等值面的变化可以很直观地表示出相邻等值线之间的变化，诸如高程、降水、温度或大气压力等。通过提取等值面可以获得高程、降水、温度等值相同的位置。等值面分布的效果与等值线的相同，也反映了栅格表面的变化。

提取等值面的开发方法与提取等值线类似，此处就不再赘述。注意的是需要将SurfaceAnalystParameter 中的 SurfaceAnalystMethod 的值设为 SurfaceAnalystMethod.ISOREGION。

7.3　插　值　分　析

通过已知点或分区的数据，推求任意点或分区数据的方法称为空间数据的插值。插值分析是通过插值对有效的采样点周围的数据情况进行预测，进而掌握研究区域内数据的总体分布状况。对离散点数据进行插值能得到栅格数据集。目前 SuperMap iClient for Flex 支持 4 种插值方法，包括点密度插值、反距离加权插值、克吕金(Kriging)插值和样条(径向基函数，Radial Basis Function)插值。选用何种方法进行插值，通常取决于采样点数据的分布和要创建表面的类型。无论选择哪种插值方法，已知点的数据越多，分布越广，插值结果将越接近实际情况。

7.3.1　点密度插值

对点数据集进行点密度插值分析后，可以得到反映数据分布密度的栅格数据集。与其他插值方法不同的是，插值字段的含义为每个插值点在插值过程中的权重，插值结果反映的是原数据集数据点的分布密度。

> 注意　本节使用的差值分析服务为 SuperMap iServer Java 默认发布的服务。地址为 http://localhost:8090/iserver/services/spatialanalyst-sample/restjsr/spatialanalyst/datasets/ SamplesP@Interpolation，示例程序中使用的差值分析服务均为此地址。

1．接口说明

本节所用接口如表 7-2 所示。

表 7-2　插值分析参数接口及其功能说明

接　口	功能说明
InterpolationAnalystParameters: InterpolationAnalystParameters	插值分析参数基类
InterpolationAnalystParameters.bounds: Rectangle2D	用于确定结果栅格数据集的范围
InterpolationAnalystParameters.dataset: String	数据集标识
InterpolationAnalystParameters.filterQueryParameter: FilterParameter	属性过滤条件。对数据集中的点进行过滤，只有满足条件的点对象才参与分析
InterpolationAnalystParameters.maxReturnRecordCount: int	最大返回记录数
InterpolationAnalystParameters.outputDataset: String	指定结果数据集的名称
InterpolationAnalystParameters.outputDatasource: String	用于存放结果数据集的数据源
InterpolationAnalystParameters.pixelFormat: String	栅格数据类型，由 PixelFormat 枚举类定义
InterpolationAnalystParameters.resolution: Number	插值结果栅格数据集的分辨率，即一个像元所代表的实地距离
InterpolationAnalystParameters.searchRadius: Number	查找半径，即参与运算点的查找范围，与点数据集单位相同
InterpolationAnalystParameters.zvalueFieldName: String	存储用于插值分析的字段名称，插值分析不支持文本类型的字段
InterpolationAnalystService	插值分析服务类
InterpolationAnalystService.processAsync()	根据插值分析服务地址与服务端完成异步通信，即发送分析参数，并获取分析结果
InterpolationAnalystResult.dataset:String	结果数据集名称
InterpolationDensityAnalystParameters	点密度插值分析参数类

2．示例程序

SuperMap iClient for Flex 中点密度插值的具体用法如下。

Chapter7_3_DensityInterpolationAnalyst.mxml

```
//执行点密度插值分析
private function InterpolationDensity_clickHandler(event:MouseEvent):void
{
    currentStateTest ="插值分析中，请耐心等待……";
    //定义点密度插值分析参数设置类，包括插值的数据集、结果数据集、分辨率、插值字段等
    var interpolationDensityParams:InterpolationDensityAnalystParameters
= new InterpolationDensityAnalystParameters();
    interpolationDensityParams.dataset ="SamplesP@Interpolation";
    interpolationDensityParams.bounds =new Rectangle2D(-2640403.6321084504,
1873792.1034850003, 3247669.390292245, 5921501.395578556);
    interpolationDensityParams.outputDataset ="DensityResult";
    interpolationDensityParams.outputDatasource ="Interpolation";
    interpolationDensityParams.resolution =3000;
    interpolationDensityParams.searchRadius =0;
    interpolationDensityParams.pixelFormat =PixelFormat.BIT16;
    interpolationDensityParams.zValueFieldName ="AVG_TMP"
    //插值分析——点密度插值
    var interpolationService:InterpolationAnalystService= new
InterpolationAnalystService(spatialUrl);
    interpolationService.processAsync(interpolationDensityParams, new
AsyncResponder(processCompleted, excuteErrors, null));
}
```

7.3.2　反距离加权插值

反距离加权插值方法通过计算附近区域离散点群的平均值来估算单元格的值，从而生成栅格数据集。这是一种简单有效的数据内插方法，运算速度相对较快。反距离加权算法假设离预测点越近的值对预测点的影响越大，即预测某点的值时，其周围点的权值与到预测点的距离成反比。

1．接口说明

本节所用接口如表 7-3 所示。

表 7-3　反距离加权插值分析接口及其功能说明

接　口	功能说明
InterpolationIDWAnalystParameters	反距离加权插值分析参数类
InterpolationIDWAnalystParameters.expectedCount:int	固定点数查找方式下，设置待查找的点数，即参与插值运算的点数
InterpolationIDWAnalystParameters.power:int	距离权重计算的幂次。幂次越大，随距离的增大权值下降越快。默认值为 2

接　口	功能说明
InterpolationIDWAnalystParameters.searchMode: String	插值运算时，查找参与运算点的方式，支持固定点数查找、定长查找。必设参数
InterpolationIDWAnalystParameters.zValueScale: Number	用于进行插值分析的值的缩放比率，默认为 1

2. 示例程序

SuperMap iClient for Flex 中反距离加权插值的具体用法如下所示。

```
                    Chapter7_4_InterpolationAnalyst.mxml
//执行反距离加权插值分析
private function InterpolationIDW_clickHandler(event:MouseEvent):void
{
    currentStateTest ="插值分析中，请耐心等待……";
    //定义反距离加权插值分析参数类，包括插值的数据集、结果数据集、分辨率、插值字段
    var interpolationIDWParams:InterpolationIDWAnalystParameters =new
InterpolationIDWAnalystParameters()
    interpolationIDWParams.dataset ="SamplesP@Interpolation";
    interpolationIDWParams.bounds =new Rectangle2D(-2640403.6321084504,
1873792.1034850003, 3247669.390292245, 5921501.395578556);
    interpolationIDWParams.outputDataset ="IDWResult";
    interpolationIDWParams.outputDatasource ="Interpolation";
    interpolationIDWParams.resolution = 7923.84989108;
    interpolationIDWParams.searchMode ="KDTREE_FIXED_COUNT";
    interpolationIDWParams.searchRadius =0;
    interpolationIDWParams.pixelFormat =PixelFormat.DOUBLE;
    interpolationIDWParams.zValueFieldName ="AVG_TMP"
    //插值分析——反距离加权插值
    var interpolationService:InterpolationAnalystService= new
InterpolationAnalystService(spatialUrl);
    interpolationService.processAsync(interpolationIDWParams, new
AsyncResponder(processCompleted, excuteErrors, null));
}
```

7.3.3　克吕金(Kriging)插值

克吕金(Kriging)法为地质统计学上一种空间数据内插处理方法，主要用于利用各数据点间变异数(variance)的大小来推求某一未知点与各已知点的权重关系，再由各数据点的值和其余未知点的权重关系推求未知点的值。Kriging 法最大的特色不仅是提供一个具有最小估计误差的预测值，并且可明确指出误差值的大小。一般而言，许多地质参数，如地形面，本身具有连续性，因此在一段距离内的任两点必有空间上的关系。反之，在一不规则面上的两点若相距甚远，则在统计意义上可视为互为独立(stastically indepedent)。这种随距离而改变的空间上连续性，可用半变异图(semivariogram)来表现。

因此，若想由已知的散乱点来推求某一未知点的值，则可利用半变异图推求各已知点与未知点的空间关系，即图 7-6 中的各个参数。由此空间参数推求半变异数，由各数据点间的半变异数可推求未知点与已知点间的权重关系，进而推求出未知点的值。

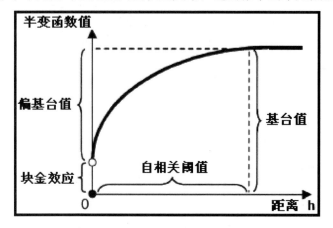

图 7-6　半变异图

- 块金值(nugget)：当采样点间距为 0 时，理论上半变异函数值为 0，但时间上两采样点非常接近时半变异函数值并不为 0，即产生了图 7-6 所示的块金效应，对应的半变异函数值为块金值。块金值可能由于测量误差或者空间变异产生。

- 基台值(sill)：随着采样点间距的不断增大，半变异函数的值趋向一个稳定的常数，该常数成为基台值。到达基台值后，半变异函数的值不再随采样点间距而改变，即大于此间距的采样点不再具有空间相关性。

- 偏基台值：基台值与块金值的差值。

- 自相关阈值(range)：也称变程，是半变异函数值达到基台值时，采样点的间距。超过自相关阈值的采样点不再具有空间相关性，将不对预测结果产生影响。

由上述可知，半变异函数是克吕金插值的关键，因此选择合适的半变异函数模型非常重要。SuperMap 提供了以下三种半变异函数模型。

- 指数型(EXPONENTIAL)：适用于空间相关关系随样本间距的增加成指数递减的情况，其空间自相关关系在样本间距的无穷远处完全消失。

- 球型(SPHERICAL)：适用于空间自相关关系随样本间距的增加而逐渐减少，直到超出一定的距离时空间自相关关系消失的情况。

- 高斯型(GAUSSIAN)：适用于半变异函数值渐进地逼近基台值的情况。

半变异函数中有一个关键参数，即插值的字段值的数学期望(平均值)，对于此参数的不同处理方法衍生出了不同的 Kriging 方法。SuperMap 的插值功能基于以下三种常用 Kriging 算法。

- 简单克吕金(Simple Kriging)：该方法假定用于插值的字段值的数学期望(平均值)是已知的某一常数。

- 普通克吕金(Kriging)：该方法假定用于插值的字段值的数学期望(平均值)未知且恒定。它利用一定的数学函数，通过对给定的空间点进行拟合来估算单元格的值，生成格网数据集。它不仅可以生成一个表面，还可以给出预测结果的精度或者确定性的度量。因此，此方法计算精度较高，常用于地质学领域。

- 泛克吕金(Universal Kriging)：该方法假定用于插值的字段值的数学期望(平均值)是未知的变量。在样点数据中存在某种主导趋势且该趋势可以通过某一个确定的函数或者多项式进行拟合的情况下，适用泛克吕金插值法。

克吕金法的优点是以空间统计学作为其坚实的理论基础，物理含义明确，不但能估计测定参数的空间变异分布，而且还可以估算参数的方差分布。克吕金法的缺点是计算步骤较繁琐，计算量大，且变异函数有时需要根据经验人为选定。

1．接口说明

本节所用接口如表 7-4 所示。

表 7-4　克吕金插值分析接口及其功能说明

接　口	功能说明
InterpolationKrigingAnalystParameters	克吕金插值分析参数类
InterpolationKrigingAnalystParameters.angle: Number	克吕金算法中旋转角度值。默认值为 0
InterpolationKrigingAnalystParameters.expectedCount: int	固定点数查找方式下，设置待查找的点数，默认为 12；定长查找方式下，设置查找的最小点数，默认为 12
InterpolationKrigingAnalystParameters.exponent: String	泛克吕金类型下，用于插值的样点数据中趋势面方程的阶数，可选值为 exp1 或 exp2，默认为 exp1
InterpolationKrigingAnalystParameters.maxPointCountForInterpolation: int	块查找方式下，设置最多参与插值的点数，默认为 200
InterpolationKrigingAnalystParameters.maxPointCountInNode: int	块查找方式下，设置单个块内最多参与运算点数，默认为 50
InterpolationKrigingAnalystParameters.mean: Number	简单克吕金类型下，插值字段的平均值
InterpolationKrigingAnalystParameters.nugget: Number	克吕金算法中块金效应值，默认值为 0
InterpolationKrigingAnalystParameters.range: Number	克吕金算法中自相关阈值，单位与原数据集单位相同，默认值为 0
InterpolationKrigingAnalystParameters.searchMode: String	插值运算时，查找参与运算点的方式，有固定点数查找、定长查找和块查找。必设参数
InterpolationKrigingAnalystParameters.sill: Number	克吕金算法中基台值，默认值为 0
InterpolationKrigingAnalystParameters.type: String	克吕金插值的类型，必设参数

续表

接　　口	功能说明
InterpolationKrigingAnalystParameters.variogramMode: String	克吕金插值时的半变异函数类型，默认为球型(SPHERICAL)
InterpolationKrigingAnalystParameters.zValueScale: Number	用于进行插值分析的值的缩放比率，默认为1

2．示例程序

SuperMap iClient for Flex 中克吕金插值的具体用法如下所示，以简单克吕金插值为例。

Chapter7_4_InterpolationAnalyst.mxml

```
//执行简单克吕金插值分析
private function InterpolationSimpleKriging_clickHandler(event:MouseEvent):void
{
    currentStateTest ="插值分析中，请耐心等待……";
    //定义克吕金插值分析参数类，包括插值的数据集、结果数据集、分辨率、插值字段、参与查
    //找运算点的方式等
    var interpolationKrigingParams:InterpolationKrigingAnalystParameters
=new InterpolationKrigingAnalystParameters();
    interpolationKrigingParams.dataset ="SamplesP@Interpolation";
    interpolationKrigingParams.bounds =new Rectangle2D(-2640403.6321084504,
1873792.1034850003, 3247669.390292245, 5921501.395578556);
    interpolationKrigingParams.outputDataset ="SimpleKrigingResult";
    interpolationKrigingParams.outputDatasource ="Interpolation";
    interpolationKrigingParams.type ="SimpleKriging";
    interpolationKrigingParams.searchMode ="KDTREE_FIXED_COUNT";
    interpolationKrigingParams.pixelFormat ="BIT16";
    interpolationKrigingParams.searchRadius =0;
    interpolationKrigingParams.mean =11.6005;
    interpolationKrigingParams.zValueFieldName ="AVG_TMP";
    interpolationKrigingParams.resolution =4000;
    //插值分析——简单克吕金插值
    var interpolationService:InterpolationAnalystService =new
InterpolationAnalystService(spatialUrl);
    interpolationService.processAsync(interpolationKrigingParams,new
AsyncResponder(processCompleted,excuteErrors,null));
}
```

7.3.4　样条插值

样条插值(径向基函数插值法)是使用径向基函数进行曲面逼近的一种方法。该方法假设变化是平滑的，它有两个特性：(1)表面必须精确通过采样点；(2)表面必须有最小曲率。样条插值在利用大量采样点创建有视觉要求的平滑表面时具有优势，但很难对误差进行评估，如采样点在较短的水平距离内表面值发生急剧变化，或存在测量误差及具有不确定性

时，不适合使用此算法。

1. 接口说明

本节所用接口如表 7-5 所示。

表 7-5　样条插值分析接口及其功能说明

接　口	功能说明
InterpolationRBFAnalystParameters	样条插值分析参数类
InterpolationRBFAnalystParameters.expectedCount: int	固定点数查找方式下，设置参与插值运算的点数
InterpolationRBFAnalystParameters.maxPointForInterpolation: int	块查找方式下，设置最多参与插值的点数，默认为 200
InterpolationRBFAnalystParameters.maxPointCountInNode: int	块查找方式下，设置单个块内最多参与运算的点数，默认为 50
InterpolationRBFAnalystParameters.searchMode: String	插值运算时，查找参与运算点的方式，有固定点数查找、定长查找和块查找。必设参数
InterpolationRBFAnalystParameters.smooth: Number	光滑系数，该值表示插值函数曲线与点的逼近程度，值域为 0 到 1，默认值约为 0.1
InterpolationRBFAnalystParameters.tension: Number	张力系数，用于调整结果栅格数据表面的特性，默认为 40
InterpolationKrigingAnalystParameters.zValueScale: Number	用于进行插值分析的值的缩放比率，默认为 1

2. 示例程序

```
Chapter7_4_InterpolationAnalyst.mxml
```

```
//执行样条插值分析
private function InterpolationRBF_clickHandler(event:MouseEvent):void
{
    currentStateTest ="插值分析中，请耐心等待……";
    //定义样条插值分析参数类，包括插值的数据集、结果数据集、分辨率、插值字段等
    var interpolationRBFParams:InterpolationRBFAnalystParameters =new
InterpolationRBFAnalystParameters();
    interpolationRBFParams.dataset ="SamplesP@Interpolation";
    interpolationRBFParams.bounds =new Rectangle2D(-2640403.6321084504,
1873792.1034850003, 3247669.390292245, 5921501.395578556);
    interpolationRBFParams.outputDataset ="RBFResult";
    interpolationRBFParams.outputDatasource ="Interpolation";
    interpolationRBFParams.pixelFormat =PixelFormat.DOUBLE;
    interpolationRBFParams.searchMode ="KDTREE_FIXED_COUNT";
```

```
        interpolationRBFParams.searchRadius =0;
        interpolationRBFParams.zValueFieldName ="AVG_TMP";
        interpolationRBFParams.resolution =4000;
        //插值分析——样条插值
    var interpolationService:InterpolationAnalystService =new
InterpolationAnalystService(spatialUrl);
        interpolationService.processAsync(interpolationRBFParams,new
AsyncResponder(processCompleted,excuteErrors,null));
    }
```

7.3.5　插值分析结果的展示

目前，SuperMap iClient for Flex 提供的插值分析只返回数据集，没有返回记录集，不能像表面分析那样将返回的 feature 信息加到图层进行显示，而是将返回的数据集发布到临时图层，然后制作栅格专题图。目前提供的栅格专题图类型有栅格单值专题图与栅格分段专题图。本章的示例程序采用的是后者。

制作栅格专题图

以栅格分段专题图为例，首先按插值分析的字段进行分段，分段的原则是：分的段数越多，得到的结果越平滑。但也不是越多越好，读者可根据实际情况跟执行效率来选择最合适的段数。本章示例程序中按照插值字段 AVG_TMP(平均温度)平均分成 20 段，分别赋值一组渐变的 color 值来体现插值后的效果。

利用生成的插值数据制作范围分段专题图并进行显示的部分代码如下。

Chapter7_4_InterpolationAnalyst.mxml

```
//分析成功,利用生成的插值数据制作范围分段专题图
Private function processCompleted(result:InterpolationAnalystResult,
mark:Object = null):void
    {
        var items1:ThemeGridRangeItem = new ThemeGridRangeItem();
        items1.start =-5;
        items1.end =-3.4;
        items1.color = new ServerColor(170,240,233);
        var items2:ThemeGridRangeItem =new ThemeGridRangeItem();
        items2.start =-3.4;
        items2.end =-1.8;
        items2.color =new ServerColor(176,243,196);
        var items3:ThemeGridRangeItem =new ThemeGridRangeItem();
        items3.start =-1.8;
        items3.end =-0.2;
        items3.color =new ServerColor(198,249,178);
        var items4:ThemeGridRangeItem =new ThemeGridRangeItem();
        items4.start =-0.2;
        items4.end =1.4;
        items4.color =new ServerColor(235,249,174);
```

```
var items5:ThemeGridRangeItem =new ThemeGridRangeItem();
items5.start =1.4;
items5.end =3;
items5.color =new ServerColor(188,224,123);
var items6:ThemeGridRangeItem =new ThemeGridRangeItem();
items6.start =3;
items6.end =4.6;
items6.color =new ServerColor(88,185,63);
var items7:ThemeGridRangeItem =new ThemeGridRangeItem();
items7.start =4.6;
items7.end =6.2;
items7.color =new ServerColor(25,147,52);
var items8:ThemeGridRangeItem =new ThemeGridRangeItem();
items8.start =6.2;
items8.end =7.8;
items8.color =new ServerColor(54,138,58);
var items9:ThemeGridRangeItem =new ThemeGridRangeItem();
items9.start =7.8;
items9.end =9.4;
items9.color =new ServerColor(131,158,47);
var items10:ThemeGridRangeItem =new ThemeGridRangeItem();
items10.start =9.4;
items10.end =11;
items10.color =new ServerColor(201,174,28);
var items11:ThemeGridRangeItem =new ThemeGridRangeItem();
items11.start =11;
items11.end =12.6;
items11.color =new ServerColor(232,154,7);
var items12:ThemeGridRangeItem =new ThemeGridRangeItem();
items12.start =12.6;
items12.end =14.2;
items12.color =new ServerColor(204,91,2);
var items13:ThemeGridRangeItem =new ThemeGridRangeItem();
items13.start =14.2;
items13.end =15.8;
items13.color =new ServerColor(174,54,1);
var items14:ThemeGridRangeItem =new ThemeGridRangeItem();
items14.start =15.8;
items14.end =17.4;
items14.color =new ServerColor(127,13,1);
var items15:ThemeGridRangeItem =new ThemeGridRangeItem();
items15.start =17.4;
items15.end =19;
items15.color =new ServerColor(115,23,6);
var items16:ThemeGridRangeItem =new ThemeGridRangeItem();
items16.start =19;
items16.end =20.6;
items16.color =new ServerColor(111,36,8);
var items17:ThemeGridRangeItem =new ThemeGridRangeItem();
```

```
        items17.start =20.6;
        items17.end =22.2;
        items17.color =new ServerColor(107,47,14);
        var items18:ThemeGridRangeItem =new ThemeGridRangeItem();
        items18.start =22.2;
        items18.end =23.8;
        items18.color =new ServerColor(125,75,44);
        var items19:ThemeGridRangeItem =new ThemeGridRangeItem();
        items19.start =23.8;
        items19.end =25.4;
        items19.color =new ServerColor(146,110,88);
        var items20:ThemeGridRangeItem =new ThemeGridRangeItem();
        items20.start =25.4;
        items20.end =27;
        items20.color =new ServerColor(166,153,146);
        var themeGridRange:ThemeGridRange =new ThemeGridRange();
        themeGridRange.rangeMode = RangeMode.EQUALINTERVAL;
        themeGridRange.reverseColor =false;
        themeGridRange.items=[items1,items2,items3,items4,items5,items6,items7,
items8,items9,items10,items11,items12,items13,items14,items15,items16,items17,
items18,items19,items20];
        var parameter:ThemeParameters =new ThemeParameters();
        parameter.datasetNames =[result.dataset.split('@')[0]];
        parameter.dataSourceNames =["Interpolation"];
        parameter.themes =[themeGridRange];
        var themeService:ThemeService = new ThemeService(mapUrl);
    themeService.processAsync(parameter,new
AsyncResponder(themeDisplay,themeFault,null));
    }
    //展示插值分析专题图
    Private function themeDisplay(themeResult:ThemeResult,mark:Object):void
    {
        if(themeLayer)
        {
            map.removeLayer(themeLayer);
        }
    themeLayer =new TiledDynamicRESTLayer();
        themeLayer.url =mapUrl;
        layerid = themeResult.resourceInfo.newResourceID;
        themeLayer.layersID =layerid;
        themeLayer.transparent =true;
        themeLayer.enableServerCaching =false;
        map.addLayer(themeLayer);
        currentStateTest ="插值分析完毕";
    }
```

结果展示以反距离加权插值分析为例，如图 7-7 所示。

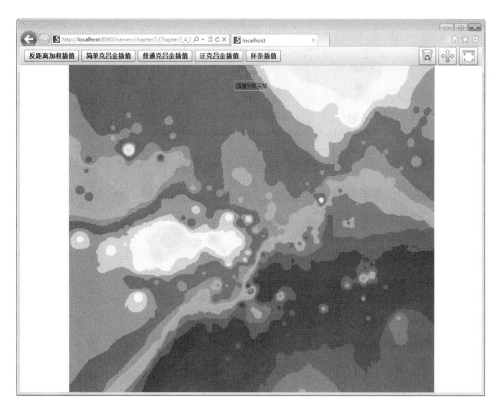

图 7-7　插值分析结果展示

✍提示　目前，示例代码中所选用的插值范围为当前地图图层的地理范围。

7.4　快 速 参 考

目　标	内　容
栅格分析基础 知识	SuperMap iClient for Flex 中提供的栅格数据集类型有 DEM 数据集、影像数据集、Grid 数据集、ECW 数据集和 MrSID 数据集。 点、线、多边形分别有其特定的栅格数据的空间表达方式。 SuperMap iClient for Flex 提供的栅格分析功能包括表面分析和插值分析
表面分析	SuperMap iClient for Flex 提供的表面分析包括：等值线分析和等值面分析。 功能实现思路如下：(1)定义表面分析参数设置类；(2)定义数据集表面分析参数；(3)通过 SurfaceAnalystService.processAsync()向服务端提交数据集表面分析的请求；(4)待服务端成功处理并返回 SurfaceAnalystResult 数据后对其解析并将其在地图中展示
插值分析	SuperMap iClient for Flex 提供的插值分析包括点密度插值、反距离加权插值、克吕金插值、样条插值等。 功能实现思路如下：(1)对点数据集进行插值，得到插值后的栅格数据集；(2)将得到的数据集发布到临时图层，制作栅格专题图并在客户端进行展示

7.5　本　章　小　结

　　本章主要讲述了如何使用SuperMap iClient for Flex 提供的栅格分析接口获取SuperMap iServer Java 栅格分析 REST 服务，主要包括提取等值线、提取等值面以及 4 种插值分析，并通过示例程序阐述了各种栅格分析的主要接口和开发思路。

第8章 交通网络分析

交通网络分析是通过一定的方法，评价网络特征的区位特性及特征之间的相互关系，并分析个体在交通网络中一定时间内可能的活动范围。进行交通网络分析的本质就是在网络模型的基础上通过分析来解决实际问题。

本章主要讲解交通网络分析的分类、应用场景、实现原理以及一些企业级开发时的注意事项；通过对具有代表性的交通网络分析案例进行分析，深入讲解这些交通网络分析的开发技巧。

本章主要内容：

- 交通网络分析的基本概念及服务类型介绍
- 最佳路径分析功能的实现及主要接口
- 最近设施分析功能的实现及主要接口
- 旅行商分析功能的实现及主要接口
- 网络分析应用技巧

8.1 概　　述

SuperMap iServer Java 软件具有十分强大且丰富的交通网络分析服务，使用 SuperMap iClient for Flex 提供的交通网络分析模块接口，读者可以通过简便的操作来实现对交通网络分析服务的访问，获取对应的分析结果。本节将对网络数据集、网络分析的类型进行详细介绍。

8.1.1 网络数据集

网络数据集非常适合构建交通网。它们将待分析事物抽象为点和线，然后利用网络数据模型赋予抽象的点和线一定的拓扑关系，从而模拟现实世界里相应事物间的位置关系。SuperMap iClient for Flex 网络分析始终在网络数据集中进行。本节将对网络数据集中的基本概念以及如何建立网络数据集进行介绍。

1. 网络数据集相关基本概念

网络数据集不仅具有一般网络的弧段与结点间的抽象拓扑关系(拓扑关系是地理对象在空间位置上的相互关系，如结点与线、线与面之间的连接关系)，还具有 GIS 空间数据的几何定位特征和地理属性特征。下面主要介绍网络数据集的基本概念。图 8-1 是网络示意图。

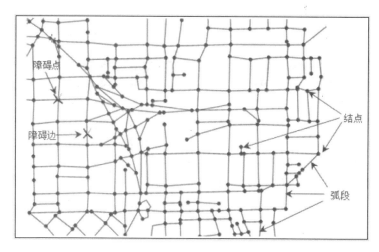

图 8-1　网络示意图

- 弧段(Arc)

弧段就是网络中的一条边，弧段通过结点和其他的弧段相连接，如图 8-1 所示。弧段可用于表示现实世界运输网络中的高速路、铁路，电网中的传输线和人文网络中的河流等。弧段之间的相互联系是具有拓扑结构的。

- 结点(Node)

结点是网络中弧段相连接的地方，如图 8-1 所示。结点可以表示现实中的道路交叉口、河流交汇点等要素。结点和弧段各自对应一个属性，它们的邻接关系通过属性表的字段来关联。

- 网络(Network)

网络是由一组互相关联的弧段、结点和它们的属性所组成的模型，如图 8-1 所示。网络用于表达现实世界中的道路、管线等事物。若要模拟现实中的供给、需求、中心点等事物，还需定义一些要素，如网络阻力、中心点、障碍点/边及转向表。

- 网络阻力(Impendency)

现实生活中，从起点出发，经过一系列的道路和路口抵达目的地，必然需要一定的花费。这个花费可以用路程、时间、货币等来度量，在网络模型上，把通过结点或弧段的花费抽象成网络阻力，属性表中存储阻力值的字段称为阻力字段。

- 中心点(Center)

中心点是指网络中具有接收或提供资源的能力，且位于结点处的离散设施。设施是指在 GIS 中需要的物质、资源、信息、管理和文化环境等。例如零售仓储点，贮存了零售点所需要的货物，每天需要向各零售点配送发货；学校里有教育资源，学生必须到校学习。中心点的本质是网络上的结点。

- 障碍点和障碍边(Barrier Node and Barrier Edge)

城市中的交通堵塞、道路维修、交通管制等临时性交通问题随处可见，且不可提前预知，是个随机的动态变化的过程。为了实时地反映交通网络的现状，需要让被交通堵塞的弧段具有暂时性的禁行特性，同时在交通恢复正常后，弧段属性也能实时恢复正常。为此提出了障碍点(Barrier Node)、障碍边(Barrier Edge)的概念。障碍点/边引进的好处是它们在设置前后与现有的网络环境参数无关，具有相对独立的特性。

- 转向表(Turn Table)

转向是从一个弧段经过中间结点抵达另外一个邻接弧段的过程。转弯耗费是完成转弯所需要的花费。转向表用来储存转弯耗费值。转向表必须列出每个十字路口所有可能的转弯，一般有起始弧段字段(FromArcID)、终止弧段字段(ToArcID)、结点标识字段(NodeID)和花费字段(Cost)4 个字段，这些字段和弧段、结点中的字段相关联；表中的每条记录表示一种通过路口的方式所需要的弧段耗费。转弯耗费通常是有方向性的，转弯的负耗费值一般代表禁止转弯。例如，在对道路进行网络分析的时候，经常会遇到十字路口，如图 8-2 所示，图中左侧为一个十字路口的示意图，右面的表格即为该十字路口所对应的转向表，转向表中记录了该十字路口处车辆的转向和转弯所需的耗费等信息。

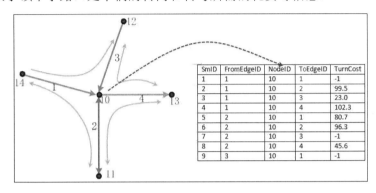

图 8-2　转向表

2．如何建立网络数据集

交通网络分析的前提是发布的 GIS 数据中必须带有网络数据集。网络数据集一般使用 SuperMap 桌面软件创建。以 SuperMap Deskpro .NET 为例，打开原始数据，使用"数据"选项卡中的"拓扑构网"功能。该方法可以基于给定的线数据集建立网络数据集，同时进行适当的拓扑处理，生成网络数据集。

本章使用数据为 SuperMap iServer Java 自带范例数据，位于 SuperMap iServer Java 安装目录\samples\data\NetworkAnalyst\Changchun.sxwu。该工作空间中有一幅"长春市区图"。其中所用道路网数据 Roadnet 是在 SuperMap Deskpro .NET 中由道路线数据集 RoadNet_Line 拓扑处理而成的。

> 注意　本章使用的网络分析服务为 SuperMap iServer Java 默认发布的服务。地址为 http://localhost:8090/iserver/services/transportationanalyst-sample/rest/networkanalyst/ RoadNet@Changchun，示例程序中使用的网络分析服务均为此地址。

8.1.2　网络分析的类型

SuperMap iClient for Flex 提供了对接 SuperMap iServer Java 交通网络分析 REST 服务的接口，包括最佳路径分析、旅行商分析、多旅行商分析、服务区分析、最近设施分析、

选址分区分析等。这些分析方法在现实世界中都有广泛的应用。

- 最佳路径分析

最佳路径分析，是求解在网络数据集中，给定 N 个点(N 大于等于 2)，找出按照给定点的次序依次经过这 N 个点的阻抗最小的路径。"阻抗最小"有多种理解，如时间最短、费用最低、风景最好、路况最佳、过桥最少、收费站最少、经过乡村最多等。例如：消防车需要了解从消防站到事发地点走哪条路用时最短，这就需要用到最佳路径分析。

- 旅行商分析

旅行商分析是查找经过指定的一系列点的路径。旅行商分析是无序的路径分析。旅行商可以自己决定访问结点的顺序，目标是旅行路线阻抗总和最小(或接近最小)。例如：快递公司每天送大量的包裹到各个目的地，配送员想知道选择哪条路线能把包裹全部送出而且走的距离最短，这就需要用到旅行商分析。

- 多旅行商分析

多旅行商分析也称为物流配送分析，是指在网络数据集中，给定 M 个配送中心点和 N 个配送目的地(M、N 为大于零的整数)，查找经济有效的配送路径，并给出相应的行走路线。例如：某城区的一家快餐店有 M 个连锁店，有 N 个不同位置的顾客叫了外卖，总调度师必须指导各连锁店配送员按照最优次序对各自的外卖进行配送，这就需要物流配送分析。

- 服务区分析

服务区分析是为网络上指定的服务中心点查找其服务范围。例如：某市想建立一个邮局，则需要用到服务区分析功能，对附近邮局的服务范围进行分析，从而为确定邮局的最佳位置提供参考。

- 最近设施分析

最近设施分析是指在网络上给定一个事件点和一组设施点，为事件点查找以最小耗费能到达的一个或几个设施点，结果是从事件点到设施点(或从设施点到事件点)的最佳路径。例如 110 接到报案，需要派离事发地点最近的巡逻车前去处理，这就需要最近设施分析。

- 选址分区分析

选址分区分析是为了确定一个或多个待建设施的最佳或最优位置，使得设施可以用一种最经济有效的方式为需求方提供服务或者商品。选址分区不仅仅是一个选址过程，还需将需求点的需求分配到相应的新建设施的服务区中，因此称为选址与分区。例如某商业银行需要在某城市内新增几家分支机构，以便满足客户日常金融业的需求。需要覆盖城市100%区域，城市的每一个角落到达该银行的任一分支机构都不超过 3000 米的路程。现已有 5 家支行，那么至少新建几家分支机构才能满足需求？选址在哪里最合适？这就需要用到选址分区分析。

8.2　最佳路径分析

最佳路径分析表示根据要求的阻抗查找最快、最短甚至是景色最优美的路径。如果阻抗是时间，则最佳路径即为最快的路径。因此，最佳路径也可定义为阻抗最低的路径。本节利用长春市区图中的网络数据集，以距离为阻抗，分析长春市区中的儿童公园到南湖公园的最佳路径。

本节功能实现思路如下：(1)通过绘制获得起点和终点作为分析站点(也可以通过查询获得)；(2)设置最佳路径分析参数 FindPathParameters，包括交通网络分析通用参数、途经站点等；(3)通过 FindPathService.processAsync()方法向服务端提交最佳路径分析的请求，待服务端成功处理并返回最佳路径分析结果 FindPathResult 后对其进行解析，将行驶路线在地图中展现出来并给出行驶导引信息。

8.2.1 接口说明

本节所用接口如表 8-1 所示。

表 8-1　最佳路径分析接口及其功能说明

接　口	功能说明
TransportationAnalystParameter	交通网络分析通用参数
TransportationAnalystParameter.barrierEdgeIDs:Array	网络分析中障碍弧段的 ID 数组
TransportationAnalystParameter.barrierNodeIDs:Array	网络分析中障碍点的 ID 数组
TransportationAnalystParameter.barrierPoints:Array	网络分析中 Point2D 类型的障碍点数组
TransportationAnalystParameter.turnWeightField:String	转向权值字段的名称
TransportationAnalystParameter.weightFieldName:String	权值字段(也称作耗费字段、阻力字段)名称，标识了进行网络分析时所使用的权值字段
TransportationAnalystParameter.resultSetting: TransportationAnalystResultSetting	设置分析结果的返回内容
TransportationAnalystResultSetting.returnEdgeFeatures: Boolean	获取或设置分析结果中是否包含弧段要素集合
TransportationAnalystResultSetting.returnEdgeGeometry: Boolean	获取或设置分析结果的弧段集合中是否包含弧段的几何信息
TransportationAnalystResultSetting.returnEdgeIDs: Boolean	获取或设置分析结果中是否包含途经弧段的 ID 集合
TransportationAnalystResultSetting.returnNodeFeatures: Boolean	获取或设置分析结果中是否包含结点要素集合
TransportationAnalystResultSetting.returnNodeGeometry: Boolean	获取或设置分析结果中的结点要素集合中是否包含各结点的几何信息
TransportationAnalystResultSetting.returnNodeIDs: Boolean	获取或设置分析结果中是否包含途经结点的 ID 集合
TransportationAnalystResultSetting.returnPathGuides: Boolean	获取或设置分析结果中是否包含行驶导引集合
TransportationAnalystResultSetting.returnRoutes: Boolean	获取或设置分析结果中是否包含路由对象的集合
FindPathParameters.nodes:Array	进行最佳路径分析的点集合，必设字段

续表

接 口	功能说明
FindPathParameters.parameter: TransportationAnalystParameter	交通网络分析通用参数
FindPathParameters.hasLeastEdgeCount:Boolean	是否返回弧段数最少的路径
FindPathParameters.isAnalyzeById:Boolean	获取或设置最佳路径分析途经的结点(node)是否以 ID 的形式设置
FindPathService.processAsync()	根据服务地址与 SuperMap iServer Java 服务端完成异步通信,提交进行最佳路径分析的请求参数
FindPathResult.pathList:Array	获取交通网络分析结果路径数组,其中包括路径途经的结点、弧段,该路径的路由、行驶导引、耗费等信息
Path.pathGuideItems:Array	行驶导引数组。其中每个对象为一个行驶导引子项 PathGuideItem
PathGuideItem.description: String	行驶导引子项描述
Path.route: Route	分析结果对应的路由对象 Route
Route.partCount:int	路由对应的几何线对象中的子对象个数
Route.parts:Array	路由对应的几何线对象的子对象集合
Route.length:Number	路由对象的长度,单位与数据集的单位相同

8.2.2 示例程序

该示例程序讲解进行最佳路径分析的流程。

(1) 设置最佳路径分析参数 findPathParameters,并提交请求。

```
                    Chapter8_1_FindPath.mxml
// 定义交通网络分析参数
private function excuteFindPathService():void
{
// 定义交通网络分析结果参数, 这些参数用于指定返回的结果内容
var resultSetting:TransportationAnalystResultSetting =
new TransportationAnalystResultSetting();
resultSetting.returnEdgeFeatures = true;
resultSetting.returnEdgeGeometry = true;
resultSetting.returnPathGuides = true;
resultSetting.returnRoutes = true;
    //定义交通网络分析通用参数
    var pathParameter:TransportationAnalystParameter =
new TransportationAnalystParameter();
    pathParameter.resultSetting = resultSetting;
    pathParameter.turnWeightField = "TurnCost";
```

```
        pathParameter.weightFieldName = "length";
        //定义最佳路径分析参数
        var findPathParameters:FindPathParameters = new FindPathParameters();
        findPathParameters.nodes = this.pathNodes;
        findPathParameters.isAnalyzeById = false;
        findPathParameters.parameter = pathParameter;
        //执行最佳路径分析
        var findPathService:FindPathService =
    new FindPathService(this.netWorkAnalystUrl);
    findPathService.processAsync(findPathParameters,new
AsyncResponder(this.displayNetworkAnalystResult,excuteErros, null));
    }
```

(2) 显示最佳路径分析结果。

Chapter8_1_FindPath.mxml

```
//显示查询结果
private function
 displayNetworkAnalystResult(findPathResult:FindPathResult, mark:Object =
null):void
    {
        if(findPathResult.pathList == null)
        {
            Alert.show("查询结果为空", "抱歉", 4, this);
            return;
        }
        var pathList:Array = findPathResult.pathList;
        if(pathList && pathList.length > 0)
        {
            var style:PredefinedLineStyle =
    new PredefinedLineStyle(PredefinedLineStyle.SYMBOL_SOLID, 0x3f7dee, 0.7, 5);
            var pathListLength:int = pathList.length;
            var temp:String ="";
            for(var i:int = 0; i < pathListLength; i++)
            {
                var feature:Feature = new Feature();
                var geoLine:GeoLine = new GeoLine();
                geoLine.parts = (pathList[i] as Path).route.parts;
                feature.geometry = geoLine;
                feature.style = style;
                //将路由对应的对象添加至要素图层进行展现
                this.fl.addFeature(feature);
                //最佳路径分析结果路径
                var path:Path =pathList[i] as Path;
                temp += "全程约" + String(((((pathList[i] as Path).route.length)
/1000).toFixed(2)) +"公里，从起点出发, ";
                for (var j:int =1;j<path.pathGuideItems.length -1;j++)
                {
                    var pathGuideItem:PathGuideItem =path.pathGuideItems[j] as
PathGuideItem;
                    temp +=pathGuideItem.description +",";
```

```
        }
         temp += "到达终点。";
        //将驾车行驶导引输出至文本框中
        PathGuideArea.text =temp;
        this.resultWindow.visible =true;
        }
    }
    this.pathNodes = [];
}
```

(3) 异常处理。

```
//与服务端交互失败时调用的处理函数
private function excuteErrors(event:FaultEvent, mark:Object = null):void
{
Alert.show("最佳路径分析失败！"+ event.message);
}
```

(4) 效果展示，如图 8-3 所示。

图 8-3　最佳路径分析

注意　(1)　最佳路径分析结果中一般只有一条结果路径，当有阻力相同的路径时也会出现多个路径结果。

(2) 本章范例只列出关键示意性代码，详细代码请参考配套光盘\数据与程序\第 8 章\程序。

(3) 最佳路径分析完成后，注意清空分析站点数组，避免出现后续分析结果不准确的情况。

8.3 最近设施分析

最近设施分析用于为一个事件点查找以最小耗费能到达的一个或多个设施点，结果显示从设施点到事件点(或从事件点到设施点)的最佳路径。设施点一般为学校、超市、加油站等服务设施，事件点为需要服务设施的事件位置。最近设施查找实际上也是一种路径分析，因此对路径分析起作用的障碍边、障碍点、转向表、耗费等属性在最近设施分析时同样可以设置。另外，还可以设置搜索范围，超过该范围将不再进行查找。

本节实现的功能是获得距离事件点最近的学校的行驶路径。其中，居住小区是一个事件点，周边的学校作为设施点。本节功能实现思路如下：(1)采用绘制的方式添加事件点(如电信小区)和设施点(如新民小学、吉大小学)；(2)设置最近设施分析参数 FindClosestFacilitiesParameters，包括交通网络分析通用参数、事件点、设施点、查找半径等；(3)通过 FindClosestFacilitiesService.processAsync()向服务端提交最近设施分析的请求参数，待服务端成功处理并返回最近设施分析服务结果 FindClosestFacilitiesResult 后对其解析，获得由事件点到达最近学校的路由对象并加以展示及显示驾车行驶导引。

8.3.1 接口说明

本节使用的接口如表 8-2 所示，网络分析的通用参数接口将不再赘述。

表 8-2　最近设施分析接口及其功能说明

接　口	功能说明
FindClosestFacilitiesParameters.parameter: TransportationAnalystParameter	交通网络分析通用参数
FindClosestFacilitiesParameters.event:Object	事件点，一般为需要获得服务的事件位置，必设字段
FindClosestFacilitiesParameters.facilities:Array	设施点集合，一般为提供服务的服务设施位置，必设字段
FindClosestFacilitiesParameters.expectFacilityCount: int	期望返回的最近设施个数，默认值为 1
FindClosestFacilitiesParameters.fromEvent: Boolean	是否从事件点到设施点进行查找，默认值为 false
FindClosestFacilitiesParameters.isAnalyzeById:Boolean	获取或设置事件点(event)和设施点(facilities)是否以 ID 的形式设置，默认为 false
FindClosestFacilitiesParameters.maxWeight:Number	查找半径。单位与该类中 parameter 字段(交通网络分析通用参数)中设置的权重字段一致。默认值为 0，表示查找全网络
FindClosestFacilitiesService.processAsync()	将参数传递给服务端，提交最近设施分析请求，与服务端完成异步通信

接　口	功能说明
FindClosestFacilitiesResult.facilityPathList:Array	最近设施分析结果路径集合。ClosestFacilityPath 类型
ClosestFacilitityPath.facility:Object	最近设施点，如果指定设施点时使用 ID，则返回结果为 ID；如果使用坐标值，则返回结果为坐标值
ClosestFacilityPath.route	分析结果对应的路由对象 Route
ClosestFacilityPath.pathGuideItems	行驶导引数组。其中每个对象为一个行驶导引子项 PathGuideItem

8.3.2　示例程序

该示例程序讲解进行最近设施分析的流程。

(1)　添加事件点和设施点。

Chapter8_2_ClosestFacility.mxml

```
//添加事件点
private function excuteChooseEventPoint(event:MouseEvent):void
{
var chooseEventActoin:DrawPoint = new DrawPoint(map);
var markerStyle:PictureMarkerStyle = new PictureMarkerStyle ("../assets/
selectNode3.png");
    markerStyle.yOffset = 23;
    markerStyle.xOffset = 1;
    chooseEventActoin.style = markerStyle;
    map.action = chooseEventActoin;
    chooseEventActoin.addEventListener(DrawEvent.DRAW_END,addEventPointFeature);
}
//事件点添加完成时的回调函数
private function addEventPointFeature(event:DrawEvent):void
{
    if(eventPoint)
    {
        Alert.show("事件点个数不能大于1! ", "抱歉", 4, this);
        return;
    }
    if(event.feature.geometry is GeoPoint)
    {
        var point:GeoPoint = event.feature.geometry as GeoPoint;
        eventPoint = new Point2D(point.x, point.y);
    }
        f1.addFeature(event.feature);
    }
//添加设施点
private function excuteChooseFacilityPoint(event:MouseEvent):void
{
    var chooseFacilityActoin:DrawPoint = new DrawPoint(map);
```

```
        var markerStyle:PictureMarkerStyle = new PictureMarkerStyle ("../
assets/selectNode.png");
        markerStyle.yOffset = 23;
        markerStyle.xOffset = 1;
        chooseFacilityActoin.style = markerStyle;
        map.action = chooseFacilityActoin;
        chooseFacilityActoin.addEventListener(DrawEvent.DRAW_END,
addEventChooseFacilityFeature);
    }
    //设施点添加完成时的回调函数
    private function addEventChooseFacilityFeature(event:DrawEvent):void
    {
        if(event.feature.geometry is GeoPoint)
        {
            var point:GeoPoint = event.feature.geometry as GeoPoint;
            facilityPoints.push(new Point2D(point.x, point.y));
        }
            fl.addFeature(event.feature);
    }
```

(2)　设置最近设施分析参数 FindClosestFacilitiesParameters，并向服务端提交执行最近设施分析的请求。

Chapter8_2_ClosestFacility.mxml

```
    //最近设施查找
    private function excuteFindPathService():void
    {
        this.map.action = new Pan(map);
        if(!this.eventPoint)
        {
            Alert.show("请输入事件点！","抱歉",4,this);
            return;
        }
        if(this.facilityPoints.length < 1)
        {
            Alert.show("请输入至少一个设施点！","抱歉",4,this);
            return;
        }
    //交通网络分析结果参数
        var resultSetting:TransportationAnalystResultSetting =
     new TransportationAnalystResultSetting();
        resultSetting.returnEdgeFeatures = true;
        resultSetting.returnEdgeGeometry = true;
        resultSetting.returnRoutes = true;
    //定义交通网络分析通用参数
        var pathParameter:TransportationAnalystParameter =
    new TransportationAnalystParameter();
        pathParameter.resultSetting = resultSetting;
        pathParameter.turnWeightField = this.turnWeightNames.selectedItem;
        pathParameter.weightFieldName = this.weightNames.selectedItem;
    //定义最近设施查找参数
```

```
        var findPathParameters:FindClosestFacilitiesParameters =
    new FindClosestFacilitiesParameters();
        findPathParameters.event = this.eventPoint;
        findPathParameters.facilities = this.facilityPoints;
        findPathParameters.fromEvent = this.isFromEventPoint.selected;
        findPathParameters.maxWeight = Number(this.closestFacilityRadius.text);
        findPathParameters.parameter = pathParameter;
    //执行最近设施查找
        var service:FindClosestFacilitiesService =
    new FindClosestFacilitiesService(this.netWorkAnalystUrl);
        service.processAsync(findPathParameters,
    new AsyncResponder(this.displayNetworkAnalystResult, excuteErros,
"ClosestFacilities"));
    }
```

(3) 显示最近设施分析结果。

Chapter8_2_ClosestFacility.mxml

```
    //最近设施查找成功时的回调函数，用于在客户端显示结果
    private function
    displayNetworkAnalystResult(result:FindClosestFacilitiesResult,
mark:Object = null):void
    {
        var pathList:Array = result.facilityPathList;
        var temp:String ="";
        if(!pathList || pathList.length == 0)
        {
            Alert.show("查询结果为空", "抱歉", 4, this);
            return;
        }
        var style:PredefinedLineStyle;
        if(this.weightNames.selectedIndex == 0)
        {
            style = new PredefinedLineStyle(PredefinedLineStyle.SYMBOL_SOLID,
this.resultColor.selectedColor, 0.7, 5);
        }
        else
            style = new PredefinedLineStyle(PredefinedLineStyle.SYMBOL_SOLID,
this.resultColor.selectedColor, 0.7, 5);
        var pathListLength:int = pathList.length;
        for(var i:int = 0; i < pathListLength; i++)
        {
        //最近设施分析结果路径
            var closestfacilityPath:ClosestFacilityPath = pathList[i] as
ClosestFacilityPath;
            temp+="到最近学校的行驶路线如下: "+"\n" +"从小区出发, ";
            for(var j:int=1;j<closestfacilityPath.pathGuideItems.length -1;j++)
            {
                //到达最近学校的每个行驶导引子项
            var pathGuideItem:PathGuideItem =closestfacilityPath.pathGuideItems[j] as
PathGuideItem;
```

```
        //行驶导引子项描述
         temp+= pathGuideItem.description+",";
      }
         temp+="到达学校，全程约"+String((((pathList[i]as Path).route.
length)/1000).toFixed(2))+"公里。";
         //将到达最近医院的行驶导引输出至文本框中
         PathGuideArea.text =temp;
         this.resultWindow.visible =true;
         var feature:Feature = new Feature();
         //路由对应的线几何对象
         var geoLine:GeoLine = new GeoLine();
         geoLine.parts = (pathList[i] as Path).route.parts;
         feature.geometry = geoLine;
         feature.style = style;
         //将路由几何对象添加至要素图层进行展现
         this.fl.addFeature(feature);
      }
   }
```

注意　本节异常处理代码请参考 8.2.2 节。

(4) 效果展示，如图 8-4 所示。

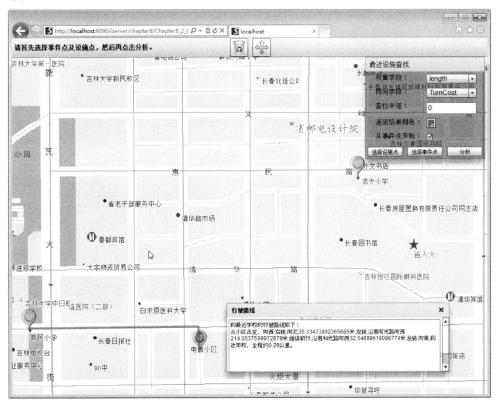

图 8-4　最近设施分析

注意 (1) 最近设施分析是区分方向的。从设施点到事件点与从事件点到设施点，由于起止点不同可能会得到不同的最优路线。可以通过 FindClosestFacilitiesParameters.fromEvent 来进行设置。false 代表分析方向为从设施点到事件点，true 则相反。

(2) FindClosestFacilitiesParameters.expectFacilityCount 可设置返回多个最近设施，并非只有一个。

8.4 多旅行商分析

多旅行商分析，又称为物流配送分析。物流配送分析的功能就是解决如何合理分配配送次序和送货路线，使配送总花费达到最小或每个配送中心的花费达到最小的问题。

本节功能实现思路如下：(1)绘制添加多个配送中心和多个配送目的地；(2)设置多旅行商分析参数 FindMTSPPathsParameters，包括交通网络分析通用参数、配送中心点集合、配送目标点集合、配送模式等；(3)通过 FindMTSPPathsService.processAsync()向服务端提交物流配送分析的请求参数，待服务端成功处理并返回分析处理结果 FindMTSPPathsResult 后对其进行解析，获得由配送中心依次向各个配送目的地配送货物的最佳路径。

8.4.1 接口说明

本节使用的接口如表 8-3 所示，网络分析的通用参数接口将不再赘述。

表 8-3　多旅行商分析接口及其功能说明

接　　口	功能说明
FindMTSPPathsParameters.centers: Array	配送中心点集合
FindMTSPPathsParameters.nodes: Array	配送目标点集合
FindMTSPPathsParameters.hasLeastTotalCost: Boolean	设置配送模式。默认为 false。若为 true，则按照总花费最小的模式进行配送，此时可能会出现某几个配送中心点配送的花费较多而其他配送中心点的花费很少的情况。若为 false，则为局部最优，此方案会控制每个配送中心点的花费，使各个中心点花费相对平均，此时总花费不一定最小
FindMTSPPathsParameters.isAnalyzeById: Boolean	期望返回的最近设施个数，默认值为 1
FindMTSPPathsService.processAsync()	将参数传递给服务端，提交物流配送分析请求，与服务器完成异步通信
FindMTSPPathsResult.mtspPathList: Array	多旅行商分析结果路径数组
MTSPPath.center:Object	该路径对应的配送中心点
MTSPPath.route:Route	该路径对应的路由对象 Route
MTSPPath.pathGuideItems:Array	该路径的行驶导引数组。其中每个对象为一个行驶导引子项 PathGuideItem

8.4.2　示例程序

该示例程序讲解进行多旅行商分析的流程。

(1)　绘制事件点和设施点。

Chapter8_3_FindMTSPPath.mxml

```
//绘制事件点
private function excuteChooseEventPoint(event:MouseEvent):void
{
var chooseEventActoin:DrawPoint = new DrawPoint(map);
var markerStyle:PictureMarkerStyle = new PictureMarkerStyle("../assets
/selectNode3.png");
    markerStyle.yOffset = 23;
    markerStyle.xOffset = 1;
    chooseEventActoin.style = markerStyle;
    map.action = chooseEventActoin;
chooseEventAction.addEventListener(DrawEvent.DRAW_END,addEventPointFeature);
}
//将绘制的事件点添加于要素图层中
private function addEventPointFeature(event:DrawEvent):void
{
    if(event.feature.geometry is GeoPoint)
    {
        var point:GeoPoint = event.feature.geometry as GeoPoint;
        eventPoints.push(new Point2D(point.x, point.y));
    }
    fl.addFeature(event.feature);
}
//绘制设施点
private function excuteChooseFacilityPoint(event:MouseEvent):void
{
    var chooseFacilityActoin:DrawPoint = new DrawPoint(map);
    var markerStyle:PictureMarkerStyle =
new PictureMarkerStyle("../assets/selectNode.png");
    markerStyle.yOffset = 23;
    markerStyle.xOffset = 1;
    chooseFacilityActoin.style = markerStyle;
    map.action = chooseFacilityActoin;
chooseFacilityActoin.addEventListener(DrawEvent.DRAW_END,addEventChooseFacilityFeature);
}
//将设施点添加至要素图层中
private function addEventChooseFacilityFeature(event:DrawEvent):void
{
    if(event.feature.geometry is GeoPoint)
    {
        var point:GeoPoint = event.feature.geometry as GeoPoint;
        facilityPoints.push(new Point2D(point.x, point.y));
```

```
    }
    fl.addFeature(event.feature);
}
```

(2) 设置多旅行商分析参数 FindMTSPPathsParameters，并向服务端提交执行多旅行商
分析的请求。

```
//多旅行商分析
private function excuteFindPathService():void
{
    this.map.action = new Pan(map);
    if(!this.eventPoints)
    {
        Alert.show("请输入事件点！","抱歉",4,this);
        return;
    }
    if(!this.facilityPoints)
    {
Alert.show("请输入至少一个设施点！","抱歉",4,this);
        return;
    }
//定义交通网络分析结果参数，这些参数用于指定返回的结果内容
    var resultSetting:TransportationAnalystResultSetting =
 new TransportationAnalystResultSetting();
    resultSetting.returnEdgeFeatures = true;
    resultSetting.returnEdgeGeometry = true;
    resultSetting.returnRoutes = true;
//定义交通网络分析通用参数
    var pathParameter:TransportationAnalystParameter =
 new TransportationAnalystParameter();
    pathParameter.resultSetting = resultSetting;
    pathParameter.turnWeightField = this.turnWeightNames.selectedItem;
    pathParameter.weightFieldName = this.weightNames.selectedItem;
//定义多旅行商分析参数
    var parameters:FindMTSPPathsParameters = new FindMTSPPathsParameters();
    parameters.centers = this.eventPoints;
    parameters.nodes = this.facilityPoints;
    parameters.hasLeastTotalCost = false;
    parameters.isAnalyzeById = false;
    parameters.parameter = pathParameter;
//执行多旅行商分析
    var service:FindMTSPPathsService =
 new FindMTSPPathsService(this.netWorkAnalystUrl);
    service.processAsync(parameters,
new AsyncResponder(this.displayNetworkAnalystResult, excuteErros, null));
}
```

(3)　显示多旅行商分析结果。

```
//多旅行商分析成功时调用的处理函数：获取、显示分析结果
private function displayNetworkAnalystResult(result:FindMTSPPathsResult,
mark:Object = null):void
{
    var pathList:Array = result.mtspPathList;
    if(!pathList)
    {
        Alert.show("查询结果为空", "抱歉", 4, this);
        return;
    }
    var style:PredefinedLineStyle;
    if(this.weightNames.selectedIndex == 0)
        style = new PredefinedLineStyle(PredefinedLineStyle.SYMBOL_SOLID,
0x3f7dee, 0.7, 5);
    else
        style = new PredefinedLineStyle(PredefinedLineStyle.SYMBOL_SOLID,
0xFF0000, 0.7, 5);
        var pathListLength:int = pathList.length;
        var temp:String ="";
        var mtspPathListLength:int =pathList.length;
        temp+="共有"+mtspPathListLength+"个配送方案，故有"+mtspPathListLength+"
条行驶路线，分别如下："+"\n";
        for(var i:int =0;i<mtspPathListLength;i++)
        {
        //多旅行商分析结果路径
         var mtspPath:MTSPPath = pathList[i] as MTSPPath;
         temp+="第"+(i+1)+"条路线：从第"+(i+1)+"个配送中心出发，";
         for(var j:int=1;j<mtspPath.pathGuideItems.length -1;j++)
         {
           //每个结果的行驶导引项
          var pathGuideItem:PathGuideItem =mtspPath.pathGuideItems[j] as
PathGuideItem;
             temp+= pathGuideItem.description+",";
         }
         temp+="结束。"+"\n"+"\r";
        //将配送行驶导引输出至文本框中
         PathGuideArea.text =temp;
         this.resultWindow.visible =true;
         var feature:Feature = new Feature();
        //每个结果路径的路由对应的线几何对象
         var geoLine:GeoLine = new GeoLine();
         geoLine.parts = (pathList[i] as Path).route.parts;
         feature.geometry = geoLine;
         feature.style = style;
        //将路由几何对象添加至要素图层进行展现
         this.fl.addFeature(feature);
        }
}
```

> 📖 **注意** 本节异常处理代码请参考 8.2.2 节。

（4） 效果展示，如图 8-5 所示。

图 8-5　物流配送分析

> 📖 **注意** SuperMap 的物流配送分析提供了两种查找配送路线的方法：一种是查找配送总花费最小的路线；另一种是查找每个配送中心的配送费用最小的路线。两种方式的选择是由 FindMTSPPathsParameters.hasLeastTotalCost 来控制的，若此参数设为true，则为前者，若为 false，则配送模式为后者。

8.5　应 用 技 巧

在阐述了网络分析使用方法后，本节将针对其中部分常用参数的使用技巧进行详解，以辅助用户更加灵活、便捷地使用网络分析功能。

8.5.1　网络分析结果展示

在网络分析中，返回结果是通过结果类 TransportationAnalystResultSetting 进行控制的。该结果类包括是否返回弧段，是否返回路由，是否返回行驶导引。本章中所有范例均将参数 returnPathGuides 和 returnRoutes 设为 true，即返回行驶导引与路由，用法如 8.2.2 节所述。

8.5.2　有效设置障碍点或障碍边

在网络分析中，可以通过设置障碍点或障碍边来模拟现实交通状况。用法如下所示。

```
transportationParam.barrierEdgeIDs = [3934];
transportationParam.barrierNodeIDs = [3612];
```

障碍点的设置还有一个属性 barrierPoints，用来设置障碍点数组。当网络分析参数类中的 isAnalyzeById 属性设置为 false 时，该属性值才生效。其用法如下所示。

```
var tansportationParam:TransportationAnalystParameter = new
TransportationAnalystParameter();
transportationParam.resultSetting = transportationSetting;
transportationParam.barrierPoints = [3612,3725,3894];
var findPahtParams:FindPathParameters = new FindPathParameters();
findPahtParams.nodes = new Array(3801,3717,3387,3872);
findPahtParams.isAnalyzeById = false;
findPahtParams.parameter = transportationParam;
```

8.6　快　速　参　考

目　标	内　容
概述	交通网络分析使用的网络数据集中涉及弧段、结点、网络、网络阻力、中心点、障碍点、障碍边、转向表等概念。 SuperMap iClient for Flex 中提供的网络分析类型有最佳路径分析、旅行商分析、多旅行商分析、服务区分析、最近设施分析、选址分区分析等
最佳路径分析	功能实现思路如下：(1)通过绘制获得起点和终点作为分析站点(也可以通过查询获得)；(2)设置最佳路径分析参数 FindPathParameters，包括交通网络分析通用参数、途经站点等；(3)通过 FindPathService.processAsync()方法向服务端提交最佳路径分析的请求，待服务端成功处理并返回最佳路径分析结果 FindPathResult 后对其进行解析，将行使路线在地图中展现出来并给出行驶导引信息
最近设施分析	功能实现思路如下：(1)通过绘制添加事件点和设施点作为分析站点(也可以通过查询获得)；(2)设置最近设施分析参数 FindClosestFacilitiesParameters，包括交通网络分析通用参数、事件点、设施点、查找半径等；(3)通过 FindClosestFacilitiesService.processAsync()向服务端提交最近设施分析的请求；(4)之后的处理流程同最佳路径分析
多旅行商分析	功能实现思路如下：(1)通过绘制来添加多个配送中心和多个配送目的地；(2)通过设置多旅行商分析参数 FindMTSPPathsParameters，包括交通网络分析通用参数、配送中心点集合、配送目标点集合、配送模式等；(3)通过 FindMTSPPathsService.processAsync()向服务端提交物流配送分析的请求；(4)之后的处理流程同最佳路径分析

8.7　本　章　小　结

　　本章主要讲述了如何使用 SuperMap iClient for Flex 提供的交通网络分析接口获取 SuperMap iServer Java 交通网络分析 REST 服务，针对案例需求实现不同类型的网络分析功能，包括最佳路径分析、最近设施分析、多旅行商分析等。本章通过示例程序说明了各种网络分析功能的主要接口和开发思路。除了本章所实现的功能外，网络分析还包括旅行商分析、服务区分析、选址分区分析等，其开发思路类似，本章未做赘述。

第 9 章　交通换乘分析

公共交通，包括道路运输、轨道运输及航空运输等。随着城市化进程的加快，交通基础设施的建设也得到了长足发展，为人们生活带来了极大便利。与此同时，面对日趋复杂和多样化的公共交通网络，准确、人性化的交通换乘方案显得尤为重要，对人们的日常出行起到不可小觑的指引作用。本章介绍交通换乘模型的数据准备与功能实现的完整过程。

本章主要内容：
- 交通换乘分析中的基本概念和功能
- 交通换乘分析功能的实现方法

9.1　概　　述

交通换乘分析的目的是为公众的出行提供准确、及时、优化的交通服务信息。用户可基于制作好的交通模型数据进行查询，通过输入任意出行起点、终点，交通换乘系统可在相应的约束条件下，查找出交通出行路线和换乘方案。

在完整的交通换乘分析功能实现过程中，数据准备与代码编写同样重要。如果没有准确的公交站点、线路及其间关系，则无法得到正确的分析结果。本章通过一个完整的示例，介绍交通换乘分析功能实现过程中需要了解的概念及实现方法，包括使用桌面软件进行数据的准备，使用 SuperMap iServer Java 进行服务发布和使用 SuperMap iClient for Flex 进行功能实现。

9.2　交通换乘分析的功能实现

本节使用配套光盘中的公交示范数据，介绍交通换乘分析功能实现的完整流程。其中，在数据制作过程中需重点关注公交站点数据集、公交线路数据集和站点与线路关系数据集三个概念，在服务发布步骤明确各参数的含义，在功能实现过程中理解 SuperMap iClient for Flex 目前提供的三个主要功能服务的区别与使用场景。

9.2.1　数据准备

交通换乘分析的数据准备分为数据制作和数据发布两部分。数据制作使用桌面软件 SuperMap Deskpro .NET 完成，制作完成的交通换乘模型数据使用 SuperMap iServer Java 进行发布。

1. 数据制作

交通换乘分析的数据大致有两类来源：可通过导入纸质交通图后数字化的方式提取交通站点和线路信息，也可使用其他 GIS 软件数字化后导入 SuperMap Deskpro .NET，如 MapInfo 的 mif 和 tab 格式、ArcGIS 的 shape 格式等。本书不再介绍具体的数字化或导入方法，如需了解可参阅 SuperMap Deskpro .NET 帮助手册。接下来使用 SuperMap Deskpro .NET 打开光盘中本章使用的长春交通数据，了解交通换乘数据的组成与结构，在具体制作数据时依照此结构进行数据组织。

打开 SuperMap Deskpro .NET 软件，选择"开始"|"打开"|"文件型"，定位至配套光盘\数据与程序\第 9 章\数据\ChangchunBus.smwu，在此工作空间中已制作好一份交通换乘数据，包括 Changchun 数据源下的公交站点数据集 BusPoint(点数据集)、公交线路数据集 BusLine(线数据集)和公交站点与线路关系数据集 LineStopRelation(属性数据集)。具体作用与结构如下所述。

- 公交站点数据集

将采集获得的公交站点数据存储到一个点数据集中，即公交站点数据集。

该数据集中每一个点对象代表现实世界中的一个公交站点。不同类型的站点共同存储，如公交车站点、地铁站点等存储在同一个数据集中。要求属性表中必须包含两个字段：站点 ID 和站点名称字段。除此之外，还可增加站点别名字段。表 9-1 为长春公交站点数据集 BusPoint 的属性表示例。

表 9-1　公交站点属性表示例

SMID	Name	StopID	...
1	机场前站	1	...
2	李家屯	2	...
3	和平大街	3	...
4	春城大街	4	...
...	...	...	...

- 公交线路数据集

将采集获得的公交线路以线对象的方式存储于一个线数据集中，即公交线路数据集。

该数据集中每一个线对象代表一条完整的有向公交线路，无论公交线路为何种类型(单向、双向、环线)。例如，1 路公交车的始发站和终点站分别为 A 和 B，那么从 A 到 B 与从 B 到 A 为两个线对象。公交线路的方向与矢量化时的绘制方向一致，且线路必须"经过"站点。公交线路数据集的属性表中必须包含两个字段：线路 ID 和线路名称字段。除此之外，还可以包含其他一些属性字段，如始发时间、末班车时间、发车间隔等。表 9-2 为长春市公交线路数据集 BusLine 的属性表示例。

表 9-2　公交线路属性表示例

SMID	Line_ID	Name	...
1	1	11 路	...

续表

SMID	Line_ID	Name	...
2	2	8 路	...
...	...	...	...
29	29	长春轻轨(长春站-长影世纪城)	...
30	30	长春轻轨(长影世纪城-长春站)	...
...	...	...	...

- 站点与线路关系数据集

站点与线路关系数据集为一个纯属性表类型的数据集，用于确定站点与线路的关系。

现实中的公共交通，尤其是公交车线路，存在大量经过某站点而不停车的情况。单纯依靠将站点数据(二维点)捕捉到线路数据(二维线)上，不仅可能与实际情况不符，甚至可能导致分析结果错误，给使用者和出行者带来不必要的损失。因此需要通过一个准确的站点与线路关系表来避免这种问题出现。该数据集中每一条记录表示一个公交站点与一条线路具有对应关系，即该站点经过该条有向公交线路。要求该数据集必须包含线路 ID 和站点 ID 两个字段，还可以包含站点在线路中的顺序号的信息。表 9-3 为长春市公交站点与线路关系数据集 LineStopRelation 的属性表示例。

表 9-3　公交站点与线路关系属性表示例

SMID	LineID	StopID	...
203	5	140	...
204	5	164	...
205	13	164	...
...	...	...	...

以上就是交通换乘分析服务使用的三个数据集。在按此格式准备好数据之后，就可以进行服务的发布了。

2. 服务发布

打开 SuperMap iServer Java 服务管理器页面(本机访问地址为 http://localhost:8090/iserver/manager)，输入预先设置的用户名和密码，登录后使用快速发布服务的方式进行服务发布。本节讲解服务发布的主要步骤和交通换乘分析服务参数，详细步骤可参见 1.1.1 节。

(1) 在服务管理器首页单击"快速发布一个或一组服务"，在"数据来源"下拉列表框中选择"工作空间"，单击"下一步"按钮，填写工作空间完整路径后再次单击"下一步"按钮。

> 本章使用的数据为配套光盘\数据与程序\第 9 章\数据\ChangchunBus.smwu，建议将数据复制至用户工作目录后使用。

(2) 选择发布服务的类型，如图 9-1 所示，选中"REST-交通换乘分析服务"复选框。

当鼠标移动到服务名称后方的图标上时，可查看当前服务的简要说明。单击"下一步"按钮，进入下一个步骤。

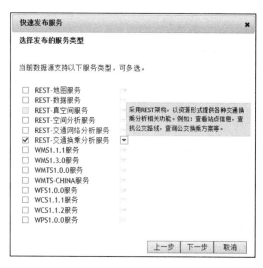

图 9-1　选择发布的服务类型

　　(3)　配置交通换乘分析服务。在弹出的对话框中填写如图 9-2 所示的信息。其中带红色星号的为必填字段，填写完毕后单击"下一步"按钮。

图 9-2　配置交通换乘分析服务

具体参数说明如表 9-4 所示。

表 9-4　交通换乘分析服务参数说明

类　别	参数名称		说　明
通用信息	服务提供者名称		(必填参数) 唯一标识该服务提供者。默认的名称前缀是"traffictransferAnalystProvider-"
基本设置	换乘网络名称		(必填参数)设置换乘网络的名称。默认的名称前缀是"transferNetwork-"
	工作空间类型		(必填参数) 工作空间的类型分为文件型和数据库型(SQL Server、Oracle 工作空间)。SQL Server 工作空间表示工作空间保存在 SQL Server 数据库中，Oracle 工作空间表示工作空间保存在 Oracle 数据库中
	工作空间路径	远程服务器文件系统	服务器不在本地时，选择"远程服务器文件系统"，可以使用服务器上的文件或者将本地文件上传至服务器后再使用；服务器在本地时，选择"本地文件系统"。
		本地文件系统	SuperMap 的工作空间(*.smwu、*.sxwu、 *.smw 、 *.sxw)中存储了 GIS 数据的相关信息
	公交线路	数据源名称	(必填参数) 参与分析的公交线路数据的数据源名称
		数据集名称	(必填参数) 参与分析的公交线路数据集的名称
		线路名称字段	(必填参数) 标识公交线路名称的字段
		线路 ID 字段	(必填参数) 标识公交线路 ID 的字段
		线路别名字段	标识公交线路别名的字段，字段为文本类型
		线路类型字段	标识公交线路类型的字段，字段为 32 位整型
		线路行程速度字段	标识线路行程速度的字段，字段为浮点型
		首班车发车时间字段	标识公交线路首班车发车时间的字段，字段为文本类型
		末班车发车时间字段	标识公交线路末班车发车时间的字段，字段为文本类型
		发车间隔时间字段	标识公交线路发车间隔时间的字段，字段为文本类型
	公交站点	数据源名称	(必填参数) 参与分析的公交站点数据的数据源名称
		数据集名称	(必填参数) 参与分析的公交站点数据集的名称
		站点名称字段	(必填参数) 标识公交站点名称的字段
		站点 ID 字段	(必填参数) 标识公交站点 ID 的字段
		站点别名字段	标识公交站点别名的字段
	站线关系	数据源名称	(必填参数) 站线关系数据集所在的数据源名称
		数据集名称	(必填参数) 站线关系数据集的名称

续表

类　别		参数名称	说　明
基本设置	站线关系	线路 ID 字段	(必填参数) 标识公交线路 ID 的字段
		站点 ID 字段	(必填参数) 标识公交站点 ID 的字段
		站点序号字段	标识公交站点在线路中的顺序号(即该站点位于线路中的第几站)的字段
高级设置		站点捕捉容限	公交站点捕捉容限，进行分析时仅捕捉容限距离内的站点，默认为 100
		站点归并容限	公交站点归并容限，将容限内的公交站点归并为一个站点，默认为 300。 对站点的归并处理结果将存储到内存中，不会修改公交站点数据集
		步行阈值	步行阈值，即可以接受的步行距离的最大值，默认为 100
		单位	站点捕捉容限、站点归并容限和步行阈值的单位

(4) 配置完成后可查看服务实例，单击刚发布的服务实例名称进入服务的资源页面。在页面中单击服务名称 spatialanalyst-ChangChunBus 进入资源页面，交通换乘分析服务的资源地址为 http://localhost:8090/iserver/services/trafficTransferAnalyst-ChangchunBus/restjsr/traffictransferanalyst/transferNetwork-ChangchunBus。示例程序中使用的交通换乘分析服务均为此地址。

至此，已完成交通换乘分析服务的发布。接下来使用 SuperMap iClient for Flex 构建应用程序。

9.2.2　接口说明

SuperMap iClient for Flex 提供的交通换乘分析主要包含三大功能，一般按顺序使用，组合完成一个完整的交通换乘分析。具体说明如表 9-5 所示。

表 9-5　交通换乘分析功能

功 能 类	说　明
StopQueryService	站点查询服务类。 通过输入站点名称的关键字，获取公交站点信息(包括所属的数据集、SmID、ID、名称以及别名)
TransferSolutionService	交通换乘方案查询服务类。 通过输入起止乘车点的 ID 或坐标、乘车偏好和换乘策略等条件，得到以下信息： (1)所有换乘方案的换乘路线信息 TransferLine，即换乘方案的概略信息，包含上下乘车站点/线路的 ID 和站名/路线名，可作为下一步具体换乘方案——交通换乘导引 TransferGuide 的查询参数 (2)所有换乘方案中一条最优方案的交通换乘导引 TransferGuide，包含步行距离、每个换乘点坐标等，用于换乘方案的结果展示

续表

功 能 类	说　明
TransferPathService	交通换乘线路查询服务类。 通过输入 TransferSolutionService 返回的换乘路线信息 TransferLine，获取换乘方案的详细信息——交通换乘导引 TransferGuide

以上三个功能涉及的接口说明分别如表 9-6、表 9-7 和表 9-8 所示。

表 9-6　站点查询接口及其功能说明

接　口	功能说明
StopQueryParameters.keyword:String	站点名称关键字
StopQueryParameters.returnPosition:Boolean	是否返回站点坐标信息
StopQueryResult.transferStopInfos:Array	[read-only] 公交站点信息，包括所属的数据集、SmID、ID、名称以及别名

表 9-7　交通换乘方案查询接口及其功能说明

接　口	功能说明
TransferSolutionParameters.points:Array	两种查询方式：(1)按照公交站点的起止 ID 进行查询，则 points 参数的类型为 int[]，形如：[起点 ID，终点 ID]，公交站点的 ID 对应服务提供者配置中的站点 ID 字段；(2)按照起止点的坐标进行查询，则 points 参数的类型为 Point2D[]，形如：[{"x":44, "y":39},{"x":45, "y":40}]
TransferSolutionParameters.solutionCount:int	乘车方案的数量。默认为 6
TransferSolutionParameters.transferPreference: String	乘车偏好枚举，包括公交汽车优先、无乘车偏好、不乘地铁、地铁优先 4 种选择
TransferSolutionParameters.transferTactic:String	交通换乘策略类型，包括时间最短、距离最短、最少换乘、最少步行 4 种选择
TransferSolutionParameters.walkingRatio:Number	步行与公交的权重比，默认值为 10。此值越大，则步行因素对于方案选择的影响越大
TransferSolutionResult.solutionItems:Array	[read-only] 交通换乘方案子项数组
TransferSolutionResult.transferGuide: TransferGuide	[read-only] 交通换乘导引对象，记录了从换乘分析起始站点到终止站点的交通换乘导引方案，通过此对象可以获取交通换乘导引对象中子项的个数，根据序号获取交通换乘导引的子项对象、导引总距离以及总花费等

表 9-8　交通换乘线路查询接口及其功能说明

接　口	功能说明
TransferPathParameters.points:Array	两种查询方式：(1) 按照公交站点的起止 ID 进行查询，则 points 参数的类型为 int[]，形如：[起点 ID，终点 ID]，公交站点的 ID 对应服务提供者配置中的站点 ID 字段；(2) 按照起止点的坐标进行查询，则 points 参数的类型为 Point2D[]，形如：[{"x":44, "y":39},{"x":45, "y":40}]
TransferPathParameters.transferLines:Array	本换乘分段内可乘车的路线集合
TransferPathResult.transferGuide:TransferGuide	[read-only] 交通换乘导引对象，记录了从换乘分析起始站点到终止站点的交通换乘导引方案，通过此对象可以获取交通换乘导引对象中子项的个数，根据序号获取交通换乘导引的子项对象、导引总距离以及总花费等

9.2.3　示例程序

本例使用交通换乘分析的三个主要功能类实现公交站点查询、交通换乘方案查询和交通换乘线路查询及页面展示。

(1) 站点查询：使用 StopQueryService 进行起始和终止站点 ID 的查询，如示例中，输入"四中"和"宽平大路"得到两个站点的查询结果 ID。查询时支持模糊匹配，即输入"宽平"，得到所有名称中包含"宽平"的所有站点的信息。

(2) 交通换乘方案的查询：使用 TransferSolutionService 进行交通换乘方案的查询，如示例中，输入起止站点"四中"和"宽平大路"的 ID，得到的结果类中包含所有三条换乘路线的信息 TransferLine 及其中一条默认换乘导引 TransferGuide 的详细信息。这里要区分两者的不同：TransferLine 只包含起止站点和所乘线路的 ID 及名称；而 TransferGuide 则包含除此之外的所乘线路类型、换乘距离、起止站点的坐标位置等详细信息，利用这些详细信息才能在地图上进行结果展示。

(3) 交通换乘线路查询：在第(2)步中已经得到了一条默认换乘导引的结果，并可进行地图展示。当需要查看其他换乘方案时，则使用 TransferPathService 服务，将第(2)步得到的换乘路线的信息 TransferLine 作为参数提交，获取其对应的换乘导引 TransferGuide，并在地图上进行结果展示。

具体实现步骤如下。

1. 站点查询

Chapter9_1_TrafficTransferAnalyst.mxml

//根据在文本框中输入的关键字查询对应的公交站点

```
protected function startTextinput_changeHandler(event:TextOperationEvent):void
{
    var stopKeyword:String = TextInput(event.target).text;
    if(stopKeyword)
        this.queryStop(stopKeyword, true);
}

protected function endTextinput_changeHandler(event:TextOperationEvent):void
{
    var stopKeyword:String = TextInput(event.target).text;
    if(stopKeyword)
        this.queryStop(stopKeyword, false);
}
//执行公交站点查询服务
private function queryStop(keyword:String, isStartStop:Boolean):void
{
    var sqs:StopQueryService = new StopQueryService(trafficTransferUrl);
    var sqp:StopQueryParameters = new StopQueryParameters();
    sqp.keyword = keyword;
    sqp.returnPosition = true;

    sqs.processAsync(sqp, new AsyncResponder(this.stopQueryHandler,
        function (object:Object, mark:Object = null):void
        {
        Alert.show("公交站点查询失败！");
        }, isStartStop));
}

//将查询的站点信息显示在下拉列表中
private function stopQueryHandler
(queryResult:StopQueryResult, isStartStop:Object = null):void
{
    var tsis:Array = queryResult.transferStopInfos;
    if(isStartStop)
    {
        this.puaStartStop.displayPopUp = true;
        startStopList.dataProvider = new ArrayCollection(tsis);
    }
    else
    {
        this.puaEndStop.displayPopUp = true;
        endStopList.dataProvider = new ArrayCollection(tsis);
    }
}
```

2. 交通换乘方案查询

Chapter9_1_TrafficTransferAnalyst.mxml

```
//单击"查询"按钮，执行公交换乘分析
protected function trafficTransferExcuteHandler(event:MouseEvent):void
{
```

```
            this.excuteTransferSolutionService();
    }
    //根据选择的起点和终点ID，执行交通换乘分析服务
    private function excuteTransferSolutionService():void
    {
        //每次执行新的换乘分析前，移除要素图层上高亮的换乘路线
        if(fl.numFeatures)
            this.fl.clear();

        if(selectedStartStopID &&  selectedEndStopID)
        {
            var transferSolutionService:TransferSolutionService
= new TransferSolutionService(trafficTransferUrl);
            var transferSolutionParameters:TransferSolutionParameters
= new TransferSolutionParameters();
            transferSolutionParameters.solutionCount = 3;
            transferSolutionParameters.points
= [selectedStartStopID, selectedEndStopID];
            transferSolutionParameters.transferTactic = TransferTactic.LESS_TIME;
            transferSolutionService.processAsync(transferSolutionParameters,
new AsyncResponder(this.displayAnalystResult,
                        function (object:Object, mark:Object = null):void
                        {
                            Alert.show("交通换乘分析失败！");
                        }, null));
        }
    }

    // 弹出 titleWindow 面板，显示交通换乘分析的结果
    private function displayAnalystResult(queryResult:TransferSolutionResult,
mark:Object = null):void
    {
        var titleWindow: Chapter9_5_ResultPanel = Chapter9_5_ResultPanel.getInstance();
        titleWindow.x = 10;
        titleWindow.y = 50;
        titleWindow.transferSolutions
= newArrayCollection(queryResult.solutionItems);
        titleWindow.transferGuide = queryResult.transferGuide;

        // 为 TrafficGuideItem 对象传递静态参数，用于交通换乘路径分析
        Chapter9_2_TrafficGuideItemComponent.startStopName = txtStartStopName.text;
        Chapter9_2_TrafficGuideItemComponent.endStopName = txtEndStopName.text;
        Chapter9_2_TrafficGuideItemComponent.selectedStartStopID = selectedStartStopID;
        Chapter9_2_TrafficGuideItemComponent.selectedEndStopID = selectedEndStopID;
        Chapter9_2_TrafficGuideItemComponent.trafficTransferUrl = trafficTransferUrl;
        Chapter9_2_TrafficGuideItemComponent.map = map;
        Chapter9_2_TrafficGuideItemComponent.featuresLayer = fl;

        PopUpManager.addPopUp(titleWindow, this, false);
    }
```

3. 交通换乘线路查询

```
//执行交通换乘路径分析服务
private function excuteTransferPathService():void
{
    var transferPathService:TransferPathService
= new TransferPathService(trafficTransferUrl);
    var transferPathParameters:TransferPathParameters
= new TransferPathParameters();
    transferPathParameters.transferLines = transferLinesForPath;

    transferPathParameters.points = [selectedStartStopID, selectedEndStopID];

    transferPathService.processAsync(transferPathParameters,
 new AsyncResponder(this.displayAnalystResult,
                    function (object:Object, mark:Object = null):void
                    {
                        Alert.show("交通换乘分析失败！");
                    }, null));
}
    private  function  displayAnalystResult(queryResult:TransferPathResult,
mark:Object = null):void
{
    pathListData = new ArrayCollection(queryResult.transferGuide.items);
    this.isShowedTransferLines = true;
    // 点击换乘路线面板，地图上高亮显示其对应的路线
    this.displayTransferLines();
}

private function displayTransferLines():void
{
    if(featuresLayer.numFeatures)
        featuresLayer.clear();

    // 取出起点和终点坐标
    var guideItems:Array = pathListData.toArray();
    var startStop:Point2D = (guideItems[0] as TransferGuideItem).startPosition;
    var endStop:Point2D
= (guideItems[guideItems.length - 1] as TransferGuideItem).endPosition;
    var startStopStyle:PictureMarkerStyle
= new PictureMarkerStyle("../assets/path/startSign.png");
    var endStopStyle:PictureMarkerStyle
= new PictureMarkerStyle("../assets/path/endSign.png");
    startStopStyle.yOffset = 20;
    endStopStyle.yOffset = 20;

    // 构建起点和终点的图片要素对象
    var startStopFeature:Feature
= new Feature(new GeoPoint(startStop.x, startStop.y), startStopStyle);
```

```
            var endStopFeature:Feature
    = new Feature(new GeoPoint(endStop.x, endStop.y), endStopStyle);

        // 构建换乘导引所有路径的要素对象，并添加到要素图层上
        for(var i:int = 0; i < guideItems.length; i++)
        {
            var tgi:TransferGuideItem = guideItems[i] as TransferGuideItem;
            var geoline:GeoLine = tgi.route;
            var lineFeature:Feature =
    new Feature(geoline, new PredefinedLineStyle(PredefinedLineStyle.SYMBOL_SOLID,
5276389,1,4));
            featuresLayer.addFeature(lineFeature);
        }

        featuresLayer.addFeature(startStopFeature);
        featuresLayer.addFeature(endStopFeature);

        // 计算起点和终点的外接矩形，用来作为地图的显示范围
        var startStopPoint:GeoPoint = startStopFeature.geometry as GeoPoint;
        var endStopPoint:GeoPoint = endStopFeature.geometry as GeoPoint;

        var left:Number = Math.min(startStopPoint.x, endStopPoint.x);
        var right:Number = Math.max(startStopPoint.x, endStopPoint.x);
        var top:Number = Math.max(startStopPoint.y, endStopPoint.y);
        var bottom:Number = Math.min(startStopPoint.y, endStopPoint.y);

        map.viewBounds = new Rectangle2D(left, bottom, right, top).expand(3);
    }
```

运行结果如图9-3所示。

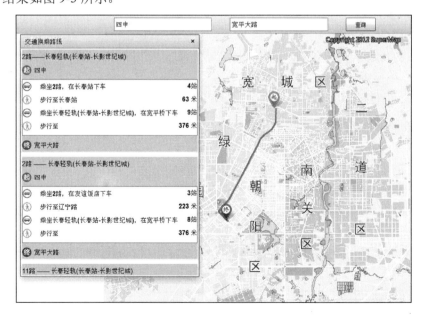

图9-3　交通换乘分析

本章范例只列出关键示意性代码，详细代码请参考配套光盘\数据与程序\第 9 章\程序。

9.3　快速参考

目　标	内　容
交通换乘实现步骤	(1)使用桌面软件 SuperMap Deskpro .NET 准备公交站点数据集、公交线路数据集和站点与线路关系数据集 (2)使用 SuperMap iServer Java 发布交通换乘分析服务 (3)使用 SuperMap iClient for Flex 实现功能
站点查询	提交站点名称关键字，获取站点 ID 等信息
交通换乘方案查询	通过设置起止乘车点的 ID 或坐标、乘车偏好等条件，获取所有换乘路线信息和默认换乘路线的详细换乘导引
交通换乘线路查询	通过设置起止乘车点的 ID 或坐标和换乘路线信息，获取详细换乘导引

9.4　本 章 小 结

本章介绍了交通换乘分析功能的数据准备与实现方法，包括交通换乘分析模型数据的组成、服务发布的参数设置及三个主要功能的实现方法。在实际应用中，除了掌握 SuperMap iClient for Flex 的接口用法之外，保证数据的准确性也同等重要。

第 10 章　动 态 分 段

　　动态分段技术是在传统 GIS 数据模型的基础上，利用线性参考技术，实现属性数据在地图上动态地显示、分析及输出等，是 GIS 空间分析中的一个重要技术手段，目前已广泛应用于公共交通管理、路面质量管理、航海线路模拟、通信网络管理、电网管理等诸多领域。本章首先介绍动态分段的基本概念，使读者对动态分段有整体的认识和把握，之后通过范例从数据的准备和代码的实现两方面来具体介绍动态分段功能的使用。

　　本章主要内容：

- 　动态分段的相关概念
- 　通过具体示例介绍动态分段功能使用的主要接口和实现方法

10.1　概　　述

　　动态分段技术在不改变线数据原有空间数据结构的前提下，建立线对象的任意部分与一个或多个属性之间的关联关系。它并不是按照属性数据对线路进行真正的分段，而是在需要查询、分析时，动态完成各种属性数据的分段显示。图 10-1 是动态分段的一个应用实例，展示了某时段某城市周边高速公路的路况。

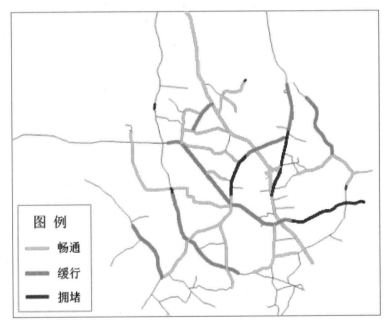

图 10-1　某城市道路在某时段的路况

本节将介绍动态分段的定义及一些常见的基本概念。

10.1.1　动态分段定义

动态分段(Dynamic Segmentation)的思想是由美国威斯康星交通厅的戴维·弗莱特先生于 1987 年首先提出的，基于线性参考技术发展起来。

1. 线性参考简介

在传统的地理信息系统中，矢量线要素往往被抽象为一系列二维点数据对，用(X，Y)坐标来表示。这种静态的表示方法有助于精确定位某一位置，并且在计算面积和距离等方面表现出良好的性能。但是这种静态的表示线性要素的方法不利于将线性要素作为一个整体进行操作，也难以描述地理现象沿线的变化情况。线性参考技术很好地解决了这个难题，它可以在不分割线性要素的情况下，为线性要素的每一部分关联不同的属性值。

线性参考是一种采用具有测量值的线性要素的相对位置来描述和存储地理位置的方法，即使用距离来定位沿线的事件。这里的距离表示一个度量值，可以是长度，也可以是时间、费用等，如图 10-2 所示。

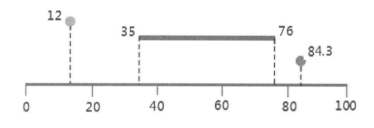

图 10-2　线性参考示意图

图 10-2 中底部的线是一条具有测量值的线段(如公路、管道等)，线上方的点和线段表示发生在该线段上的事件(如公路上的交通事故、一段道路的路面材料等)。线性参考技术将图中沿线的点和线从左至右分别描述为：距离线段起始位置 12 个单位的点，沿线段第 35 个单位开始至第 76 个单位结束的线段，沿线段第 84.3 个单位的点。

在很多实际应用中，使用线性参考进行定位比传统的通过精确的 X、Y 坐标来定位更符合人们的习惯，从而能够更加有效地处理问题。比如在某路口东 300 米处发生交通事故，比描述为发生在(6570.3876, 3589.6082)坐标处更容易定位。

动态分段技术便是线性参考技术的应用，是在地图上动态显示线性参考要素的过程。

2. 动态分段定义

动态分段是利用线性参考技术，根据与线性要素各部分关联的属性将线要素动态地分段显示。它不是在线要素沿线上某种属性发生变化的地方进行"物理分段"，而是在传统的 GIS 数据模型的基础上利用线性参考系统的思想及算法，将属性的沿线变化存储为独立的属性表字段(事件属性表)；在分析、显示、查询和输出时直接依据事件属性表中的距离值对线性要素进行动态逻辑分段，使用相对位置描述发生在线上的事件，比传统 GIS 要素

更容易定位。除此之外,该技术还提高了数据制作效率和数据存储空间利用率,降低了数据维护的复杂度。

动态分段技术可应用于公路、铁路、河流、管线等具有线性特征的地物的模拟和分析。

10.1.2 基本概念

在 SuperMap 的数据表达中,动态分段主要涉及两种数据结构:路由和事件。路由用来表达具有测量值的线对象,事件记录发生在路由上的事件的位置和其他属性。下面介绍路由、事件及其他相关基本概念。

- **路由**:使用唯一 ID 标识且具有度量值的线对象。除有 X、Y 坐标外,每个节点还有一个用于度量的值(称为刻度值),是路由与一般线对象的根本区别。路由对象可以用来模拟现实世界中的公路、铁路、河流和管线等线性地物。
- **路由数据集**:存储路由的数据集,是一个矢量数据集,如发生某一交通事故的路由数据。
- **路由标识字段**:路由数据集中的一个字段,存储了路由 ID,是路由对象的唯一标识字段。路由数据集、事件表和通过事件表生成的空间数据中均包含该字段,它将事件与路由或空间数据对应起来。注意,该字段只能是数值型。
- **刻度值**:SuperMap 的数据表达中,路由的节点信息由(X、Y、M)表达,如图 10-3 所示。刻度值即 M 值,代表该节点到路由起点的度量值,该值可以是距离、时间或其他任何值。M 值独立于路由数据的坐标系统,其单位可以不与(X,Y)的坐标单位相同。M 值可以递增、递减或者保持不变。

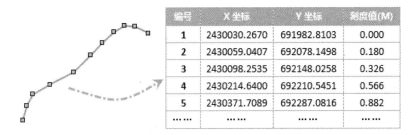

编号	X 坐标	Y 坐标	刻度值(M)
1	2430030.2670	691982.8103	0.000
2	2430059.0407	692078.1498	0.180
3	2430098.2535	692148.0258	0.326
4	2430214.6400	692210.5451	0.566
5	2430371.7089	692287.0816	0.882
……	……	……	……

图 10-3 一条路由及其节点信息

- **路由位置**:路由的一个点或路由一部分的位置,简称位置。它分为点路由位置和线路由位置。点路由位置使用一个刻度值(M 值)描述沿路由的一个位置,如某路 500 米处;线路由位置使用起始刻度值和终止刻度值来描述路由的一部分,如某路 200 到 1000 米处。
- **事件**:包含路由位置及相关属性的一条记录称为路由事件,简称事件。与路由位置对应,事件也分为点事件和线事件。存储了路由事件集合的属性表称为事件表。点事件与线事件分别存储于点事件表和线事件表中,如图 10-4 所示。

◆　点事件

点事件是发生在路由上的一个精确点位置上的事件。例如，发生在公路上的交通事故、高速公路上的测速仪器、公交站点、管线上的阀门等。在点事件表中，每个点事件(一条记录)都对应一个路由 ID(路由标识字段)，并使用一个字段(即刻度字段)来存储。

◆　线事件

线事件发生在路由的一段上，如某段道路的铺设年份、交通拥堵状况、管线的管径等。在线事件表中，每个线事件(一条记录)都对应一个路由 ID(路由标识字段)，并使用下面两个字段来存储线事件的刻度值。

■　**起始刻度字段**：用于存储线事件的起点在对应路由上的 M 值。
■　**终止刻度字段**：用于存储线事件的终点在对应路由上的 M 值。

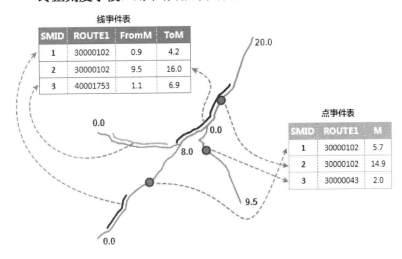

图 10-4　点事件和线事件示意图

10.2　示 例 说 明

长春市上下班高峰时段某些路段出现拥堵或行驶缓慢现象，利用动态分段技术可以在客户端实时动态显示出路况(拥挤/缓行/畅通)，以达到提示驾驶人员避免进入拥堵路段，选择合适出行路线的目的。

本节以 SuperMap iServer Java 提供的长春市示范数据为例，讲解动态分段技术在道路状况中的应用，包括数据的前期准备、动态分段功能接口说明和功能实现。

10.2.1　数据准备

本节以长春市示范数据为例展示动态分段的数据准备过程。整个过程分为数据制作和数据发布两个阶段，其中数据制作包括生成路由数据集和生成事件表，在 SuperMap Deskpro .NET 软件中完成，具体制作方法如下。

本节使用的原始数据为 SuperMap iServer Java 安装目录\samples\data\NetworkAnalyst 文件夹
中的 Changchun 数据源，建议复制到工作目录后使用。最终处理结果保存在配套光盘\
第 10 章\数据\Changchun.smwu 中。

1. 生成路由数据集

打开 SuperMap Deskpro .NET，选择"打开"|"文件型"，定位至原始数据源所在目
录，选择 Changchun.udb，单击"打开"按钮。右击此数据源中的线数据集 RoadLine1，选
择"属性"，在弹出的属性页的"属性表结构"选项卡中单击"添加"按钮，添加路由标
识字段"RouteID"。完成后开始生成路由数据集 RouteDT_road。具体步骤如下。

选择"分析"|"动态分段"，在弹出的"流程管理"对话框中单击"生成路由"图标，
各参数设置如图 10-5 所示。

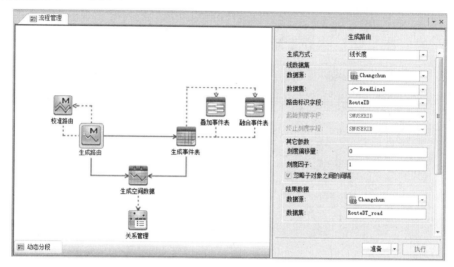

图 10-5   生成路由数据集的参数设置

"生成路由"对话框的主要参数说明如下。

- **生成方式**：提供了 4 种用于生成路由数据集的方式：线参考点刻度、线长度、线
  单字段和线双字段。本示例选用的生成方式为线长度。
    - **线参考点刻度**：首先通过路由标识字段值将参考点对应到线数据上，再根据
      参考点的刻度值(存储在一个属性字段中)来确定线数据节点的刻度值，从而
      生成路由数据集，如图 10-6 所示。

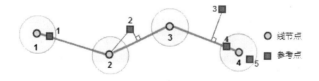

图 10-6   线参考点刻度生成路由

◆ **线长度**：将线对象的节点到起始节点的沿线长度作为每个节点的刻度值，从而生成路由数据集。

◆ **线单字段**：根据线数据的一个属性字段来生成路由数据集。

◆ **线双字段**：根据线数据的两个属性字段来生成路由数据集。

● **刻度偏移量**：生成的路由数据的刻度的偏移量，若一个刻度点的刻度值为 0.09，设置的刻度偏移量为 10，则生成的路由数据集中该刻度点的刻度值为 10.09。

● **刻度因子**：生成路由数据集刻度的缩放比例，例如：若一个刻度点的刻度值为 0.09，设置的缩放因子为 10，则在生成的路由数据集中该刻度点的刻度值为 0.9。

2. 生成线事件表

生成事件表有两种方式。一种是人工建立一个属性表，添加路由标识字段和其他属性字段，并输入相应的属性信息来生成事件表。这种方式虽然简单，但往往需要耗费较多的人力物力。另一种方式是通过点或线空间数据和路由数据来自动生成事件表。本示例采用的是第二种方式。

选择"分析"|"动态分段"，在弹出的"流程管理"对话框中单击"生成事件表"图标，参数设置如图 10-7 所示。

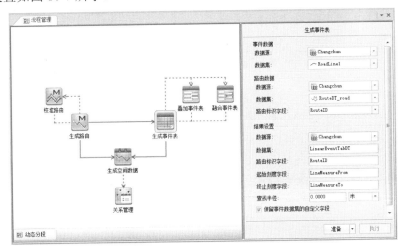

图 10-7　生成事件表的参数设置

"生成事件表"对话框的主要参数说明如下。

● **路由数据 | 路由标识字段**：标识路由的字段。

● **结果设置 | 路由标识字段/起始刻度字段/终止刻度字段**：在事件表中分别设置字段名称，创建 RouteID、LineMeasureFrom 和 LineMeasureTo 字段。

结果设置 | 查找半径：生成事件表时的查找范围，查找范围内的事件用于生成事件表。

在生成事件表之后，手动为生成的事件表数据集 RouteDT_Road 增加一个文本字段 TrafficStatus，用于描述事件类型字段，其属性值有拥堵、缓行、畅通三类。

至此数据制作结束，保存工作空间 Changchun.smwu。

3. 数据发布

将保存的工作空间使用 SuperMap iServer Java 发布成空间分析服务，具体发布方法请参考 1.1.1 节。服务地址为 http://localhost:8090/iserver/services/spatialanalyst-changchun/restjsr/spatialanalyst/datasets，示例程序中使用的动态分段服务均为此地址。

10.2.2 接口说明

SuperMap iClient for Flex 提供了一套对接 SuperMap iServer Java 动态分段服务的接口，位于 com.supermap.web.iServerJava6R.spatialAnalystServices 命名空间下。接口说明如表 10-1 所示。

表 10-1 动态分段接口及其功能说明

接 口	功能说明
GenerateSpatialDataParameters.dataReturnOption: DataReturnOption	设置需要返回的结果数据相关信息。例如：结果数据集名称，是否删除已有结果数据，返回结果数据集还是记录集等
GenerateSpatialDataParameters.eventTable:String	参与动态分段的事件表名称，形如"数据集名称@数据源别名"，如"LineEvtTab@Changchun"
GenerateSpatialDataParameters.eventRouteIDField: String	事件表路由字段，与动态分段的事件表中创建的路由字段一致，例如：事件表"LineEvtTab@Changchun"的路由字段为"RouteID"，此处设置：eventRouteIDField = "RouteID"
GenerateSpatialDataParameters.measureField : String	事件表的刻度字段
GenerateSpatialDataParameters.measureStartField : String	事件表的起始刻度字段
GenerateSpatialDataParameters.measureEndField: String	事件表的终止刻度字段
GenerateSpatialDataParameters.measureOffsetField: String	事件表中设置的偏移字段
GenerateSpatialDataParameters.routeTable:String	参与动态分段的路由数据集的名称，形如"数据集名称@数据源别名"
GenerateSpatialDataParameters.routeIDField: String	路由表的路由字段
GenerateSpatialDataResult.dataset:String	动态分段结果数据集名称，与 dataReturnOption 设置的结果名称一致
GenerateSpatialDataResult.recordset:Recordset	若 dataReturnOption 中设置了返回结果记录集，则此处 recordset 记录集非空。记录集取自动态分段结果数据集中

续表

接 口	功能说明
GenerateSpatialDataResult.errorMsg:String	分析失败时(即当 succeed 属性值为 false 时)返回的错误提示信息
GenerateSpatialDataResult.succeed:Boolean	是否成功返回结果，true 表示成功返回结果
GenerateSpatialDataService.GenerateSpatialDataService (url:String)	构造函数，用动态分段服务地址 url(如 http://localhost:8090/iserver/services/spatialanalyst-changchun/ restjsr/spatialanalyst/datasets)实例化 GenerateSpatial- DataService
GenerateSpatialDataService.processAsync(parameters: GenerateSpatialDataParameters, responder:IResponder = null):AsyncToken	根据动态分段服务地址与服务端完成异步通信，即发送分析参数并获取分析结果。 parameters：动态分段参数 responder：一般用 AsyncResponder 实现 IResponder，具体用法参见 10.2.3 节

10.2.3 示例程序

本节将具体展示动态分段功能的实现。其中使用的路由数据集为"RouteDT_road"，使用的线事件表为"LinearEventTabDT"。实现步骤如下。

(1) 设置动态分段所需参数和返回结果信息字段，如下所示。

Chapter10_generSpatialData.mxml

```
//设置返回结果信息字段
var returnOption:DataReturnOption = new DataReturnOption();
returnOption.dataset = "generateSpatialData";
returnOption.dataReturnMode = DataReturnMode.DATASET_ONLY;
returnOption.deleteExistResultDataset = true;
returnOption.expectCount = 1000;
//路由数据集和事件表的设置
var parameters:GenerateSpatialDataParameters = new GenerateSpatialDataParameters();
parameters.routeTable = "RouteDT_road@Changchun";
parameters.routeIDField = "RouteID";
parameters.eventTable = "LinearEventTabDT@Changchun";
parameters.eventRouteIDField = "RouteID";
parameters.measureStartField = "LineMeasureFrom";
parameters.measureEndField = "LineMeasureTo";
parameters.dataReturnOption = returnOption;
```

(2) 创建动态分段服务类对象，发送参与动态分段的路由数据、事件表的参数以及返回结果的参数，并对动态分段的结果进行处理并显示。代码如下所示。

Chapter10_generSpatialData.mxml

```
//定义动态分段服务并发送参数
```

```
//this.dataSetUrl 表示长春数据发布后的空间分析服务地址，
//为http://localhost:8090/iserver/services/spatialanalyst-changchun/restjsr/
//spatialanalyst/datasets
var generateSevice:GenerateSpatialDataService =
new GenerateSpatialDataService(this.dataSetUrl);
generateSevice.processAsync(parameters,new AsyncResponder
(generateCallBack, faultHandler, null));
```

上述代码中 generateCallBack 和 faultHandler 为异步返回调用函数。若动态分段分析成功，则调用 generateCallBack；若分析失败，则调用 faultHandler，显示失败信息。具体实现如下所示。

Chapter10_generSpatialData.mxml

```
/* 分析成功，利用返回的空间数据制作路况信息的单值专题图 */
private function generateCallBack(generateResult:GenerateSpatialDataResult,
mark:Object = null):void
{
    var items1:ThemeUniqueItem = new ThemeUniqueItem();
    var style1:ServerStyle = new ServerStyle();
    style1.lineColor = new ServerColor(242, 48, 48);
    style1.lineWidth = 1;
    items1.unique = "拥挤";
    items1.style = style1;

    var items2:ThemeUniqueItem = new ThemeUniqueItem();
    var style2:ServerStyle = new ServerStyle();
    style2.lineColor = new ServerColor(255, 159, 25);
    style2.lineWidth = 1;
    items2.unique = "缓行";
    items2.style = style2;

    var items3:ThemeUniqueItem = new ThemeUniqueItem();
    var style3:ServerStyle = new ServerStyle();
    style3.lineColor = new ServerColor(91, 195, 69);
    style3.lineWidth = 1;
    items3.unique = "畅通";
    items3.style = style3;

    var themeUnique:ThemeUnique = new ThemeUnique();
    themeUnique.uniqueExpression = "TrafficStatus";
    themeUnique.items = [items1,items2, items3];

    var parameter:ThemeParameters = new ThemeParameters();
    parameter.datasetNames = ["generateSpatialData"];//与参数中设置的结果数据
                                                      //集名称一致
    parameter.dataSourceNames = ["Changchun"];
    parameter.themes = [themeUnique];

    var themeServie:ThemeService = new ThemeService(this.mapUrl);
    themeServie.processAsync(parameter,new     AsyncResponder(themeDisplay,
```

```
themeFault, null));
    }
    /* 展示长春路况专题图 */
    private function themeDisplay(themeResult:ThemeResult, mark:Object):void
    {
        themeLayer = new TiledDynamicRESTLayer();
        themeLayer.url = this.mapUrl;//长春地图服务地址
        themeLayer.layersID = themeResult.resourceInfo.newResourceID;
        themeLayer.transparent = true;
        themeLayer.enableServerCaching = false;
        map.addLayer(themeLayer);
    }

    private function themeFault(object:Object, mark:Object = null):void
    {
        Alert.show("生成专题图失败");
    }

    private function faultHandler(object:Object, mark:Object = null):void
    {
        Alert.show("分析失败");
    }
```

运行效果如图 10-8 所示。

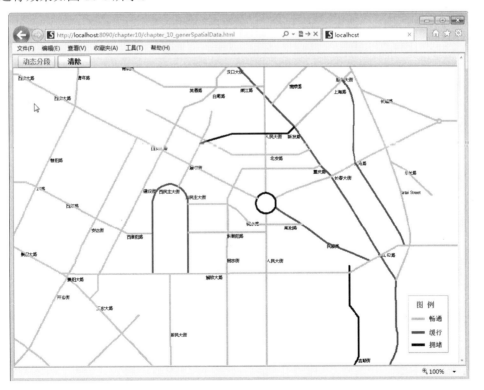

图 10-8　动态分段示例的运行效果图

10.3　快　速　参　考

目　标	内　容
动态分段概念	动态分段技术是基于线性参考技术发展起来的，用于将线性要素动态分段显示。理解线性要素的概念对动态分段至关重要。 动态分段的基本概念包括路由、路由标识字段、刻度值、路由数据集、事件等
动态分段实现步骤	(1)使用 SuperMap Deskpro .NET 准备路由数据集和事件表 (2)使用 SuperMap iServer Java 发布服务 (3)使用 SuperMap iClient for Flex 实现功能

10.4　本　章　小　结

　　本章主要讲解如何使用 SuperMap iClient for Flex 提供的动态分段接口获取 SuperMap iServer Java 动态分段 REST 服务，并且以长春道路数据为例演示了如何利用动态分段功能实现道路状况的动态显示与实时更新。

第 3 篇

扩 展 开 发

第11章 地图扩展

地图是执行 GIS 操作的基础，是 GIS 应用的根本。SuperMap iClient for Flex 默认支持的地图服务包括 SuperMap iServer Java 发布的服务、SuperMap 云服务、OGC 标准服务；除此之外，SuperMap iClient for Flex 还提供了广阔的地图扩展空间，开发者基于此可以灵活便捷地对接第三方地图服务，如目前流行的公共地图服务天地图、百度地图、Google 地图、OpenStreetMap 等。本章将针对如何扩展对接第三方地图服务进行深入解析。

本章主要内容：
- 地图扩展的概念和定位
- 地图扩展的关键步骤和注意事项
- 公众地图服务对接实例

11.1 地图扩展原理

如第 3 章所述，SuperMap iClient for Flex 中的 Map 对象是一种控件，用于统一管理图层(Layer)，与服务器端无直接关系。而 Layer 的类型与服务器端的地图服务类型一一对应。因此，本节所指的地图扩展是指扩展客户端图层，从而与各种类型的第三方地图服务进行对接。

如 3.2.1 节所述，图层按照地图生成方式可以分为动态图层和缓存图层，天地图等公众地图服务均使用缓存策略出图，因此，本节主要介绍如何扩展缓存图层 TiledCachedLayer，对其工作原理、扩展技巧进行解析，为后续开发实战章节提供理论依据。

TiledCachedLayer 隶属于 com.supermap.web.mapping 命名空间，图 11-1 为 TiledCachedLayer 的工作原理示意图。

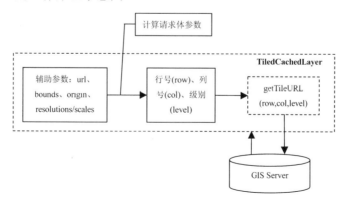

图 11-1 TiledCachedLayer 工作原理

(1) 辅助参数准备：url(服务地址)、bounds(地图范围，即切图范围)、resolutions/scales(分辨率或比例尺数组)、origin(地图实际地理范围的起始原点)是 TiledCachedLayer 出图的必设参数，用于计算请求瓦片时发送到 GIS Server 的行号(row)、列号(col)、显示级别(level)。各参数的对应关系如图 11-2 所示。

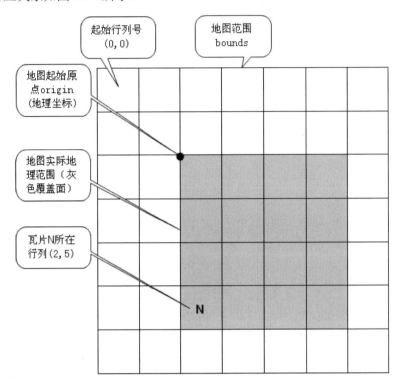

图 11-2　TiledCachedLayer 辅助参数

注意　如图 11-2 所示，地图范围 bounds 是指用于划分地图行列号的矩形切图范围，SuperMap iClient for Flex 中所涉及的 Map/Layer 的 bounds 属性均指该含义；地图实际地理范围是指地图中要素覆盖面的最小外接矩形。因此开发者在开发过程中设置 bounds 属性时，需要特别注意两者的区别。若借助软件平台(如 SuperMap Deskpro .NET)生成缓存瓦片集时，也需要注意切图范围的输入。

在一些实际应用中，为了确保两幅地图可以准确无误地进行叠加，切图范围 bounds 与地图实际地理范围之间需要呈大于关系，例如将陕西省地图与全国地图进行叠加，两幅地图重合区域(陕西区域)的瓦片必须具有相同的行列号，此时就需要将陕西省地理范围映射至全国地理范围内，以全国地理范围来划分陕西省瓦片的行列号，即陕西省地图的 bounds 属性应设置为全国地图的 bounds。再如将陕西省与山西省两个省份的地图叠加显示，它们之间的关系是相邻关系，此时需要两幅地图具有同样的切图范围，即将两个省份区域合并后的最小外接矩形作为 bounds。

(2) 计算瓦片地址参数：瓦片地址参数由服务地址及瓦片所在行列号、显示级别组成。其中服务地址即 GIS 服务器地址；行号、列号、显示级别通过步骤(1)中的辅助参数由

TiledCachedLayer 计算得出(无需开发者实现计算步骤)，并传递给 getTileURL 方法。

(3) 生成瓦片地址：重写 TiledCachedLayer:getTileURL(row, col, level)方法，根据行号、列号、显示级别 3 个参数拼写瓦片地址。

(4) 根据瓦片地址向服务器请求瓦片，并将获取到的瓦片按照其行号、列号显示于地图中。

基于上述 TiledCachedLayer 的工作原理，对 TiledCachedLayer 的扩展过程可总结为以下两步。

(1) 收集地图信息，设置 url、bounds、origin、resolutions/scales 等辅助参数。

(2) 重写 getTileURL 方法：根据 getTileURL 的 3 个参数 row、col、level 重组瓦片地址，并使用 return 关键字返回结果，内部会自动使用 HttpService 与服务器进行交互。

除两个关键步骤外，结合第 3 章的讲解，总结以下几点注意事项。

- 在进行图层叠加时，必须设置 CRS 坐标参考系，详情请参见 3.2.2 节。
- resolutions(分辨率数组)和 scales(比例尺数组)属性必设其一。由于地图的最终显示是依靠分辨率数组计算行号、列号等信息，因此开发者在选择对 scales 进行设置时，还需同时设置 TiledCachedLayer.dpi(屏幕上每英寸的像素个数)属性，因为软件内部需要根据两者转换所需的分辨率。

  比例尺与分辨率之间的相互转换公式为 $scale = 1 : \left(Resolution * \dfrac{DPI}{0.0254} \right)$。其中 0.0254 是厘米与英寸之间的换算系数。

- 注意 tileSize 属性，默认为 512，该参数需要与瓦片像素大小保持一致。

11.2　对接公众地图服务

目前互联网上流行的公众地图服务包括百度地图、Google 地图、BingMaps、OpenStreetMap、天地图等，很多读者也想在自己的项目应用中切入这些地图流行元素为己所用，以适应大众的需求。本节将使用 SuperMap iClient for Flex，结合 11.1 节的理论知识，深入介绍如何将公众地图服务应用于项目中。

下面分别以天地图(V2.0，球面墨卡托)和 OpenStreetMap 为例介绍第三方地图服务的对接方法。两者均采用球面墨卡托投影、国际标准分辨率数组，具有 Google、BingMaps 等国际地图服务的代表性。

11.2.1　天地图

在对接天地图地图服务之前，首先需要收集它的地理信息，如表 11-1 所示。

表 11-1　天地图(V2.0)地理信息表

参数类型	参 数 值
服务地址	影像图层：http://t6.tianditu.cn/DataServer?T=img_w 标签图层：http://t6.tianditu.cn/DataServer?T=cia_w 矢量图层：http://t0.tianditu.cn/DataServer?T=vec_w
坐标参考系	球面墨卡托，代号：3785。地图单位：米
切图范围	-2.00375e+007, -2.00375e+007, 2.00375e+007, 2.00375e+007
起始原点	左上角点：(-2.00375e+007, 2.00375e+007)
分辨率数组	OGC 标准：[156543, 78271.5, 39135.8, 19567.9, 9783.94, 4891.97, 2445.98, 1222.99, 611.496, 305.748, 152.874, 76.437, 38.2185, 19.1093, 9.55463, 4.77731, 2.38866, 1.19433, 0.597164]，0～18 级，已知分辨率数组不需设置比例尺数组
瓦片地址结构	[服务地址]?&X=[列号]&Y=[行号]&L=[显示级别] 其中[服务地址]可以是矢量、标签、影像三种中的任何一个
瓦片大小	256(pixel)

根据表 11-1 所述地图信息，按照以下步骤对天地图进行扩展。

(1) 定义 TDTLayer 类，继承自 TiledCachedLayer。

TDTLayer.as

```
package com.supermap.web.samples.mapping
{
    import com.supermap.web.mapping.TiledCachedLayer;
public class TDTLayer extends TiledCachedLayer
    {
    public function TDTLayer()
        {
            super();
        }
    }
    }
```

(2) 在 TDTLayer 的构造函数中初始化 bounds、resolutions/scales、origin 等参数信息，
代码如下。

TDTLayer.as

```
    this.bounds = new Rectangle2D(-2.00375e+007, -2.00375e+007, 2.00375e+007,
2.00375e+007);
    this.tileSize = 256;
    //球面墨卡托投影
    this.CRS = new CoordinateReferenceSystem(3785, Unit.METER);
    //影像图层：http://t6.tianditu.cn/DataServer?T=img_w
    //标签图层：http://t6.tianditu.cn/DataServer?T=cia_w
    //这里以矢量图层为例
```

```
this.url = "http://t0.tianditu.cn/DataServer?T=vec_w";
this.origin = new Point2D(-2.00375e+007, 2.00375e+007);
this.resolutions = [156543, 78271.5, 39135.8, 19567.9,
            9783.94, 4891.97, 2445.98, 1222.99,
            611.496, 305.748, 152.874, 76.437,
            38.2185, 19.1093, 9.55463, 4.77731,
            2.38866, 1.19433, 0.597164];
setLoaded(true);
```

> **注意**　当图层所有的辅助参数设置完毕后，必须执行 setLoaded(true)方法，表示图层的信息已初始化完毕，告知图层可以进行下一步操作。

(3)　重写 getTileURL()方法。

TDTLayer.as

```
override protected function getTileURL(row:int, col:int, level:int) : URLRequest
{
    var serverURL:String;
    if(level < 0)
    {
        return null;
    }
    serverURL = this.url + "&X=" + col + "&Y=" + row + "&L=" + level;
    return new URLRequest(serverURL);
}
```

(4)　将 TDTLayer 加载到 Map 中出图显示，MXML 代码如下。

Chapter11_1.mxml

```
<?xml version="1.0" encoding="utf-8"?>
<s:Application xmlns:fx="http://ns.adobe.com/mxml/2009"
            xmlns:s="library://ns.adobe.com/flex/spark"
            xmlns:mx="library://ns.adobe.com/flex/mx"
            xmlns:ic="http://www.supermap.com/iclient/2010"
            width="100%" height="100%"
            xmlns:mapping="com.supermap.web.samples.mapping.*">

    <!--添加 天地图-->
    <ic:Map>
        <mapping:TDTLayer/>
    </ic:Map>
</s:Application>
```

运行后显示结果如图 11-3 所示。

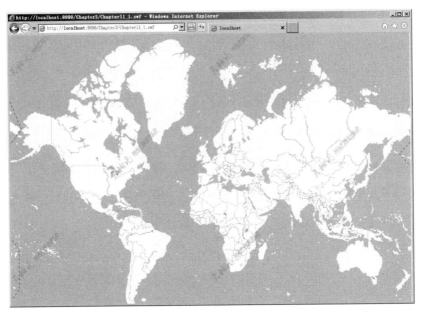

图 11-3 天地图

11.2.2 OpenStreetMap

OpenStreetMap 地图扩展与天地图类似，地理信息如表 11-2 所示。

表 11-2 OpenStreetMap 参数信息表

参数类型	参 数 值
服务地址	http://a.tile.openstreetmap.org
坐标参考系	球面墨卡托投影，代号：3785。地图单位：米
切图范围	-2.00375e+007, -2.00375e+007, 2.00375e+007, 2.00375e+007
起始原点	左上角点: (-2.00375e+007, 2.00375e+007)
分辨率数组	OGC 标准：[156543, 78271.5, 39135.8, 19567.9, 9783.94, 4891.97, 2445.98, 1222.99, 611.496, 305.748, 152.874, 76.437, 38.2185, 19.1093, 9.55463, 4.77731, 2.38866, 1.19433, 0.597164]，0～18 级，已知分辨率数组不需设置比例尺数组
瓦片地址结构	[服务地址]/[显示级别]/[列号]/[行号].png
瓦片大小	256(pixel)

根据表 11-2 中所述信息，实现对 OpenStreetMap 地图服务的对接，具体开发步骤如下。

(1) 定义 CustomOSMLayer 类，继承自 TiledCachedLayer，代码如下。

```
                          CustomOSMLayer.as

package com.supermap.web.samples.mapping
{
    import com.supermap.web.mapping.TiledCachedLayer;
```

```
public class CustomOSMLayer extends TiledCachedLayer
{
    public function CustomOSMLayer()
    {
        super();
    }
}
```

(2)　在 CustomOSMLayer 的构造函数中设置初始化 bounds、resolutions/scales 参数信息，代码如粗体部分所示。

CustomOSMLayer.as

```
package com.supermap.web.samples.mapping
{
    import com.supermap.web.core.CoordinateReferenceSystem;
    import com.supermap.web.core.Point2D;
    import com.supermap.web.core.Rectangle2D;
    import com.supermap.web.core.Unit;
    import com.supermap.web.mapping.TiledCachedLayer;
    import flash.net.URLRequest;
    public class CustomOSMLayer extends TiledCachedLayer
    {
        public function CustomOSMLayer()
        {
            super();
            this.bounds = new Rectangle2D(-2.00375e+007, -2.00375e+007,
2.00375e+007, 2.00375e+007);
            this.tileSize = 256;
            this.url = "http://a.tile.openstreetmap.org";
            this.CRS = new CoordinateReferenceSystem(3785,Unit.METER);
            this.origin = new Point2D(-2.00375e+007, 2.00375e+007);
            this.resolutions = [156543, 78271.5, 39135.8, 19567.9,
                9783.94, 4891.97, 2445.98, 1222.99,
                611.496,  305.748, 152.874, 76.437,
                38.2185, 19.1093, 9.55463,  4.77731,
                2.38866, 1.19433, 0.597164];
            setLoaded(true);
        }
    }
}
```

(3)　重写 getTileURL()方法。

CustomOSMLayer.as

```
override protected function getTileURL(row:int, col:int, level:int) :
URLRequest
{
    var serverURL:String;
    serverURL = this.url + "/" + level + "/" + col + "/" + row + ".png";
```

```
        return new URLRequest(serverURL);
}
```

（4）至此，CustomOSMLayer 类已扩展完成，下面按照第 3 章中 Map 与 Layer 的使用方法，将 CustomOSMLayer 加载到 Map 中出图显示。MXML 代码如下。

Chapter11_2.mxml

```
<?xml version="1.0" encoding="utf-8"?>
<s:Application xmlns:fx="http://ns.adobe.com/mxml/2009"
               xmlns:s="library://ns.adobe.com/flex/spark"
               xmlns:mx="library://ns.adobe.com/flex/mx"
               xmlns:ic="http://www.supermap.com/iclient/2010"
               width="100%" height="100%"
               xmlns:mapping="com.supermap.web.samples.mapping.*">

    <!--添加 OpenStreetMap 地图-->
    <ic:Map>
        <mapping:CustomOSMLayer/>
    </ic:Map>
</s:Application>
```

运行后显示结果如图 11-4 所示。

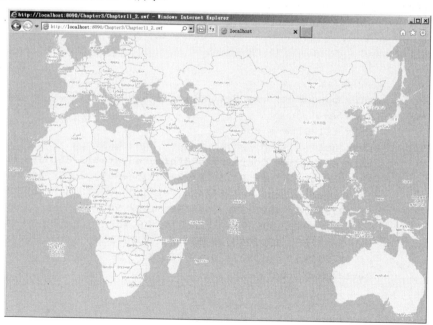

图 11-4　OpenStreetMap 地图

在扩展开发中，构建瓦片请求体是关键，无论是天地图或是 OpenStreetMap，它们的请求体结构都相对简单。如想了解相对复杂的扩展，可以参考 SuperMap iClient for Flex 产品包中有关对接 BingMaps 地图的示例代码，其请求体结构相对较复杂，但是无论多么复杂的请求体，都是围绕着行号、列号、显示级别三者构建的。因此，在充分了解上述三者关系后，TiledCachedLayer 的扩展应用会变得非常简单。

除公众地图服务外，SuperMap iClient for Flex 还支持自定义缓存地图服务(即借助某一软件平台生成缓存瓦片，并按照一定规则自行组织发布)，其扩展方法与公众地图服务基本相同。

11.3　快速参考

目　标	内　容
地图扩展流程	(1)收集图层扩展所需各项参数 (2)按照瓦片的组织规则在 getTileURL 方法中构建瓦片地址
瓦片请求体	瓦片所在服务地址，一般由服务地址、行列号以及显示级别组成
必设参数	切图范围、分辨率/比例尺数组、地理原点
注意事项	• CRS 设置技巧参见 3.5.3 节 • 设置 scales 的同时还需设置 dpi • tileSize 默认值：512(pixel)

11.4　本章小结

本章在了解了缓存图层(TiledCachedLayer)工作原理的基础上，介绍了如何扩展公众地图服务。在实际应用中，只要理解了请求体参数中比例尺/分辨率数组、切图范围等参数的概念与设置规则，即可对开放的第三方地图服务进行调用，丰富项目的地图服务来源。

第 12 章　第三方 GIS 服务扩展

在 Web GIS 项目中，通常会遇到需要访问第三方 GIS 功能服务的情况。本章将以如何扩展天地图(V2.0)地名地址要素服务(Web Feature Gazetteer Services，简称 WFS-G)为例，介绍如何使用 SuperMap iClient for Flex 软件快速访问第三方 GIS 功能服务。

本章主要内容：
- ServiceBase 的扩展方法
- 自定义服务接口
- 调用自定义接口实现功能

12.1　概　　述

本节首先简要介绍 Flex 网络通信的基础知识，为扩展功能的实现打下理论基础。之后介绍 SuperMap iClient for Flex 提供的服务基类 ServiceBase 的主要接口及扩展方法。

12.1.1　Flex 网络通信简介

在学习具体的服务扩展方法之前，需要了解服务扩展所遵循的网络通信流程，即 Flex 中网络通信的基础知识。

Flex 提供了多种途径以实现网络通信，常见的网络通信方式有 URLLoader、HTTPService、Socket、XMLSocket、WebService 等。其中 URLLoader、Socket、XMLSocket 为 ActionScript 本身提供的类，可以在 Flash 和 Flex 中使用，而 HTTPService、WebService 为 Flex 封装的类，仅在 Flex 中使用。Socket、XMLSocket 可与服务器建立持续的连接，而不必每次在获取数据时都发送一个请求；URLLoader、HTTPService 可用于与服务器进行普通的数据交换，可以通过 GET 或 POST 方法发送请求以获取数据；WebService 则用于访问基于 SOAP 的 Web 服务。

在上述几种通信方式中，HTTPService 主要用来发送 http 形式的 get 或 post 请求，在与服务端交互的开发中通用性高，它可以与多种后台进行交互，如 PHP、ASP、JSP 等。

HTTPService 将一个完整的网络通信抽象成三个过程。

(1) 构建 HTTPService 对象并设置发送 get 或 post 请求的请求参数。

(2) 发送服务请求。通过 HTTPService.send()方法将第(1)步构建好的请求发送到指定的服务器进行处理。

(3) 接收并处理结果数据。当服务器处理完成时，HTTPService 对象能够获取到返回的结果数据，之后通过事件触发或异步调用的方式通知开发者进行具体的业务操作。

HTTPService 通信流程简单明了，适合完成单一的服务请求。如果开发者要完成的功能较为复杂并包含多种服务，则每种服务都需要对 HTTPService 进行封装，并处理封装过程中的事件监听、类型判断、结果处理等较为复杂的工作。

此时，如果使用 SuperMap iClient for Flex 产品库提供的服务基类 ServiceBase 可以简化这个流程。ServiceBase 采用 HTTPService 方式与服务器进行通信，使用便捷。接下来介绍 ServiceBase 的主要接口及扩展方法。

12.1.2　ServiceBase 的主要接口及扩展方法

SuperMap iClient for Flex 提供了用于扩展 GIS 服务的服务基类 ServiceBase，位于 com.supermap.web.service 命名空间下。ServiceBase 不仅支持对接 SuperMap iServer Java 的 GIS 功能服务，同时提供了丰富的接口用于对接第三方服务。ServiceBase 继承自 mx.events.EventDispatcher，采用 HTTPService 方式与服务端通信。

ServiceBase 对二次开发者开放的 HTTPService 的属性有 url、contentType 和 method，表 12-1 对 ServiceBase 的接口进行了详细说明。

表 12-1　ServiceBase 的主要接口及其功能说明

接　　口	功能说明
url:String	GIS 服务地址
contentType:String	服务请求的内容类型，设置方式同 HTTPService 的属性 contentType。 当值为"application/x-www-form-urlencoded"时，请求将以名称/值对的形式发送；当值为 "application/xml"时，请求将以 XML 的形式发送。默认值为 "application/x-www-form-urlencoded"
resultType:String	用于标识响应体的格式，服务响应成功后会根据 resultType 的设置值，将获取到的原始数据进行封装。若 resultType = "text"，封装结果为一个键值对的 Object；若 resultType = "xml"，封装结果为一个 XML 对象；若指定其他格式，将按原始结果返回
method:String	指定发送请求的方式，支持 POST 和 GET 两种。默认为 GET
ServiceBase(url:String)	构造函数。所有子类必须覆盖此构造函数
sendURL(extendUrlPath:String,queryVar: Object,responder:IResponder,operation: Function):AsyncToken	用于与服务端进行异步通信

在 ServiceBase 的扩展开发中，sendURL 是最为重要的接口。sendURL 用于与服务端的异步通信，所有子类必须调用此接口。其返回类型为 AsyncToken，调用 sendURL 需要传入 4 个参数：extendUrlPath、queryVar、responder 和 operation。具体说明如下。

(1) extendUrlPath 为 url 的扩展路径。在扩展开发中设置为空串即可。

(2) queryVar 为 Object 类型的请求体参数。请求体参数一般为 json 或 xml 格式的字符串表示形式。

(3) responder 是远程或异步请求服务完成时将调用的处理函数。供二次开发者使用，由 AsyncResponder 类实现。AsyncResponder 的构造函数如下。

```
Public function AsyncResponder(result:Function, fault:Function, token:
Object = null)
```

其中，参数 result 是成功完成请求时应调用的函数，必须具有以下签名。

```
public function resultFunctionName(result:Object, token:Object = null):
void;
```

参数 fault 是请求完成但出错时应调用的函数，必须具有以下签名。

```
public function faultFunctionName(error:FaultEvent, token:Object = null):
void;
```

参数 token 是与此请求相关的其他信息。

使用 AsyncResponder 可同时定义远程或异步请求服务完成时将调用的成功和失败处理函数，而无需添加事件监听。

(4) operation：GIS 服务端响应成功后，客户端首先将服务端返回的原始结果处理为 json 或 xml 类型的对象(这个处理过程需要 ServiceBase 的属性 resultType 的参与)。之后在 operation 中对返回结果进行再次加工，并将其抛给二次开发者以使用。结果的抛出有两种方式：一是使用异步调用方式，将结果封装到第三个参数 responder 对象中；二是将结果封装到服务完成事件中，并派发该事件。

operation 函数接收两个参数：第一个参数为 Object 类型，即客户端对原始结果初次加工的结果数据；第二个参数为 AsyncToken 类型，该参数持有 sendUrl()接口中传入的 IResponder 对象，即参数 responder。使用方法如下列代码片段所示。

```
// operation 函数的实现——handleDecodedObject
private function handleDecodedObject(object:Object,
 asyncToken:AsyncToken):void
        {
            this._lastResult = QueryResult.fromJson(object);//对 object 的
                                                             //封装
            //使用异步调用方式抛出结果
            var responder:IResponder;
            for each (responder in asyncToken.responders)
            {
                responder.result(this._lastResult);
            }
            //使用派发事件方式抛出结果，QueryEvent 是自定义事件
            this.dispatchEvent(new QueryEvent(QueryEvent.PROCESS_COMPLETE,
this._lastResult, object));
        }
```

12.2　扩 展 示 例

在了解了服务扩展的基础知识后，本节将通过简单示例具体展示如何基于 SuperMap iClient for Flex 进行 GIS 服务扩展开发。示例实现在 Web 应用中按地名地址查询要素的功能，其中地名地址要素服务选取天地图(V2.0)WFS-G。具体包括自定义服务接口的实现和调用自定义服务接口完成功能两个步骤。

12.2.1　自定义服务接口

在自定义服务接口阶段，首先需要收集 WFS-G 接口参数，之后依次进行自定义服务的整体设计、类接口的详细设计与实现。

1. 收集 WFS-G 接口参数

"天地图"是国家地理信息公共服务平台的公众版，其提供的地名地址要素服务(Web Feature Gazetteer Services，简称 WFS-G)用于地名、地址数据的查询检索。服务遵循 OGC 的 WFS 1.0.0 规范。WFS-G 服务包含 4 个操作：GetCapabilities、DescribeFeatureType、GetFeature 和 BasicOperation。GetCapabilities 返回 WFS-G 服务能力描述文档(用 XML 描述)；DescribeFeatureType 返回服务提供的所有地名要素类型及结构描述文档；GetFeature 提供按照 Filter、box、id 等方式查询地名要素的方法；BasicOperation 为扩展操作，提供对服务状态的管理和查询。本节示例要实现按照地名地址查询要素的简单功能，所以需调用 WFS-G 的 GetFeature 接口。GetFeature 接口遵循 HTTP 协议，开发者可通过 GET 和 POST 两种方式向服务端提交请求。

GET 方式的 KVP(Key-Value Pair，键 / 值对)请求形如 http://www.tianditu.com/wfssearch.shtml?SERVICE=WFS&VERSION=1.0.0&REQUEST=GETFEATURE&TYPENAME=*&FEATUREID=DOMAIN_POI_NEW.1。

POST 方式下，符合 OGC WFS 1.0.0 规范的过滤查询(Filter)请求体形如下例：

```
<?xml version="1.0" encoding="UTF-8"?>
<GetFeature>
    <Query typeName="iso19112:SI_Gazetteer">
        <Filter>
            <PropertyIsLikewildCard="%" singleChar="#">
                <PropertyName>STANDARDNAME</PropertyName>
                <Literal>%河#%化#</Literal>
            </PropertyIsLike>
        </Filter>
    </Query>
</GetFeature>
```

GetFeature 操作的主要接口及说明如表 12-2 所示。更多相关服务，读者可参考 http://www.tianditu.cn/api-new/home.html。

表 12-2　WFS-G 的 GetFeature 服务接口信息表

接　口	是否可选	说　明
SERVICE	必选	服务类型，值必须为 WFS
VERSION	必选	服务版本号，值必须为 1.0.0
REQUEST	必选	请求的类型，值必须为 GetFeature
TYPENAME	必选	图层的名字，若为*号，表示取所有图层
FEATUREID	可选	查询指定 id 的要素，格式为图层名要素 id 值

注意　上述 WFS-G 服务地址和接口，请以天地图官网当前公布为准。

2. 自定义服务的整体设计

SuperMap iClient for Flex 一般将 GIS 服务功能设计划分为服务参数类 (GISServiceParameters)、服务类 (GISService)、事件类 (GISServiceEvent) 和结果类 (GISServiceResult)。服务参数类负责接收用户设置的参数；服务类负责组织参数并向相应的 GIS 服务器发送请求，当监听到 GIS 服务器的响应后解析响应结果，将其封装到结果类中，并以异步调用或派发事件的方式将结果抛给该服务接口使用者(这两种方式的介绍详见 12.1.2 节)。若 GIS 服务器响应失败，则派发相应的失败事件。类之间相互独立，耦合度较低。类间的关系及与服务端的通信如图 12-1 所示。

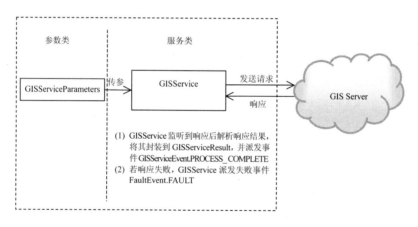

图 12-1　类间的关系及与服务端的通信

依据这种设计方式，本示例将自定义服务接口划分为参数类 MyGetFeatureParameters、服务类 MyGetFeatureService、结果类 MyGetFeatureResult 和事件类 MyGetFeatureEvent。接下来进行接口的详细设计与实现。

3. 接口的详细设计

1)　参数类 MyGetFeatureParameters

根据示例功能需求与 WFS-G 获取要素的 POST 请求体的构成，应由参数类 MyGetFeatureParameters 提供接口 propertyName 和 literal 以进行要素的查询，如表 12-3 所示。

表 12-3　MyGetFeatureParameters 接口设计

接　　口	功能说明
propertyName:String	要素的属性名。天地图提供的地名地址要素属性有 OID、DOMAINNAME、STANDARDNAME 等
literal:String	要素的属性值

2)　服务类 MyGetFeatureService

MyGetFeatureService 作 为 ServiceBase 的 扩 展 类， 需 从 父 类 生 成 构 造 函 数。
MyGetFeatureService 提供接口 processAsync 用于执行查询功能。在 processAsync 接口中将
调用父类的 sendURL 方法以进行与服务端的异步通信。MyGetFeatureService 接口设计如
表 12-4 所示。

表 12-4　MyGetFeatureService 接口设计

接　　口	功能说明
processAsync(parameters:MyGetFeatureParameters, responder:IResponder = null):AsyncToken	查询执行函数。parameters 用于接收查询参数。responder 用于异步调用，此参数需传入父类 sendURL 方法的第三个参数 responder 中

3)　结果类 MyGetFeatureResult

MyGetFeatureResult 用来存放 MyGetFeatureService 对服务端响应的解析结果。该类包
括一个属性 features 和一个方法 setFeatures(value:Array)，如表 12-5 所示。其中，features
属性表示要素数组，数组元素类型为 Feature，将其设计为只读属性，表示只能对结果进行
读取。setFeatures(value:Array) 是内部方法，对外部不可见，仅在 MyGetFeatureService 存放
解析结果时使用；其作用域类型由自定义命名空间定义。

表 12-5　MyGetFeatureResult 接口设计

接　　口	功能说明
features():Array	只读属性
setFeatures(value:Array):void	MyGetFeatureService 在封装服务端响应的查询结果时调用此函数，参数值 value 为 Feature 要素数组

4)　事件类 MyGetFeatureEvent

MyGetFeatureService 抛出结果的第二种方式即派发自定义事件，这要求构造函数提供
参数接口 result 以写入服务响应结果。服务接口使用者通过只读属性 myGetFeatureResult
获取数据。要求在自定义事件 MyGetFeatureEvent 中写入 MyGetFeatureResult 实例。
MyGetFeatureEvent 接口设计如表 12-6 所示。

表 12-6　MyGetFeatureEvent 接口设计

接　口	功能说明
QUERY_COMPLETE:String	公有静态常量。自定义事件 MyGetFeatureEvent 的事件类型
MyGetFeatureEvent(type:String, result:MyGetFeatureResult = null, bubbles:Boolean =false, cancelable:Boolean=false)	自定义事件 MyGetFeatureEvent 的构造函数。MyGetFeatureService 在派发该事件时，将结果 result 传送至 MyGetFeatureEvent。用户通过只读属性 myGetFeatureResult 获取数据
myGetFeatureResult:MyGetFeatureResult	用户监听到事件 MyGetFeatureEvent.QUERY_COMPLETE 时，从只读属性 myGetFeatureResult 中获取数据

4. 接口的实现

从接口设计中可以看出扩展服务用到的知识点主要包括命名空间、自定义事件和网络通信技术。这里只重点讲解 MyGetFeatureService 中 processAsync()方法的具体实现，其余类接口的实现请参考配套光盘\数据与程序\第 12 章\程序。

MyGetFeatureService 继承自 ServiceBase，查询功能函数 MyGetFeatureService.processAsync() 必须调用父类接口 sendURL，从而完成与服务端的异步通信。调用 sendURL 需传入 4 个参数，分别为 extendUrlPath、queryVar、responder 和 operation。关于各参数的介绍详见 12.1.2 节。MyGetFeatureService 采用 POST 方式与服务端通信，请求内容类型为 xml，响应体的格式为 xml，源码如下。

```
                        MyGetFeatureService.as

public function processAsync
(parameters:MyGetFeatureParameters, responder:IResponder = null):AsyncToken
{
    if(!parameters)
    {
        throw new SmError(SmResource.NONE_PARAMETERS);
        return null;
    }

    this.myGetFeatureParameters = parameters;
    //请求按post方式传送，传送格式为"xml"，响应格式为"xml"
    this.method = URLRequestMethod.POST;
    this.contentType = "application/xml";
    this.resultType = "xml";
    varrequestEntity:String = getRequestBody();
    return sendURL("", requestEntity, responder, this.handleDecodedObject);
}
```

上述代码中粗体部分——函数 getRequestBody()用于实现请求的构建，返回类型为 XML 数据类型，请求的构建如下所示。

```
    private function getRequestBody():String
    {
        //定义 xml 命名空间
        varogcNS:Namespace = new Namespace("ogc", "http://www.opengis.net/ogc");
        varxsiNS:Namespace =  new  Namespace("xsi",  "http://www.w3.org/2001/
XMLSchema-instance");
        varwfsNS:Namespace = new Namespace("wfs", "http://www.opengis.net/wfs");
        vargmlNS:Namespace = new Namespace("gml", "http://www.opengis.net/gml");

        //构建 xml 请求对象 content
        varcontent:XML =new XML("<GetFeature></GetFeature>");
        content.setNamespace(wfsNS);
        content.addNamespace(ogcNS);
        content.addNamespace(xsiNS);
        content.addNamespace(gmlNS);
        content.@service = "WFS";
        content.@version = "1.0.0";
        content.@maxFeatures = "100";

        //添加 Query 标签
        varquery:XML = new XML("<Query></Query>");
        query.@typeName = "iso19112:SI_Gazetteer";
        query.@srsName = "EPSG:4326";

        //添加过滤条件
        varattrFilter:XML = new XML("<Filter></Filter>");
        attrFilter.setNamespace(ogcNS);

        varpropertyIsLike:XML = new XML("<PropertyIsLike></PropertyIsLike>");
        propertyIsLike.@wildCard = "λ";
        propertyIsLike.@singleChar = ".";
        propertyIsLike.@escape = "!";
        propertyIsLike.appendChild(new XML("<PropertyName>"+myGetFeatureParameters.
propertyName+"</PropertyName>"));
        propertyIsLike.appendChild(new
XML("<Literal>"+"*"+myGetFeatureParameters.literal+"*"+"</Literal>"));
        propertyIsLike.setNamespace(ogcNS);
        for each(varsubNode:XML in propertyIsLike.elements())
        {
            subNode.setNamespace(ogcNS);
        }

        attrFilter.appendChild(propertyIsLike);
        query.appendChild(attrFilter);
        content.appendChild(query);
        var head:String = "<?xml version=\"1.0\" encoding=\"UTF-8\"?>"
```

```
    var contentStr:String = head + content.toXMLString();
    return contentStr;
}
```

processAsync 的异步回调函数 handleDecodedObject()为服务接口使用者提供了两种获取结果的方式：监听事件和异步调用，如下列代码中粗体所示。

MyGetFeatureService.as

```
private function handleDecodedObject(object:Object,
 asyncToken:AsyncToken):void
{
    varresponder:IResponder;
    vargetFeatureResult:MyGetFeatureResult = new MyGetFeatureResult();

    //从 object 获取数据进行解析
    getFeatureResult.setFeatures(parseResutXML(object as XML));
    //使用异步调用方式抛出结果
    for each (responder in asyncToken.responders)
    {
        responder.result(getFeatureResult);
    }
//使用派发事件方式抛出结果，MyGetFeatureEvent 是自定义事件。服务接口使用者通过监听
//MyGetFeatureEvent.QUERY_COMPLETE 类型的事件获取结果
    vargetFeatureCompEvt:MyGetFeatureEvent = new MyGetFeatureEvent
(MyGetFeatureEvent.QUERY_COMPLETE,getFeatureResult);
    dispatchEvent(getFeatureCompEvt);
}
//将 xml 数据对象解析为 Feature 对象
private function parseResutXML(xml:XML):Array
{
    varfeatures:Array = [];
    var iso19112NS:Namespace = new Namespace("iso19112", "SI_Gazetteer");
    for each(varfeatureMember:XML in xml.elements())
    {
        if(featureMember.localName() == "featureMember")
        {
            varSI_Gazetteer:XML = featureMember.iso19112NS::SI_Gazetteer[0] as XML;
            if(SI_Gazetteer.localName() == "SI_Gazetteer")
            {
                varfeature:Feature= new Feature();
                varfeaAttriObj:Object = {};
                for each(varproperty:XML in SI_Gazetteer.elements())
                {
                    if(property.localName() == "Geometry")
                    {
                        varcoordXML:XML = property.elements().elements()[0] as XML;
                        if(coordXML.localName()== "coordinates")
                        {
                            vargeometry:GeoPoint = new GeoPoint();
```

```
                            varcoordinateString:String =
coordXML.children()[0] as XML;
                            var x:Number =
    Number(coordinateString.substring(0,coordinateString.indexOf(",")));
                            var y:Number =
    Number(coordinateString.substring((coordinateString.indexOf(",")+1)));
                            geometry.x = x;
                            geometry.y = y;
                            feature.geometry = geometry;
                        }
                    }
                    if(property.localName() == "id")
                        feaAttriObj.id =
(property.children()[0] as XML).toString();
                    if(property.localName() == "name")
                        feaAttriObj.name =
(property.children()[0] as XML).toString();
                    if(property.localName() == "admin")
                        feaAttriObj.admin =
(property.children()[0] as XML).toString();
                    if(property.localName() == "cls")
                        feaAttriObj.cls =
(property.children()[0] as XML).toString();
                }
                feature.attributes = feaAttriObj;
                features.push(feature);
                feature = null;
            }
        }
    }
    return features;
}
```

12.2.2　调用自定义接口实现功能

自定义服务接口实现完毕后，即可调用其实现根据地名地址查询要素的功能。在本示例中将使用 TiledDynamicRESTLayer 访问 SuperMap iServer Java 默认发布的地图服务，url 为 http://localhost:8090/iserver/services/map-world/rest/maps/World，地图投影为 WGS84，调用自定义接口与 WFS-G 服务交互实现地名地址查询，使用要素图层 FeaturesLayer 展示查询结果要素。示例界面中包含一个文本输入框 TextInput 和两个按钮。TextInput 用于输入查询的地名；两个按钮一个用于查询，一个用于清除 FeaturesLayer 上的要素。具体实现步骤如下。

(1) 新建 Web 项目，或在已有项目中新建 MXML 应用程序，在 MXML 标签部分加入控件 TextInput、Button、Map、TDTLayer 和 FeaturesLayer。代码如下。

Chapter12_test.mxml

```xml
<?xml version="1.0" encoding="utf-8"?>
<s:Applicationxmlns:fx="http://ns.adobe.com/mxml/2009"
            xmlns:s="library://ns.adobe.com/flex/spark"
            xmlns:mx="library://ns.adobe.com/flex/mx"
            xmlns:ic="http://www.supermap.com/iclient/2010"
            xmlns:is=http://www.supermap.com/iserverjava/2010
            minWidth="955" minHeight="600" xmlns:mapping="mapping.*">
<!--添加 TDTLayer 地图、要素图层 FeaturesLayer-->
    <ic:Map id="map">
        <is:TiledDynamicRESTLayer url="http://localhost:8090/iserver/
services/map-world/rest/maps/World"/>
        <ic:FeaturesLayer id="featuresLayer"/>
    </ic:Map>
    <s:HGroup>
<!--地名输入框、“查询”按钮、“清除”按钮-->
        <s:TextInput id="queryText"/>
        <s:Button id="query" label="查询" click="query_clickHandler (event)"/>
        <s:Button id="clear" label="清除" click="clear_clickHandler (event)"/>
    </s:HGroup>
</s:Application>
```

(2) 在"查询"按钮中添加如下代码。

Chapter12_test.mxml

```actionscript
protected function query_clickHandler(event:MouseEvent):void
{
    if(queryText.text!="")
    {
        vargetFeatureParameters:MyGetFeatureParameters = new
    MyGetFeatureParameters();
        getFeatureParameters.propertyName = "STANDARDNAME";
        getFeatureParameters.literal = queryText.text;

        var url:String = "http://www.tianditu.com/wfssearch.shtml";

        vargetFeatureService:MyGetFeatureService = new
    MyGetFeatureService(url);;
        getFeatureService.processAsync(getFeatureParameters,newAsyncResponder
(resultShow,fault,null));
    }
    else
    {
        Alert.show("请输入查询地名，如：王府井");
    }
}

private function addFeature(evt:MyGetFeatureEvent):void
{
    if(evt.myGetFeatureResult.features.length)
```

```
    {
        for each(var feature:Feature in evt.myGetFeatureResult.features)
        {
feature.style = new PictureMarkerStyle("assets/queryStop.png",20,20);
                    featuresLayer.addFeature(feature);
        }
    this.map.viewBounds = featuresLayer.bounds.expand(2);
    }
    else
    {
        Alert.show("无匹配结果");
    }
}

private function fault(evt:FaultEvent):void
{
    Alert.show("查询失败!");
}
```

(3) 在"清除"按钮处理函数中清除 FeaturesLayer 上的要素，代码如下。

Chapter12_test.mxml

```
protected function clear_clickHandler(event:MouseEvent):void
{
    featuresLayer.clear();
}
```

(4) 运行应用程序，输入"王府井"，单击"查询"按钮，则所有与"王府井"有关的点要素都被添加到地图上，如图 12-2 所示。

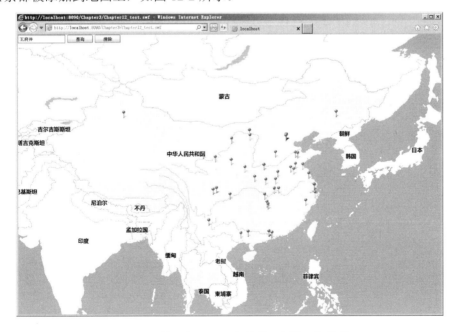

图 12-2　第三方 GIS 服务扩展示例的运行效果

注意　在地图上加载显示要素时，请确保地图投影与要素坐标投影的一致性。例如：本示例中天地图 WFS-G 服务采用 WGS84 投影，则选用图层 TiledDynamicRESTLayer 也必须采用 WGS84 投影，这样才能得到正确的叠加显示效果。

12.3　快速参考

目　标	内　容
Flex 网络通信基础知识	常见的几种网络通信方式有 URLLoader、Socket、XMLSocket、HTTPService、WebService 等。其中，HTTPService 的使用最为广泛。HTTPService 类是对 URLLoader 类和 URLRequest 类的封装。 URLLoader 将一个完整的网络通信抽象成 3 个过程。 (1)构建通信请求对象 URLRequest (2)发送服务请求 (3)接收并处理结果数据
ServiceBase	ServiceBase 用作扩展服务，继承自 mx.events.EventDispatcher，采用 HTTPService 方式与服务端进行通信。所有子类必须调用父类 ServiceBase 的接口 sendURL，从而与服务端进行异步通信
自定义服务的整体设计	SuperMap iClient for Flex 一般将 GIS 服务功能设计划分为服务参数类 (GISServiceParameters)、服务类 (GISService)、事件类 (GISServiceEvent) 和结果类 (GISServiceResult)。自定义服务时需要开发者对这 4 个类进行设计实现

12.4　本章小结

　　本章简要介绍了 Flex 网络通信的基础知识，对 ServiceBase 类的扩展方法进行了详细讲述。之后以具体示例展示了自定义服务接口的实现以及调用自定义接口完成功能。ServiceBase 类的功能丰富，便于扩展，推荐二次开发者使用。

第 4 篇

项目实战入门

第13章 系 统 优 化

Flex 开发的企业级 GIS 项目，在开发及实际部署过程中需要遵循一系列的优化原则，才能使得项目更加健壮，便于后期扩展和维护。本章从实际项目中总结了常用的优化思路和技巧，希望对读者的 GIS 项目开发有所帮助。

本章主要内容：
- 系统模块设计思路
- 系统性能优化方法
- 异构系统设计的注意事项
- 其他客户端开发技巧

13.1 系统模块设计思路

一个完整的系统由多个功能模块组成，实现每一个功能模块都需要考虑界面的布局、参数的初始化以及复杂的人机交互。好的设计使一个模块能被不同项目或同一项目的不同功能复用，并且能灵活方便地修改。本节将介绍系统模块设计中两类较为常见的设计思路，即组件化设计和配置化设计，这两种设计模式可以有效地提升功能模块的复用性和灵活性。

13.1.1 组件化设计

组件化设计是指将程序模块化，使各个模块之间可以单独开发、单独测试，使软件具有高度的可重用性和互操作性。使用 Flex 可以方便地从已有的 UI 组件扩展出新的组件，也可以将两个或多个组件包装成复合组件；同时 Flex 组件可以打包成 SWC 格式的文件，更容易在项目间共享。Flex 组件根据是否可视分为可视化组件和非可视化组件，可视化组件要考虑图形渲染、UI 布局和人机交互，比非可视化组件稍显复杂。而 Flex 项目开发中，大部分工作都涉及人机交互，与可视化界面有关。所以，本节的组件化设计主要介绍可视化组件设计。

1. 认识 Flex 可视化组件

在 Flex 中，所有的可视化组件都是继承自 mx.core.UIComponent，UIComponent 是一个可显示对象容器(Display Object Container)，里面可以包含子显示对象，通过接口 addElement、removeElement、numElements 等方法操作子显示对象。每个可视化组件在实例化过程中，会调用一系列方法和派发一系列事件，掌握了这些方法的调用和事件的派发顺序后，就能在合适的时间重载组件 public 或 protected 类型的方法，或者监听组件的特定事件，完成自定义组件的实现。表 13-1 列出了自定义组件需要重载的 protected 方法。

表 13-1　自定义组件需要重载的 protected 方法

方　　法	说　　明
updateDisplayList()	绘制对象或设置其子项的大小和位置
measure()	设置组件的默认尺寸和(可选)默认的最小尺寸
commitProperties()	提交组件所有的属性变化
createChildren()	创建子组件

Flex 不是每次变化都单独调用对应的方法，而是使用失效机制同步组件的更新，用一系列失效的方法标记组件的属性、尺寸或位置的变化，之后将其延迟到下次屏幕更新时再调用 commitProperties()、measure()和 updateDisplayList()等方法。例如，更改一个自定义按钮组件(继承自 spark.components.Button)的 icon 属性时，组件的尺寸可能随之改变，为了调整布局，Flex 会自动调用 commitProperties()、measure()、updateDisplayList()等一系列方法。如果更改按钮组件的其他属性，都可能影响组件的尺寸，也会调用上面所说的方法。而开发者一般希望在所有属性设置完成后一次性地调用 commitProperties()、measure()和updateDisplayList()等方法。所以，失效机制就能保证组件的多个属性修改后，在下一帧只进行一次更新。表 13-2 给出了常用的组件失效方法。

表 13-2　常用的组件失效方法

方　　法	说　　明
invalidateDisplayList()	通知组件下次屏幕更新时，调用其 updateDisplayList()方法
invalProperties()	通知组件下次屏幕更新时，调用其 commitProperties()方法
InvalidateSize()	通知组件下次屏幕更新时，调用其 measure()方法

提示　当调用 addChild()方法将组件添加到容器时，Flex 会自动调用 invalidateDisplayList()、invalProperties()、InvalidateSize()等失效方法，下次屏幕更新时调用对应的更新方法。

2. 创建组件的步骤

创建一个组件，包括定义组件的属性，分发组件事件，在重载的方法内实现自定义组件的逻辑等步骤。实现自定义组件的具体步骤如下。

(1) 选择合适的组件基类进行扩展。创建 ActionScript 或 MXML 格式的组件类。

(2) 根据组件的设计需求，重载 updateDisplayList()、measure()、commitProperties()、createChildren()等方法。这些方法不必全部重载，根据需要重载必要的方法即可。

(3) 增加组件的属性、方法、事件和样式。

(4) 如果有必要，为组件创建皮肤。

3. 示例

下面以书签功能为例，介绍如何使用 ActionScript 实现自定义组件。

书签在 GIS 项目中主要用来保存地图浏览状态并快速定位到之前浏览过的特定地图位置。其实现方法如下：首先定义一个继承自 spark.components.Panel 的组件类，之后在重载的 createChildren() 中添加子组件，子组件包括用于输入书签名称的文本框 TextInput、添加书签的按钮 Button 和显示书签的列表 List；其次为书签添加必要的属性、方法等。书签可根据列表项的增加而自适应地修改高度，当列表高度到达一定值后，就会显示滚动条，书签的高度不再发生变化。因此，为书签设计两个核心方法：一是添加书签信息的 addMarkHandler() 方法，二是重载的用于更新控件高度的 updateDisplayList() 方法。具体的代码如下。

CustomBookmark.as

```
package
{
    import com.supermap.web.core.Point2D;
    import com.supermap.web.mapping.Map;
    import flash.events.MouseEvent;
    import mx.collections.ArrayCollection;
    import mx.core.ClassFactory;
    import mx.core.UIComponent;
    import mx.rpc.events.ResultEvent;
    import mx.rpc.http.HTTPService;
    import spark.components.Button;
    import spark.components.HGroup;
    import spark.components.List;
    import spark.components.Panel;
    import spark.components.TextInput;
    import spark.events.IndexChangeEvent;
    import spark.layouts.VerticalLayout;

    //扩展 Panel 组件
    public class CustomBookmark extends Panel
    {
        //与书签绑定的地图控件
        private var map:Map;
        //显示书签名称的列表控件
        private var markList:List;
        //书签列表控件的数据源
        public var marks:ArrayCollection;
        //书签名称的文本输入框控件
        private var mapStateMark:TextInput;

        //构造方法，实例化时必须传入地图控件
        //在方法中设置控件布局方式为垂直方向
        public function CustomBookmark(map:Map)
        {
            super();
            this.map = map;
```

```
            this.marks = new ArrayCollection();
            this.layout = new VerticalLayout();
        }

        //重载 Panel 的 createChildren 方法
        //创建子组件：书签名称的输入框、"添加"按钮和显示列表
        override protected function createChildren():void
        {
            super.createChildren();
            mapStateMark = new TextInput();
            var addButton:Button = new Button();
            addButton.label = "add";
            addButton.addEventListener(MouseEvent.CLICK,addMarkHandler);

            var hg:HGroup = new HGroup();
            hg.addElement(mapStateMark);
            hg.addElement(addButton);
            this.addElement(hg);

            markList = new List();
            markList.percentWidth = 100;
            markList.maxHeight = 160;
            markList.minHeight = 120;
            markList.itemRenderer = new ClassFactory(Chapter13_2_BookmarkItemRender);
            markList.addEventListener(
IndexChangeEvent.CHANGE,indexChangeHandler);
        this.addElement(markList);
        }

        // 重载 Panel 的 updateDisplayList 方法
        //组件的高度为文本输入框、书签列表及 Panel 标题栏的高度之和
        override protected function updateDisplayList(
unscaledWidth:Number, unscaledHeight:Number):void
        {
            super.updateDisplayList(unscaledWidth, unscaledHeight);

            var dynamicHeight:Number = this.mapStateMark.height
+ this.markList.height
+ (this.titleDisplay as UIComponent).parent.height + 20;
            if(dynamicHeight > unscaledHeight)
                this.setActualSize(this.width, dynamicHeight);
        }

        //点击列表项，按照书签所指定的分辨率和中心点缩放地图
        private function indexChangeHandler(event:IndexChangeEvent):void
        {
            var mapResolution:Number
                = List(event.target).selectedItem.resolution;
            var mapCenter:Point2D = List(event.target).selectedItem.center;
            this.map.zoomToResolution(mapResolution, mapCenter);
        }

        // 在控件中添加书签
```

```
    //包括书签名称、地图显示的分辨率、中心点坐标等
    private function addMarkHandler(event:MouseEvent):void
    {
        var name:String = mapStateMark.text;

        // 如果没有输入书签名称，就默认使用当前的时间作为书签的名称
        if(name == null || name == "")
        {
            var date:Date = new Date();
            name = date.getFullYear().toString()
+ "-" + (date.getMonth() + 1)
                + "-" + date.getDate()
                + " " + date.getHours()
                + ":" + date.getMinutes()
                + ":" + date.getSeconds()
                + ":" + date.getMilliseconds();
        }

        var currentResolution:Number = this.map.resolution;
        var currentCenter:Point2D = this.map.viewBounds.center;
        var data:Object =
            {
                name: name,
                resolution: currentResolution,
                center: currentCenter
            }
        this.mapStateMark.text = "";
        this.mapStateMark.setFocus();

        //书签名称是唯一的
        //如果书签列表中存在与当前同名的书签
        //则更新此书签对应的地图分辨率和显示中心点
    if(this.marks.length > 0)
    {
        for(var i:int; i < this.marks.length; i++)
        {
            if(name == this.marks[i].name)
            {
                this.marks[i].resolution = currentResolution;
                this.marks[i].center = currentCenter;
              return;
            }
        }
    }
        this.marks.addItem(data);
    markList.dataProvider = marks;

    this.invalidateDisplayList();
    }
    }
}
```

本例中，在 createChildren()方法里实现了列表控件数据项的项呈示器 Chapter13_2_

BookmarkItemRender(代码为 markList.itemRenderer = new ClassFactory(Chapter13_2_ BookmarkItemRender);)。Chapter13_2_BookmarkItemRender 是自定义的 Flex 项呈示器，继承自 spark.components.supportClasses.ItemRender，代码中定义了列表数据项的显示方式和风格，具体如下所示。

Chapter13_2_BookmarkItemRender.mxml

```xml
<s:ItemRenderer
    xmlns:fx=" http://ns.adobe.com/mxml/2009"
    xmlns:s="library://ns.adobe.com/flex/spark"
    xmlns:mx="library://ns.adobe.com/flex/mx">

    <s:states>
        <s:State name="normal"/>
        <s:State name="hovered"/>
        <s:State name="selected" />
    </s:states>

    <s:layout>
        <s:VerticalLayout/>
    </s:layout>

    <s:HGroup verticalAlign="middle" paddingTop="0" paddingBottom="0">
        <s:Label text="{data.name}" color.hovered="0x1313cd"
    color.selected="0x000000" verticalAlign="bottom" fontSize="15"/>
    </s:HGroup>
    </s:ItemRenderer>
```

设计完成后，实例化书签组件，并将组件添加到主项目程序中运行。效果如图 13-1 所示。

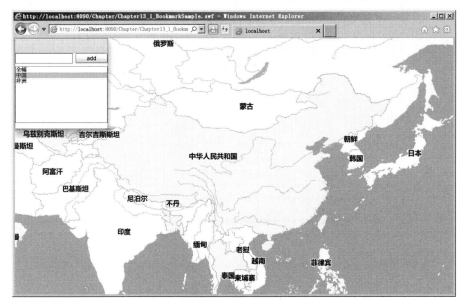

图 13-1 书签效果图

13.1.2　配置化设计

项目的配置化设计主要体现在两个方面：框架级配置和组件级配置。框架级配置是所有的配置信息在同一个文件中，配置参数作用于整个系统的所有组件；组件级配置是一个组件对应一个配置文件，每个文件的配置参数只作用于对应的组件。配置化设计能通过一些简单的配置信息对系统的参数进行修改，而无需修改框架或组件源代码。它能够在保证系统稳定的情况下，快速扩张系统的功能模块，从而满足一定范围的需求变化。

本节将修改 13.1.1 节中的自定义书签例子，添加配置化设计。首先，定义一个书签的配置文件 bookmark.xml，文件中增加一些默认的书签记录和组件的标题、宽高等信息。具体文件内容如下。

bookmark.xml

```
<?xml version="1.0" ?>
 <bookmarks label="书签" width="220" heigth="200">
    <bookmark name="中国" resolution="0.06955178"
centerX="108.92" centerY="36.09"/>
    <bookmark name="美国" resolution="0.13910356"
centerX="-101.41" centerY="56.49"/>
    <bookmark name="英国" resolution="0.01738794"
centerX="-3.04" centerY="54.55"/>
    <bookmark name="俄罗斯" resolution="0.13910355"
centerX="99.47" centerY="67.96"/>
    <bookmark name="澳大利亚" resolution="0.0695517"
centerX="136.85" centerY="-23.81"/>
    <bookmark name="日本" resolution="0.03477588"
centerX="141.0551" centerY="39.66"/>

</bookmarks>
```

之后在自定义的书签组件类 CustomBookmark 中加入访问和读取此配置文件的方法，具体代码如下。

CustomBookmark.as

```
// 访问书签的配置文件 bookmark.xml
private function configReader():void
{
    var service:HTTPService = new HTTPService();
    service.url = "bookmark.xml";
    service.resultFormat = "e4x";
    service.addEventListener(ResultEvent.RESULT, resultHandler);
    service.send();
}

//成功访问书签配置文件后执行此方法
private function resultHandler(event:ResultEvent):void
```

```
{
    var bookmarksXML:XML = event.result as XML;

    //读取配置文件信息，设置书签组件的宽、高和标题
    this.height = bookmarksXML.@heigth;
    this.width = bookmarksXML.@width;
    this.title = bookmarksXML.@label;

    //遍历获取默认书签的名称及对应的地图分辨率和显示中心点
    var nodes:XMLList = bookmarksXML.bookmark;
    for(var i:int = 0; i < nodes.length(); i++)
    {
        var name:String = nodes[i].@name[0];
        var mapResolution:Number = Number(nodes[i].@resolution[0]);
        var centerX:Number = Number(nodes[i].@centerX[0]);
        var centerY:Number = Number(nodes[i].@centerY[0]);
        var mapCenter:Point2D = new Point2D(centerX, centerY);

        var data:Object =
            {
                name: name,
                resolution: mapResolution,
                center: mapCenter
            }

        marks.addItem(data);
    }

    //将书签对象数组作为数据源赋给列表控件显示
    markList.dataProvider = marks;
}
```

增加访问和读取的两个方法后，在构造方法中调用 configReader()，在组件初始化时从配置文件读取信息，包括初始化书签列表内容和设置组件的标题、宽高。如果需要增加或删除一些默认的书签记录，或者调整组件的标题和宽高属性，就不需要在代码里进行修改，更不需要重新编译组件类，只需要修改配置文件即可。

本章范例只列出关键示意性代码，详细代码请参考配套光盘\数据与程序\第 13 章\程序。

13.2　系统性能优化原则

每一个系统部署运行后，都会占用硬件资源。如果系统存在性能缺陷，不但会导致自身运行缓慢，也会耗费大量的运行环境的资源，而这些问题往往是可以避免的。本节从内存和常用的模块入手，为读者讲解如何进行系统优化，开发优良的代码。

13.2.1　内存优化

内存安全一直都是程序员关心的问题之一，每个程序员都希望开发的软件足够健壮，在运行过程中不会因为内存泄露而导致系统变慢或崩溃。

Flex 的开发语言 ActionScript 是一种支持 GC(垃圾回收)的语言，能够自动回收不使用的内存。既然 Flex 能够自动完成垃圾回收的功能，那是不是程序员就可以认为自己开发的程序不会存在内存泄露的问题呢？答案是否定的。在很多情况下，处理不当的代码仍然会导致内存泄露。所以，为了避免内存泄露，程序员需要知道内存泄露的原因，如何监测内存泄露以及常见的内存优化的技巧等。

1. 常见的内存泄露情况

在项目开发中，常见的内存泄露有以下两种情况。

(1) 不再使用被全局对象引用的对象时，如果没有从全局对象上清除它们的引用，就会产生内存泄露。

(2) 通过隐式方式建立的对象之间的引用关系，也容易产生内存泄露。例如调用 addEventListener()方法为对象添加事件监听器，就可能产生内存泄露，代码如下。

```
m.addEventListener(Event.EVENT_TYPE, n.listenerFunction)
```

其中，m 对象引用了 n 对象，如果 m 对象是一个全局对象，则 n 对象永远不会被垃圾回收，这样就可能会造成内存泄露。

Flex SDK 中有些组件或类的使用不当也会导致内存泄露问题。例如对组件使用了效果(Effect)，在删除组件时，需要把该组件和其子组件上的效果停止，并且把效果的 target 属性设置为 null。如果不停止效果而直接将其 target 属性设置为 null，将不能成功移除对象，可能产生内存泄露。

2. Flex 的内存泄露分析工具

Adobe 公司在 Flash Builder 中提供了一个 Profiler 工具，用于 Flex 内存诊断和性能调优。在 Flash Builder 中，选择要剖析的项目文件，右击鼠标，在弹出的菜单中依次选择"概要分析方式" | "Web 应用程序"(如图 13-2 所示)，启动 Profiler 工具。

启动后，系统首先弹出对话框让用户配置 Profiler 的参数，如图 13-3 所示。

● 选项"启用性能概要分析"是用于性能调优的，主要用来找到响应时间的瓶颈。在做内存调试时，取消选中这一项。

● 选项"生成对象分配堆栈跟踪"可以跟踪对象创建的整个过程，这个功能非常消耗系统资源，在调试的初期，目的是找到内存泄露的对象，而不关心它的创建过程，因此先不要选择该项。

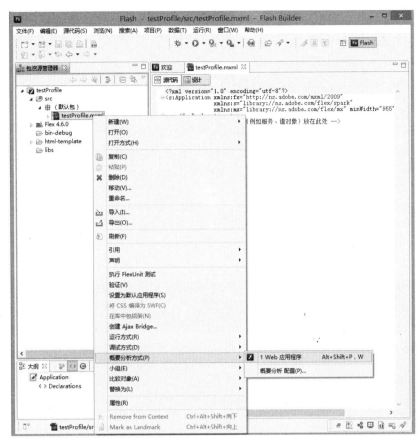

图 13-2　启动 Profiler 工具

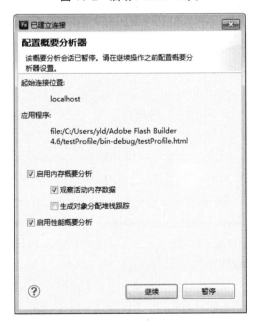

图 13-3　Profiler 参数设置

单击"继续"按钮，几秒钟后，Profiler 工具就会运行，如图 13-4 所示。

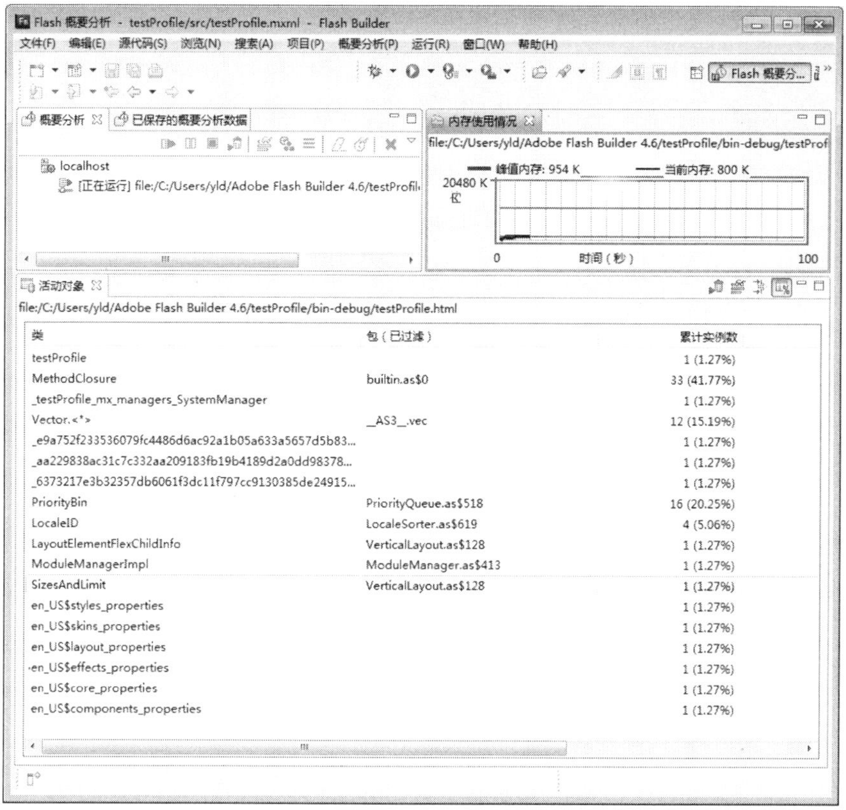

图 13-4　Profiler 运行主界面

从"累计实例数"栏可以看到有多少个对象曾被创建，而从"实例数"栏可以看到当前存在的对象实例有多少。在创建和移除对象之后运行"活动对象"列表右上方的"运行垃圾回收器"(图标为 🗑)，如果"累计实例数"的数量和"实例数"的数量相同，则可能存在内存泄露。

3. 代码中常见的 Flex 性能优化技巧

下面列出一些常见的 Flex 性能优化技巧。

(1)　如果确定一个类不会派发子类，应使用 final 修饰符。

```
public final class Json
```

(2)　不要使用 new 操作符创建数组。例如：

```
var a:Array = [];
```

而不是

```
var a:Array = new Array();
```

(3)　最快的数组复制方法：

```
var newArray:Array = sourceArray.concat();
```

(4) 乘法性能优于除法：应该使用 1000 * 0.01，而不是 1000 / 100。

(5) 避免在循环体判定条件中进行计算或方法调用。

```
var length:int = arrayObj.length;
for(var i:int = 0; i < length; i++){}
```

而不是

```
for(var i:int = 0; i < arrayObj.length; i++){}
```

(6) 避免使用 setStyle()方法，它是 Flex 中最消耗性能的方法之一。

(7) 使组件不可见时，应当使用 visible = false 而不是 alpha = 0，因为对象被标记为不可见后将不会被处理。

(8) 使用 ModuleLoader 的 loadModule 加载一个模块，在关闭这个模块后应该调用 unLoadModule()方法将其卸载，并将该模块的对象引用设置为 null。

(9) 当不需要一个音乐或视频时需要停止它、删除对象并将引用设置为 null。

(10) 使用静态方法时不需要实例化对象，可以提升性能。

(11) 避免在一帧中进行过多的显示操作。

(12) 在 for 循环中应该使用 int：

```
for ( var i:int = 0; i < m; i++ )
```

而不是

```
for ( var i:Number = 0; i < m; i++ )
```

(13) 使用过多的容器或容器嵌套会严重降低性能，例如

```
<s:Panel>
    <s:VGroup>
        <s:HGroup>
            <s:Label text="Label 1"/>
            <s:Button label="Buttion 1"/>
            <s:VGroup>
                <s:Label text="Label 2"/>
                <s:Label text="Label 3"/>
            </s:VGroup>
        </s:HGroup>
    </s:VGroup>
</s:Panel>
```

13.2.2 模块及运行时共享库

企业项目中，一个功能往往是由多个窗口搭配完成的，每个窗口都使用组件实现，如果把整个功能做成一个项目，那么这个项目的文件编译成 SWF 将会非常大。随着业务功能的不断增加，这个项目的子窗口会不断增加，SWF 文件也会越来越大。当项目运行时，整个 SWF 文件都会被下载，这个过程将非常缓慢。

利用模块可以有效地解决这个问题，将一个主应用程序分成若干模块，主应用程序运

行时，不需要加载所有模块，而是在需要和某个模块交互时才动态加载它。同时，主应用程序不需要和某个模块交互时可以卸载它，释放模块占用的内存和资源。

在项目开发中，可以使用 ActionScript 和 MXML 创建模块。基于 Flex 的模块使用 <mx:Module>根标签，而基于 ActionScript 的模块需扩展自 mx.modules.Module 或 mx.modules.ModuleBase。

Module 类类似于 Applications。使用 MXML 编译器工具(mxmlc)编译模块，生成可动态载入和卸载的 SWF 文件，可以通过<mx:ModuleLoader> 和 mx.modules.ModuleLoader 、mx.modules.ModuleManager 类管理载入和卸载的模块。模块化应用有如下优点。

● 主应用的 SWF 文件更小，下载速度更快。

● 由于每个 Module 之间相互独立，当需要改变一个 Module 时，只需要重新编译这个 Module 而不是整个项目程序。

● 可以将相关的内容封装在一起，被多个项目共享。

因此，一个企业级项目达到一定规模后，利用模块化设计，能够灵活组织功能，有效地减少文件大小并提高访问速度，从而优化用户体验。

但此时还存在一些问题，即一个 Flex 客户端往往会包含多个模块，这些模块包含了很多相同的资源，这些相同资源会被编译进不同的 SWF 文件，在下载这些应用时也下载了重复的资源，直接导致下载时间过长。

Flex 提供运行时共享库(Runtime Shared Libraries，RSL)的功能，通过 RSL 将相同资源提取成独立的文件，这些文件能够分开下载，并在客户端缓存，他们在项目运行时被共享使用，所以可以有效减少项目 SWF 文件的大小。如果某个 RSL 内的资源发生了变化，Flex 可以重新编译它，再由客户端重新单独下载，这个过程不会重新编译引用资源的应用和其他的 RSL。

下面通过配置编译环境来了解使用系统 RSL 的情况。

首先，新建一个空白的项目程序，名称为 TestRSL.mxml。之后，打开项目属性窗口，在 Flex 构建路径(Flex Build Path)中，有一个框架链接(Framework linkage)选项，如图 13-5 所示。

图 13-5　项目的链接属性设置

Flash Builder 创建的项目框架链接,默认的选项是使用"运行时共享库",保存设置并编译文件,查看 TestRSL.swf 的大小为 70 KB,切换框架链接方式为"合并到代码中",重新编译后的 TestRSL.swf 的大小为 517 KB,导致文件变大的主要原因是项目的大部分内容为 Flex SDK 的基础代码,这部分代码几乎每个应用都会加载。所以,使用 RSL 把这部分基础代码共享出来,就可以有效地减少 SWF 文件的大小。减少的代码不是消失了,而是以 RSL 的形式在项目运行时动态加载。

13.3　异构系统设计的注意事项

目前,许多 Flex 项目的后台都是用 Java 平台开发的,因为两者语法相似,并且有支持两者通信的成熟框架。Flex 客户端主要满足用户与计算机系统的人机交互,展示客户需要查看的数据,用户可能会经常根据需要修改界面,增加数据展示的内容;Java 服务器主要负责与业务逻辑相关的行为,相对于客户端"模型"的灵活多变,服务器端的业务逻辑对象则相对稳定。因此,解决不稳定的客户端模型和相对稳定的业务逻辑模型之间的矛盾是构架中需要考虑的一个问题。这种矛盾体现在两个方面:一是保持异构系统数据通信过程的同步和一致性;二是防止异步调用之后,数据模型的不一致和误操作。本节将介绍这两个问题的解决方法。

13.3.1　保持客户端和服务端数据的一致性

在介绍如何保持客户端和服务端数据一致性之前,有必要先确定一下 Flex+Java 所开发的 Web 异构分布式项目采用哪种通信框架,本书推荐使用 RemoteObject+BlazeDS 实现 Flex 端和 Java 端的通信。BlazeDS 是 Adobe 官方的开源框架,用于 Java 平台的异构系统通信。以下网址对 BlazeDS 进行了详细说明并提供了下载地址:http://sourceforge.net/adobe/blazeds/wiki/Home。

在开发分布式异构项目时,使用以下两种设计模式的组合就可以解决客户端和服务端的数据一致性问题。

- 远程外观模式(Remote Facade)
- 数据传输对象(Data Transfer Object,简称 DTO)和 值对象(Value Object,简称 VO)模式

结合这两种模式,Flex 使用 RemoteObject 对象通过 BlazeDS 调用服务端的 Remote Facade 对象的方法,Remote Facade 对象的方法再调用底层服务的方法完成客户端的请求。

DTO/VO 是远程方法调用过程中用来传输数据的载体,DTO 是服务端的 Java 对象,VO 是客户端的 ActionScript 对象,它们一一对应,都只承载数据,不包含任何业务逻辑。在客户端和服务端的通信过程中,客户端 RemoteObject 以 VO 作为参数进行远程方法调用,经过 BlazeDS 框架转换后,VO 对象被自动转成服务端 DTO 对象,之后再被 Remote Facade 的方法调用。同样,被调用的 Remote Facade 的方法的返回值会以 DTO 形式返回,之后被 BlazeDS 框架转成客户端的 VO。

按照上述思路设计的系统架构如图 13-6 所示。

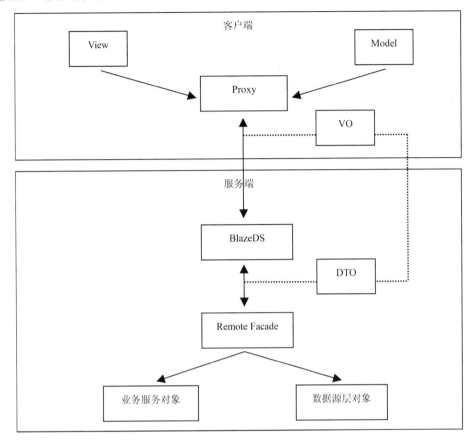

图 13-6　Remote Facade +DTO/VO 模式的系统架构图

下面以学生管理系统为例，讲解如何在客户端和服务端保持学生信息的一致性。

首先，创建客户端的数据载体 StudentVO 对象，通过 RemoteClass 标签与服务端的 Java 对象 StudentDTO 进行远程绑定。示例代码如下。

```
package vo
{
    public class StudentVO
    {
        [Bindable]
        [RemoteClass(alias="com.bookSample.dto.StudentDTO")]
        public function StudentVO()
        {
            private var _id:int;
            private var _name:String;
            private var _age:int;

            public function get age():int
            {
                return _age;
            }
```

```
        public function set age(value:int):void
        {
            _age = value;
        }

        public function get name():String
        {
            return _name;
        }

        public function set name(value:String):void
        {
            _name = value;
        }

        public function get id():int
        {
            return _id;
        }

        public function set id(value:int):void
        {
            _id = value;
        }
    }
}
```

　　有了数据载体 StudentVO 对象后，就需要创建对该对象进行操作的客户端代理类(Proxy Class)，客户端代理类的主要职责就是承担服务端 Remote Facade 的代理，Proxy 类中封装了客户端对 Remote Facade 类方法调用的代码。Proxy 和服务端的 Remote Facade 往往是一一对应的，所以，两个类的方法名称和参数也应保持一致。

　　本例实现客户端代理类 StudentProxy 的代码如下。

```
package proxy
{
    import mx.rpc.AsyncToken;
    import mx.rpc.remoting.RemoteObject;
    import vo.StudentVO;

    public class StudentProxy
    {
        private var StudentRO:RemoteObject;

        public function StudentProxy()
        {
            // 定义 StudentProxy 与服务端 Facade 类的远程绑定
            var destination:String = "com.bookSample.facades.StudentFacade";
            studentRO = new RemoteObject(destination);
```

```
        }

        /**
         * @param studentVO 需要被验证是否存在的学生 VO 对象
         */
        public function isExist(studentVO:StudentVO):AsyncToken
        {
            if(!studentVO)
                return null;
            else
            {
                return studentRO.isExist(studentVO);
            }
        }

        /**
         * @param studentVO 需要被插入的学生 VO 对象
         */
        public function insertStudent(studentVO:StudentVO):AsyncToken
        {
            if(!studentVO)
                return null;
            else
            {
                return studentRO.insertStudent(studentVO);
            }
        }
    }
}
```

创建完客户端的 VO 类和 Proxy 类之后，就需要创建其对应的 DTO 类和 Remote Facade 类。DTO 作为客户端和服务端的数据传输对象，既可以作为 Remote Facade 方法中的参数或包含在参数中，也可以作为返回值或包含在返回值中。而参数或返回值除了基本类型以外，也可以是集合类型。客户端集合类型常用的是 ArrayCollection，而服务端的集合类型则是 List 或 Map。BlazeDS 框架会自动对客户端和服务端的集合类型进行互相转换。

以下就是 Flex 端的 StudentVO 类对应的 Java 端 DTO 类。

```
package com.bookSample.dto;

public class StudentDTO {

    private int id;
    private String name;
    private int age;

    public int getId() {
        return id;
    }
    public void setId(int id) {
        this.id = id;
```

```java
        }
        public String getName() {
            return name;
        }
        public void setName(String name) {
            this.name = name;
        }
        public int getAge() {
            return age;
        }
        public void setAge(int age) {
            this.age = age;
        }
    }
```

　　接下来，就需要创建服务端的 Remote Facade 类。在服务端，Remote Facade 类主要负责组装客户端所需要的 DTO，根据客户端的需求，把不同业务逻辑对象的属性赋给 DTO 对象的属性；同时，它的另外一个主要职能就是协调业务层对象的方法调用，因为有些客户端请求需要调用多个业务层对象的方法才能完成。

　　以下是客户端代理类 StudentProxy 对应的服务端 Remote Facade 类 StudentFacade 的实现代码。

```java
package com.bookSample.facade;

import com.bookSample.dao.StudentDAO;
import com.catespotting.dto.StudentDTO;

public class StudentFacade {

    private StudentDAO studentDAO;

    public StudentFacade(){
        studentDAO = new StudentDAO();
    }

    public StudentDAO getUserDAO() {
        return studentDAO;
    }

    /**
     * @param studentDTO 需要被验证是否存在的学生 DTO 对象
     */
    public boolean isExist(StudentDTO studentDTO){

        return studentDAO.queryUserByNameAndPass(studentDTO);
    }

    /**
     * @param studentDTO 需要插入学生 DTO 对象
     */
    public int insertUser(StudentDTO studentDTO){
```

```
        int isInserted = studentDAO.insertUser(studentDTO);
        return isInserted;
    }
}
```

13.3.2　异步调用后数据模型不一致和重复误操作

在 Flex 项目中，对远程服务的访问都是异步的。方法调用后，当前线程会继续执行下一行代码，不会一直阻塞以等待调用结果的返回。而当前线程外的其他线程会等待远程方法调用的结果，当调用结果返回后，处于等待状态的线程会以事件的形式通知 Flex 项目做出相应的处理。对于耗时的操作，异步调用的优势很明显，能提高用户体验。但在实际项目中，也会经常出现异步调用之后数据模型不一致和重复误操作的情况。下面详细介绍这两种常见的异步调用的问题。

- 数据模型不一致：很多项目都有数据查询的功能，使用不同的查询条件远程访问同一服务，如果远程服务响应速度较慢，用户不断地切换查询条件，就可能会导致最终查询出来的结果和当前选择的查询条件不对应，这就是数据模型的不一致问题。

- 重复误操作：因为异步调用不会阻塞用户的当前线程，所以在结果未返回之前，用户可以继续操作当前的界面。如果远程调用的服务特别耗费性能，用户在界面上操作后没有显示处理结果，着急的用户会以为自己的操作没有效果，从而不停地执行同样的操作(如单击"查询"按钮，查询大量数据)，这样就会向服务器发起多次同样的请求，严重浪费服务器的资源。

要解决以上两个问题，可以在第一次执行异步调用后弹出一个模态窗口阻止用户的进一步操作，同时用文字或进度条表示异步调用的进程。如果用户的操作界面比较小，可以使某些操作区域(如按钮)临时失效，同时显示进度条，直到异步调用结果返回后再使操作区域生效。

13.4　其他实用技巧

经过上述的方法优化后，系统性能会有较大幅度的提升。但在许多实际项目的开发中需要多种技巧的组合，从而使系统功能更加健壮，代码更加规范。本节选取了几个实用的开发技巧，来帮助读者完善自己的系统功能和代码。

13.4.1　运行时动态修改项目程序

Flex 项目程序以 SWF 形式嵌进 HTML 页面中显示。在程序运行过程中，有时需要响应浏览器的变化修改 SWF 文件的大小、内部组件的属性，也可能需要依据 SWF 的业务逻辑对浏览器做出控制。实现 HTML 和 SWF 之间的交互主要依据 JavaScript 和 ActionScript 的通信机制。下面介绍两种常用的运行时动态修改项目程序的技巧。

1. 监测浏览器关闭的相关处理

在浏览器关闭时，往往需要做一些清理工作，如删除用户登录信息等，结合 JavaScript 就可以实现监测浏览器关闭并做相应的处理。

在 Flex 的项目程序主页面初始化完成后，即 creationComplete 事件触发后，执行函数 creationCompleteHandler。

```
protected function creationCompleteHandler(event:FlexEvent):void
{
    if (flash.external.ExternalInterface.available)
{
        var javascript:String =
'eval_r(\'window.onbeforeunload = onbeforeunloadHandler;'
            + 'function onbeforeunloadHandler(){'
            + 'var swfRef = document.'
            + FlexGlobals.topLevelApplication.className
            + '||window.'
            + FlexGlobals.topLevelApplication.className
            + ';' + 'swfRef.windowCloseHandler();' + '}\')';
            flash.external.ExternalInterface.call(javascript);

            //增加回调，当浏览器关闭，Flex 项目程序也关闭后，执行清理函数
            flash.external.ExternalInterface.addCallback
('windowCloseHandler', externalWindowCloseHandler);
    }
}
private function externalWindowCloseHandler():void
{
    //执行一些清理工作
}
```

2. 动态改变页面的宽高

Flex 的项目程序在运行后，使用 ActionScript 是不能动态修改其页面尺寸的，通过 JavaScript 和 ActionScript 的通信机制，可以实现此功能。下列代码实现 ActionScript 函数的动态注入，不再需要在 HTML 中实现修改尺寸的功能。

```
Private function dynamicApplicationSizeHandler(
width:Number, height:Number):void
{
    if(flash.external.ExternalInterface.available)
    {
        var javascript:String = 'function setApplicationSize(){'
            + 'var swfRef = document.'
            + FlexGlobals.topLevelApplication.className
            + '||window.'+ FlexGlobals.topLevelApplication.className
            +';' + 'swfRef.style.height = ' height + ';'
            + 'swfRef.style.width = ' width + ';' + '}';
        flash.external.ExternalInterface.call(javascript);
    }
}
```

13.4.2　客户端 Session

很多项目都有权限控制模块，每一种操作都需要验证用户的身份和权限，如果每次验证都先从服务端获取用户帐户，对于频繁使用的操作，会增加整个操作流程的响应时间，影响用户体验。所以，在客户端建立一个 Session 类，用于保存用户的帐户信息，就能避免多次访问服务端，减少各种权限验证的时间。这个 Session 类可以在用户登录时保存帐户信息，在用户注销时，清除帐号信息。

首先，新建客户端的帐户类 UserAccount，和服务端的用户帐户一一对应，之后，新建 Flex 客户端的 Session 类 ClientSession。代码如下。

```
package
{
    public class ClientSession
    {
      //当前登录的用户帐号
      private static var currentAccount:UserAccount = null;

      public function ClientSession()
      {
      }

      /**
       * @param account 登录的当前 UserAccount 对象
       * */
      public function login(account:UserAccount):void
      {
          //将 currentAccount 对象指向当前登录的帐户对象
          currentAccount = UserAccount;
      }

      /**
       * @return 当前登录帐户对象
       * */
      public function getCurrentAccount():UserAccount
      {
          return currentAccount;
      }
    //注销登录帐户，将 currentAccount 对象设置为 null
     public function logoff():void
      {
          currentAccount = null;
      }
    }
}
```

当用户登录时，将登录信息发到服务端验证成功后，将返回的帐户信息封装成客户端 UserAccount 对象 account，之后调用代码 ClientSession.login(account)，这样就可以在客户

端保存当前登录的用户信息，在项目的各种需要权限验证的操作中，只需要调用代码 ClientSession.getCurrentAccount()，在客户端就能获取当前帐户对象，而不需要通过与服务端交互从后台重新获取。在用户注销帐户成功后调用 ClientSession.logoff()，就可以清除客户端的用户登录状态。

除了保存用户帐户等用于权限控制的信息外，与服务端频繁交互获取的信息都可以保存在客户端 Session 中，把大部分操作放在客户端进行。

13.5　快速参考

目　标	内　容
组件化设计	组件化设计是指将程序模块化，各个模块之间可以单独开发，单独测试，使得软件具有高度的可重用性和互操作性
配置化设计	配置化设计主要体现在两个方面：框架级配置和组件级配置。框架级配置是所有的配置信息在同一个文件中，配置参数作用于整个系统的所有组件；组件级配置是一个组件对应一个配置文件，每个文件的配置参数只作用于对应的组件
异构系统的数据一致性	指客户端和服务端在交互过程中，以 ActionScript 或 Java 对象为基本单元进行数据传输，两种数据对象能方便地通过中间框架(BlazeDS)转换，从而保证异构系统在数据传输和处理过程中，保持数据内容的一致性

13.6　本章小结

本章介绍了 Flex 企业级项目的系统优化思路和技巧，从组件化、配置化设计到性能优化和运行时的动态属性修改等。从项目设计之初直到部署运营，都可以根据本章从实战项目中总结的思路和方法来优化 Flex 项目，提升项目的用户体验。

第 14 章　使用开发框架快速构建应用

SuperMap Flex Bev 是一套开源免费的 UI 开发框架，该框架基于 SuperMap iClient for Flex 产品接口扩展开发，帮助开发者快速搭建项目。本章旨在介绍使用 SuperMap Flex Bev 开发框架快速搭建应用的一般流程，以及如何通过简单的配置来实现组件定制与功能扩展。

本章主要内容：

- SuperMap Flex Bev 开发框架介绍
- SuperMap Flex Bev 快速搭建应用的流程
- SuperMap Flex Bev 功能配置详解
- 应用示例

本章范例只列出关键示意性代码，详细代码请参考配套光盘\数据与程序\第 14 章\程序。

14.1　开发框架 SuperMap Flex Bev 简介

从 SuperMap iClient for Flex 的行业应用角度出发，如何把现有行业应用集成到前端界面里呈现是需要项目开发人员着重考虑的。常见的应用搭建流程是基于 Flex SDK 进行各业务组件定制，进而搭建出整体界面；另一种方式是基于现有 UI 开发框架进行组件定制与扩展，扩展现有框架内部机制来实现最终界面。这两种开发方式各有利弊，使用开发框架进行应用搭建更加快捷、高效，可节约实际项目开发中的时间成本与开发成本，因而较为常见。

SuperMap Flex Bev 正是基于 SuperMap iClient for Flex 软件开发的一套支持自定义扩展功能的 UI 开发框架，该框架具备可定制、可装卸、配置方便、界面美观等特点，主要面向二次开发者以及快速制作原型系统的人员。SuperMap Flex Bev 框架特性的具体介绍如下。

1. 基于配置文件定制组件

该框架基于 XML 配置文件启动运行，框架启动时会先读取项目目录下的 application-config.xml 配置文件，根据这些信息动态获取该组件的实例，同时给实例化后的组件属性赋值，实现组件的自动生成和应用整体界面的搭建。

2. 可浮动停靠的组件管理容器

为了更好地管理各种业务逻辑窗口，框架本身提供了基于选项卡管理的综合管理面板。该面板上可停靠用户自定义数量的选项卡。一个选项卡对应一个业务功能容器，同时支持选项卡拖拽与停靠，可灵活地拆分与组装。框架内部提供了两种面板样式，默认是带有选项卡的，另外一种是不带选项卡的，两者都支持停靠与拖拽功能。

3. 灵活易用的插件机制

框架里的浮动面板 FloatPanel 用于承载业务逻辑组件，使用插件机制对其内部各个组件进行管理，如添加/移除事件传递等常规操作。框架支持以直接扩展 LayoutContainer (com.supermap.containers.LayoutContainer)的方式进行插件管理。LayoutContainer 继承自 LayoutComponent，而 LayoutComponent 则继承自 BaseComponent，这是框架本身的组件继承关系主线。

另外，通过结合标签式的属性注入方式使用插件机制能更大地发挥它的便利性。

4. 基于标签式的属性注入

框架本身支持元数据标签 Inject 属性注入方式来定制开发。Inject 属性注入的使用方式非常简单，在常规的变量声明上添加 Inject 元数据标签即可。目前在 SuperMap Flex Bev 中主要针对基础组件(BaseComponent)与命令(Command)的属性注入。

5. 事件总线机制

框架本身还提供了一种集中处理事件监听与回调的机制——事件总线。它对应的主要逻辑对象是 EventBus(BaseEventDispatcher)。在实现 IPlugin 接口的组件中，直接用 EventBus 即可；对于框架之外的组件，可以使用 BaseEventDispatcher.getInstance()来达到同样的效果。

6. 集成 Flex Cairngrom 框架内核

Cairngrom 是一个轻量级的 Flex RIA 程序开发框架，它使程序的可扩展性和可维护性都大大提高。Cairngrom 核心体系主要包含 6 个部分：Business(业务逻辑部分)、Command(命令部分)、Control(控制部分)、Model(数据模型)、View(界面视图)和 VO(值对象)。SuperMap Flex Bev 框架内部已经集成了对 Command(命令部分)的兼容处理，而 Control(控制部分)也通过 EventBus(事件总线)得以实现，熟悉这些特性的读者会很快熟悉 SuperMap Flex Bev 框架。

7. Module 模块以及可切换的统一模板

Module 是为了减小项目编译体积而使用的一种优化方案，该方案提供相对独立的功能逻辑，然后编译为独立的 SWF 文件，当项目程序需要这部分功能时动态进行加载或卸载。通过这种方式可以优化程序结构，减少网络负载，改善用户体验。

框架本身提供了 BaseGear 类 (com.supermap.framework.components.BaseGear) 与 BaseTemplate 类(com.supermap.framework.components.BaseTemplate)来实现单一的模块类以及具备统一样式的模板皮肤类。

14.2 快 速 入 门

在 Flash Builder 4.6 集成开发环境中，通过几步简单的配置就可以看到 SuperMap Flex Bev 的初始化运行界面。SuperMap Flex Bev 搭建应用的整体流程如图 14-1 所示。

图 14-1　SuperMap Flex Bev 开发流程

1. 下载与运行

(1)　在 SuperMap 资源中心的"范例工程"页中可在线体验 SuperMap Flex Bev 并下载软件包。地址为 http://support.supermap.com.cn/ProductCenter/ResourceCenter/SampleCode.aspx。

下载并解压 SuperMap Flex Bev 包，可看到如图 14-2 所示的目录结构。

图 14-2　SuperMap Flex Bev 包结构

- doc：存放 FlexBevLib 的 API 接口参考。
- FlexBev2：Web 项目目录。
- FlexBevLib：SuperMap Flex Bev 框架的核心库项目，SuperMap Flex Bev 这套 Web 项目就是基于该内核框架构建的。
- lib：存放 FlexBevLib 类库编译之后的 swc 文件。

(2)　在 Flash Builder 4.6 的"包资源管理器"界面的空白处右击并选择"导入"，结果如图 14-3 所示。

图 14-3　导入界面一

双击"现有项目到工作空间中"按钮，单击"选择归档文件"处对应的"浏览(R)..."
按钮。如图 14-4 所示完成设置，单击"完成"按钮。

图 14-4　导入界面二

导入后的 FlexBev2 项目结构如图 14-5 所示。

图 14-5　项目代码结构

整个项目包的目录及其功能说明如表 14-1 所示。

表 14-1　Flex Bev 项目包结构

事件总线接口	功能说明
assets	图片资源包。主要存放各种外部资源文件，如图片资源等
com.supermap.commands	命令包。主要包含框架内部与事件绑定的 Command 实例
com.supermap.containers	容器包。主要是基于框架插件扩展开发的容器组件
com.supermap.events	事件包。主要包含框架内部常用的事件类型
com.supermap.gears	功能插件包。主要包含常用的应用功能模块
com.supermap.skins	组件皮肤样式包。基于框架内部组件定制的皮肤样式文件
application-config.xml	主要用于整个框架的功能配置，如面板的设置，功能插件的设置等。该文件需要用户根据自己的业务扩展来做适当修改
config.xml	主要用于设置组件与容器之间的映射关系，用户一般不必修改该文件
map-config.xml	主要用来修改地图的配置信息。该文件需要用户根据自己的地图服务进行修改

除此之外，还包含用于声明框架开源协议的 license.txt 等其他文件。

(3) 按 Ctrl+F11 组合键运行项目，项目界面如图 14-6 所示。

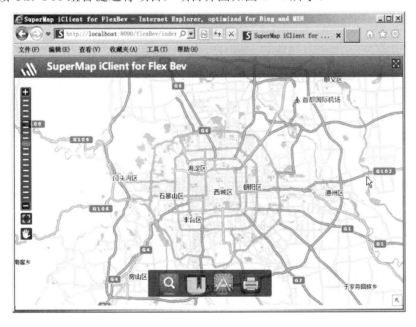

图 14-6　SuperMap Flex Bev 界面

2. 自定义功能

通过上一步骤的操作，项目的结构以及运行效果已经呈现。下面通过一个简单的自定义插件示例来让读者了解基本的扩展开发流程。

(1) 新建 LayoutContainerTest 插件，如图 14-7 所示。

图 14-7　新建插件界面

(2)　在新建的页面中添加如下所示代码，实现地图放大与缩小的功能。

LayoutContainerTest.mxml

```
<?xml version="1.0" encoding="utf-8"?>
<containers:LayoutContainer xmlns:fx="http://ns.adobe.com/mxml/2009"
                            xmlns:s="library://ns.adobe.com/flex/spark"
                            xmlns:mx="library://ns.adobe.com/flex/mx"
                            xmlns:containers="com.supermap.containers.*"
creationComplete="layoutcontainer1_creationCompleteHandler(event)">
    <fx:Script>
        <![CDATA[
            import com.supermap.framework.core.BaseLayout;
            import mx.events.FlexEvent;
            protected function zoomIn_clickHandler(event:MouseEvent):void
            {
                map.zoomIn();
            }
            protected function zoomOut_clickHandler(event:MouseEvent):void
            {
                map.zoomOut();
            }
            protected  function  layoutcontainer1_creationCompleteHandler
(event:FlexEvent):void
            {
                setLayout(BaseLayout.HORIZONTAL);
            }
        ]]>
    </fx:Script>
    <!--按钮-->
```

```
    <s:Button id="zoomIn" label="地图放大" click="zoomIn_clickHandler (event)"/>
    <s:Button id="zoomOut" label="地图缩小" click="zoomOut_clickHandler (event)"/>
</containers:LayoutContainer>
```

3. 应用功能配置

在 application-config.xml 配置文件中配置插件节点，引入上一步骤创建好的
LayoutContainerTest 插件配置信息。具体配置代码如下所示。

```
<panel id="test" title="地图操作"
    name ="com.supermap.framework.dock.FloatPanel"
    iconBar="assets/panel/query.png"
    height = "100" width="400" x = "100" y = "100"
    describe="测试">

    <plugin id="layoutContainerTest"
        name="com.supermap.gears.test.LayoutContainerTest"
        label="测试"
        iconBar="assets/panel/query.png"
        describe="测试"  />

</panel>
```

此外，在程序启动之前还需要在整个项目里引入该插件。打开 ReflectUtil 类(位于
com.supermap.utils 包下)，添加对 LayoutContainerTest 类的引入。代码如下所示。

ReflectUtil.as

```
package com.supermap.utils
{
    import com.supermap.containers.QueryPanel;
    import com.supermap.gears.bookmark.BookmarkContainer;
    import com.supermap.gears.draw.DrawLineContainer;
    import com.supermap.gears.draw.DrawPointContainer;
    import com.supermap.gears.draw.DrawRegionContainer;
    import com.supermap.gears.draw.DrawTextContainer;
    import com.supermap.gears.print.PrintContainer;
    import com.supermap.gears.query.QueryContainer;
    import com.supermap.gears.test.LayoutContainerTest;

    public class ReflectUtil
    {
        public static function initialize():void
        {
            QueryPanel;
            QueryContainer;
            DrawPointContainer;
            DrawLineContainer;
            DrawRegionContainer;
            DrawTextContainer;
            BookmarkContainer;
            PrintContainer;
```

```
            LayoutContainerTest;
        }
    }
}
```

4. 保存运行

按 Ctrl+F11 组合键运行项目。在界面中单击面板管理条上最右侧的图标，弹出之前定义的 LayoutContainerTest 组件，单击"地图缩小"或者"地图放大"按钮便可实现地图缩放功能了。效果如图 14-8 所示。

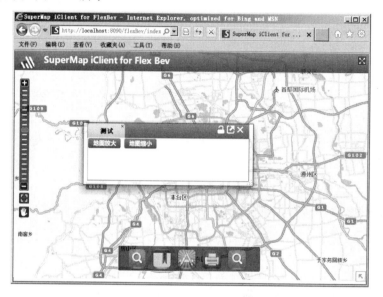

图 14-8 插件开发效果截图

至此，基于 SuperMap Flex Bev 开发框架快速搭建项目应用的基本流程已介绍完毕。接下来对插件配置知识进行更具体和深入的介绍。

14.3 应用功能配置

熟悉了 SuperMap Flex Bev 的若干特性与快速开发流程之后，本节对整个框架涉及的配置信息做进一步的剖析，方便读者掌握扩展开发的技巧。应用功能配置主要包括地图插件配置、面板插件配置和布局配置三个方面。在此之前，先介绍插件内部的框架结构。

14.3.1 插件框架

在深入了解各个功能配置内容细节之前，有必要先熟悉一下框架内部的插件关系图。图 14-9 是 SuperMap Flex Bev 2 的插件关系图，图中主要涵盖了两方面的内容：一是 framework 部分与 application 部分是通过插件继承关系来建立联系的，而这个联系就是基于插件的扩展实现，可参考的源码部分是左侧的几个容器类；二是功能插件与面板插件之间也是关联着的，一个面板可以关联多个功能插件。

　　framework 部分对应着前文提到的 FlexBevLib 库项目，application 部分对应着 SuperMap Flex Bev 项目。framework 部分主要涵盖了面板基类 FloatPanel 与插件基类 LayoutContainer 以及 Command 命令(需要通过继承实现来具体使用)。application 部分包含了 SuperMap Flex Bev 项目中用到的各个功能插件，如 BookmarkContainer、QueryContainer 等，这几个容器组件均继承自 framework 中的插件基类 LayoutContainer。同理，application 中的面板插件直接继承自 framework 中的面板基类 FloatPanel，提供了功能划分的职责，各个功能插件可以按照功能类型集成到对应面板插件里进行显示与管理。

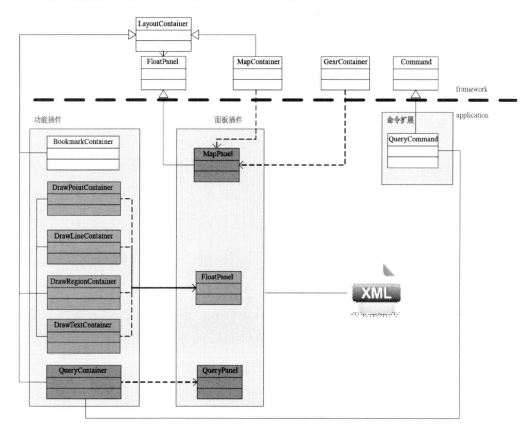

图 14-9　SuperMap Flex Bev 插件关系图

14.3.2　地图插件配置

　　作为一个快速搭建 Web GIS 项目的开发框架，SuperMap Flex Bev 的核心功能是地图显示。为了方便读者开发灵活、耦合性低的地图显示模块，框架提供了地图配置文件 map-config.xml，用于配置与地图相关的属性。读者不需要编写代码，也不需要了解地图控件与其他组件的组织方式，便可通过属性配置实现地图显示，并且在不需要重新编译的情况下实现地图的切换功能。

　　在 SuperMap Flex Bev 的项目根目录下，打开 map-config.xml 配置文件，如下所示。

map-config.xml

```xml
<?xml version="1.0"?>
<configuration>
    <MapContainer>
        <MapControl id="cloudMap"
viewbounds="12908422.256113982,4828236.390689733,12995875.852504382,
4881565.486651334">
            <CloudLayer key="GAv0ANRxdj81hdsQGI9Ukw%3D%3D"
                resolutions = "156605.46875, 78302.734375, 39151.3671875,
19575.68359375,    9787.841796875,    4893.9208984375,    2446.96044921875,
1223.48022460937,   611.740112304687,   305.870056152344,   152.935028076172,
76.4675140380859,   38.233757019043,   19.1168785095215,   9.55843925476074,
4.77921962738037, 2.38960981369019, 1.19480490684509, 0.597402453422546" />
        </MapControl>
    </MapContainer>
</configuration>
```

框架默认提供了对 SuperMap 云服务图层(CloudLayer)与 SuperMap iServer Java 6R 服务图层的支持，即 map-config.xml 中可以配置 TiledDynamicRESTLayer(该类位于 SuperMap iClient for Flex API 中)与 CloudLayer 节点。读者可以根据自己的需要，修改 MapControl 节点的属性。下面展示了如何配置 SuperMap iServer Java 6R 服务图层的节点信息。

```xml
<MapControl id="tiledMap"
viewbounds="6834166.096232617,1995048.976333332,16512609.324305356,
7004426.0620306125">
                <TiledDynamicRESTLayer    url="http://localhost:8090/iserver/
services/map-china400/rest/maps/China"/>
    </MapControl>
```

关于地图配置的其他信息，请参照 FlexBevLib 库中的 com.supermap.containers. MapContainer 类，该类提供了对 map-config.xml 配置文件的节点解析。

14.3.3 面板插件配置

使用开发框架进行应用开发时，所有的业务处理都是基于面板和插件完成的，它们是数据输入和结果展示的平台。在快速入门部分为读者介绍的便是如何配置开发一个简单的插件。其中 application-config.xml 是主配置文件，是整个框架功能配置的核心。下面逐一介绍其节点的含义、注意事项及两种节点配置方式。

1. 面板节点参数介绍

图 14-10 展示了面板中各节点的主要关系和结构，其中各节点的含义和参数如下所述。

(1) panel 节点：该节点对应着项目运行界面上的一个功能显示面板。具体配置参数如表 14-2 所示。

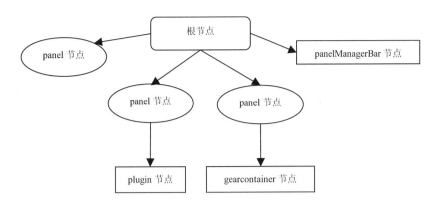

图 14-10 主配置文件节点关系

表 14-2 panel 节点

节点参数	节点含义
id	面板的唯一标识。必设属性
x	面板显示的初始 X 位置。可设置
y	面板显示的初始 Y 位置。可设置
width	面板默认显示宽度
height	面板默认显示高度
selectedIndex	选项卡的显示索引。即面板打开时优先显示的选项卡索引位置
isDragAble	是否可拖拽。默认为 true
isResizeAble	是否可缩放。默认为 true
maxTabNum	允许停放的最大选项卡数量
name	面板的完全限定类名
iconBar	面板的图标。用在面板管理组件上
describe	面板的描述性说明。用在面板管理组件上
title	面板的标题。用在停靠时的标题显示

(2) plugin 节点：该节点对应着项目运行界面上功能显示面板的一个子项。具体配置
参数如表 14-3 所示。

表 14-3 plugin 节点

节点参数	节点含义
id	插件的唯一标识，必设属性
name	插件的完全限定类名
iconBar	鼠标悬停时显示的图标
label	插件名称。鼠标悬停时显示的提示内容
describe	当插件本身拖拽出去重新生成一个新的面板时，该描述作为新面板的描述内容

（3）gearContainer 节点：该节点对应着 Module 模块的承载容器。具体配置参数如表 14-4 所示。

表 14-4　gearContainer 节点

节点参数	节点含义
id	插件的唯一标识，必设属性
left	距离父对象左侧的长度
top	距离父对象顶部的长度
url	Gear 功能模块的 url 地址

（4）panelManagerBar：该节点对应着项目运行界面上的面板管理工具。具体配置参数如表 14-5 所示。

表 14-5　panelManagerBar 节点

节点参数	节点含义
id	面板管理组件的 id
left	距离舞台左侧的长度
bottom	距离舞台底部的长度
name	完全限定类名

注意　如不设定 plugin 节点的 id 属性，在使用属性注入时会影响项目正常运行。

2. 节点配置方式

在进行面板配置时，有两种基于面板插件的节点配置方式：一是带有插件的 panel 面板配置，需要配置 plugin 节点信息；二是不带插件的 panel 面板配置，该配置只含有一个 panel 节点，无子节点。

1）带插件的 panel 面板配置

如图 14-11 所示，一个面板中含有一个"打印"选项卡，选项卡里显示了客户端地图打印的基本设置和预览信息。

其实现方式如下：在配置文件根节点下添加一个 panel 节点，其中放置一个或者多个 plugin 节点。具体配置信息如下。

```
<panel id="printPanel" title="打印"
       name="com.supermap.framework.dock.FloatPanel"
       iconBar="assets/panel/print.png"
       height="510" width="1050" x="10" y="10"
       describe="打印">
    <plugin id="printContainer"
            name="com.supermap.gears.print.PrintContainer"
            label="打印"
            icon="assets/bank.png"
            iconBar="assets/panel/bookmark.png"
            describe="打印面板"
            />
</panel>
```

图 14-11　打印插件面板

2)　不带插件的 panel 面板配置

第二种配置方式是不带插件的 panel 配置，其整体效果类似于 Flex SDK 里的 TitleWindow，如图 14-12 所示。

图 14-12　微博帐号授权页面

其实现方式为直接采用 Flex SDK 添加组件。具体配置信息如下。

```
<panel id="panel" icon="assets/accordion/style.png"
      iconBar="assets/panel/bank.png"
      title="地图操作"
      describe="面板示例"
      height="120" width-"230" x="20" y-"550"
      isDock="true"/>
```

由于第二种方式并没有使用开发框架的内部特性，建议多使用第一种配置方式，便于项目灵活扩展。

综上所述，面板与插件扩展开发的一般思路就是继承 panel 面板与 LayoutContainer，从而定制为项目内的功能插件。

> **注意** 框架内部组件均是继承自 LayoutContainer(com.supermap.containers.LayoutContainer) 类，该类绑定了地图实例(Map)与事件总线(EventBus，详见 14.1 节)接口，扩展定制业务组件时，只需要满足这个继承关系即可。如果组件不需要与 Map 绑定，可以在配置文件中配置与框架无关的组件信息。在实际项目中，考虑项目的开发周期与框架整体性等因素，建议采用框架内部的组件继承关系来定制组件。

14.3.4 布局配置

面板及插件内部默认的布局方式均为绝对布局，在配置节点时只需配置面板显示的初始 x，y 坐标即可，具体方法如下所示。

```
<panel id="queryPanel"
        x="130" y="100" width="512" height="295"
        selectedIndex="0"
        isDragAble="true"
        isResizeAble="true"
        maxTabNum="5"
        name="com.supermap.containers.QueryPanel"
        iconBar="assets/panel/query.png"
        describe="综合查询面板"
        title="查询">
    <plugin id="qContainer"
        name="com.supermap.gears.query.QueryContainer"
        label="查询"
        iconBar="assets/panel/query.png"
        describe="查询"/>
</panel>
```

上述节点中的 x 与 y 属性即可确定该面板插件在项目运行界面上的位置，是相对于窗口左上角的绝对位置。此外，也可以通过设置相对位置属性 left、right、top 与 bottom 来实现布局设定，其原理与设置 x 与 y 属性一致，但采用的是相对布局。

14.4 应 用 示 例

本节主要介绍一个完整的插件开发示例——利用新浪微博接口定制插件。通过该微博插件可以将微博作者关注的好友信息在地图上显示。示例会综合展示 SuperMap Flex Bev 的几个重要特性，帮助读者加深对它们的理解，从而更加灵活方便地运用在实际的项目开发中。

14.4.1 了解微博接口

在使用新浪微博 API 来进行插件的扩展开发之前，读者需要了解新浪微博扩展开发的

相关接口。本节插件开发使用的微博接口如表 14-6 所示，其他接口请参见
http://open.weibo.com。

表 14-6　常用微博状态接口及其功能说明

微博接口	功能说明
statuses/public_timeline	获取最新的公共微博
statuses/friends_timeline	获取当前登录用户及其所关注用户的最新微博
statuses/friends_timeline/ids	获取当前登录用户及其所关注用户的最新微博的 ID
statuses/user_timeline	获取用户发布的微博
statuses/user_timeline/ids	获取用户发布的微博的 ID
statuses/repost_timeline	返回一条原创微博的最新转发微博
statuses/repost_timeline/ids	获取一条原创微博的最新转发微博的 ID
statuses/repost_by_me	返回用户转发的最新微博
statuses/mentions	获取@当前用户的最新微博
statuses/mentions/ids	获取@当前用户的最新微博的 ID
statuses/bilateral_timeline	获取双向关注用户的最新微博
statuses/show	根据 ID 获取单条微博信息
statuses/querymid	通过 ID 获取 mid

14.4.2　功能开发

在熟悉微博开发的常用接口之后，下面就进入一个功能的整体设计以及实现环节。具体实现步骤如下。

1. 开发准备

1) 注册微博开发者帐号

访问 http://weibo.com/，注册新浪微博帐户(已有帐户的读者可省略此步骤)。

2) 创建微博应用

使用微博帐号登录 http://open.weibo.com，按照提示操作即可。创建完成后用户会获得
App Key 和 App Secret。

3) 获得示例代码包

打开 Flash SDK 站点 http://open.weibo.com/wiki/SDK。下载对应的 SDK 压缩包。

4) 创建 Flex 项目

新建项目，关联类库包，该工程依赖的项目包为 SuperMap iClient for Flex 产品中所有
的类库编译包。

以上就是利用微博接口进行基础开发的基本步骤。了解这些步骤有助于在 Flex Bev 里
开发微博功能插件。

2. 在 SuperMap Flex Bev 框架中新建微博插件并配置

在 14.2 节中已经介绍了基于 SuperMap Flex Bev 进行插件开发的流程，这里只需要在此基础上新建插件即可。本例中新建 weiboContainer 类，该类主要用于实现微博接口的功能调用以及界面实现等。

微博帐号登录的实现思路如下：先声明一个微博对象_mb，然后根据自己的开发者帐号的 Key 与 Secret 来给该对象的对应属性赋值(key 对应 consumerKey 属性，secret 对应 consumerSecret 属性)，之后指定代理 URI、监听登录事件后就可以完成微博的登录过程。

具体实现代码如下。

weiboContainer.mxml

```
private var _mb:MicroBlog;
            protected  function  layoutcontainer1_creationCompleteHandler
(event:FlexEvent):void
            {
                _mb = new MicroBlog();
                _mb.consumerKey = "";
                _mb.consumerSecret = "";
                _mb.proxyURI = "http://flashsdk.sinaapp.com/proxy/proxy.php";

                _mb.addEventListener(MicroBlogEvent.LOGIN_RESULT,
onLoginResult);
                _mb.login();
            }
```

当插件创建完毕就会弹出授权登录页面，如图 14-13 所示。

图 14-13　微博帐号授权登录页面

输入帐号与密码，单击"登录"按钮即可。

3. 微博与地图功能结合

从上一步可知，微博成功登录后程序会执行 onLoginResult 回调函数，在此回调函数中调用微博 SDK 接口的核心代码，获取当前登录用户及其关注用户的最新微博。主要实现代码如下。

weiboContainer.mxml

```
private function getFriends_timeline_handler():void
            {
                _mb.addEventListener("callFriends_timelineResult",
callFriends_timelineResult);
                _mb.addEventListener("callWeiboShowError",
callWeiboShowError);
                _mb.callWeiboAPI("2/statuses/friends_timeline",
{"access_token":"2.00UEZzFC0fxqjs20c23431233_N5ZE","count":"200"}, "GET",
"callFriends_timelineResult", "callWeiboShowError");
            }
```

📋注意　微博接口 callWeiboAPI 的使用事项，可参考 http://www.flashache.com/2011/11/29/weibo-flash-sdk-callweiboapi。

上述代码中使用的参数说明如表 14-7 所示。这些参数不都是必须设置的，使用的时候根据相关参数设置即可。

表 14-7　微博 callWeiboAPI 接口参数

参　　数	必选	类型及范围	说　　明
source	false	String	采用 OAuth 授权方式时不需要此参数，其他授权方式为必填参数，数值为应用的 AppKey
access_token	false	String	采用 OAuth 授权方式时为必填参数，其他授权方式不需要此参数，OAuth 授权后获得
since_id	false	Int64	若指定此参数，则返回 ID 比 since_id 大的微博(即比 since_id 时间晚的微博)，默认为 0
max_id	false	Int64	若指定此参数，则返回 ID 小于或等于 max_id 的微博，默认为 0
count	false	Int	单页返回的记录条数，最大不超过 100，默认为 20
page	false	Int	返回结果的页码，默认为 1
base_app	false	Int	是否只获取当前应用的数据。0 为"否"(所有数据)，1 为"是"(仅当前应用)，默认为 0
feature	false	Int	过滤类型 ID，0 为全部，1 为原创，2 为图片，3 为视频，4 为音乐。默认为 0
trim_user	false	Int	控制返回值中显示 user 字段还是 user_id。0 表示返回完整 user 字段，1 表示 user 字段仅返回 user_id。默认为 0

参数设置完毕后，callWeiboAPI 方法执行成功时会进入 callFriends_timelineResult 方法体内，失败则进入 callWeiboShowError 方法体内。示例中会进入 callFriends_timelineResult 方法体。主要代码如下。

weiboContainer.mxml

```
private function callFriends_timelineResult(e:MicroBlogEvent):void
        {
            var statuses:Array = e.result.statuses as Array;
            for(var i:int = 0; i < statuses.length; i++)
            {
                var status:Object = statuses[i];
                aryC.addItem({image:status.user.profile_image_url,
                    name:status.user.screen_name,
                    location:status.user.location,
                    content:status.text,
                    username:status.user.name
                });
                list.itemRenderer = new ClassFactory(ListItemRenderer);
                list.visible = true;
            }
        }
```

上述代码从 MicroBlogEvent 事件里获取返回数据，返回数据是一个数组对象，从中可以取到需要的信息，该返回对象的主要字段及含义如表 14-8 所示。有关该部分更加详细的接口介绍请参见 http://open.weibo.com/wiki/2/statuses/friends_timeline。

表 14-8 参数信息表

返回值字段	字段类型	字　段
created_at	string	微博创建时间
id	int64	微博 ID
text	string	微博信息内容
source	string	微博来源
user	object	微博作者的用户信息字段

该部分数据正常获取后，微博插件就完成了数据的获取，下面开始实现插件的数据展现。这里定义了一个列表的项渲染器(com\supermap\gears\weibo\ListItemRenderer.mxml)，该渲染器把上述返回结果做了分组处理，放在一个 List 组件中。主要实现代码如下。

ListItemRenderer.mxml

```
<?xml version="1.0" encoding="utf-8"?>
<s:ItemRenderer xmlns:fx="http://ns.adobe.com/mxml/2009"
            xmlns:s="library://ns.adobe.com/flex/spark"
            xmlns:mx="library://ns.adobe.com/flex/mx"
            autoDrawBackground="true" >
    <s:states>
        <s:State name="normal"/>
```

```
        <s:State name="over"/>
        <s:State name="out"/>
    </s:states>
    <s:Rect left="2" right="2" top="2" bottom="2"
            radiusX="4"
            radiusY="4">
        <s:fill>
            <s:LinearGradient x="45.0005" y="34" scaleX="33.9995" rotation="270">
                <s:GradientEntry ratio="0" color="#116AA6" alpha="0.6"/>
                <s:GradientEntry ratio="1" color="#2EA8E6" alpha="0.6"/>
            </s:LinearGradient>
        </s:fill>
    </s:Rect>
    <s:HGroup width="100%"
            height="52"
            verticalAlign="middle"
            contentBackgroundColor="0xff0000" gap="10"
            >
        <mx:Image source="{data.image}" left="0" verticalAlign="middle"/>
        <s:Label id="item1"
                text="{data.name}"
                verticalCenter="0"
                fontSize="16"
                width="85%" color="0xffffff"/>
        <s:Label id="item2"
                fontSize="14" right="20" color="0xffffff"
                text="{data.location}"
                verticalAlign="middle"
                width="100%"/>
    </s:HGroup>
</s:ItemRenderer>
```

运行效果如图 14-14 所示。

图 14-14　微博插件运行效果图

至此，微博插件的界面效果就基本完成了，其整体效果如图 14-15 所示。

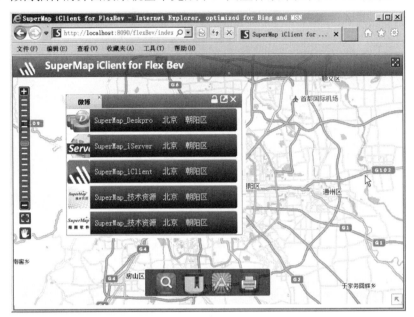

图 14-15　微博插件在地图中的整体效果

4. 交互设计

经过上述三个步骤，基本完成了插件开发的各个细节。下面通过实现交互设计将各插件串联起来。交互方案：当单击每一个条目的时候，定位到该微博作者的位置，并显示出此微博的内容。

首先，为微博插件的 List 对象添加监听函数，用于获取被单击微博的作者所在城市。主要代码如下所示。

```
                              weiboContainer.mxml
protected function list_changeHandler(event:IndexChangeEvent):void
        {
                var http:HTTPService = new HTTPService();
                http.url = "com/supermap/gears/weibo/city.txt";
                http.addEventListener(ResultEvent.RESULT, resultHandler);
                http.addEventListener(FaultEvent.FAULT, faultHandler);
                http.resultFormat = "text";
                http.send();
        }
```

在配套光盘\数据与程序\第 14 章\程序\src\com\supermap\gears\weibo 目录下有一个 city.txt 文本文件，该文件记录了全国主要城市的经纬度信息。当单击 List 中的条目时，获取微博作者的所在城市，从文本文件中读取其对应的地理坐标，然后转换为 Web 墨卡托投影下的坐标值，就可以实现定位显示。该部分的主要代码如下所示。

```
private function resultHandler(event:ResultEvent):void
        {
            var location:String = list.selectedItem.location;
            var xmlStr:String = event.result as String;
            var rows:Array = xmlStr.split("\n");
            var len:int = rows.length;
            if(location.indexOf(" ") != -1)
            {
                location = location.split(" ")[1];
            }

            var lon:String;
            var lat:String;
            for(var i:int = 0; i < len; i++)
            {
                if(String(rows[i]).indexOf(location) != -1)
                {
                    var rowLonLat:Array = String(rows[i]).split(" ");
                    var latStr:String = rowLonLat[2];
                    var lonStr:String = rowLonLat[3];
                    if(latStr)
                        lat = latStr.substring(1, latStr.length - 1);
                    if(lonStr)
                        lon = lonStr.substring(1, lonStr.length - 1);
                }
            }

            var image:Image = new Image();
            image.source = list.selectedItem.image;
            var infoStyle:InfoStyle = new InfoStyle();
            infoStyle.infoRenderer = new SimpleInfoRenderer
(list.selectedItem.image, list.selectedItem.content);

            var flayer:FeaturesLayer = new FeaturesLayer();
            map.addLayer(flayer);
            var feature:Feature = new Feature();
            var pt2D:Point2D = GeoUtil.lonLatToMercator(Number(lon),
Number(lat));
            feature.geometry = new GeoPoint(pt2D.x, pt2D.y);
            infoStyle.containerStyleName = "infoStyleName";
            feature.style = infoStyle;
            flayer.addFeature(feature);
        }
```

以上代码基本完成了新浪微博定制插件的开发，图 14-16 是某次交互后的显示界面，在微博插件的列表中，每一个条目对应着地图上的一个信息提示框，当单击 List 条目时，

会弹出与之对应的信息提示框。

图 14-16　微博插件交互效果

14.5　快速参考

目　标	内　容
SuperMap　Flex Bev 框架简介	SuperMap Flex Bev 是面向二次开发人员的开源 UI 界面开发框架。该框架具备组件配置、插件管理、事件总线、依赖注入等一系列特性
快速搭建应用	使用 SuperMap Flex Bev 搭建应用的简要步骤如下：下载资源，自定义功能，应用功能配置和编译运行
应用示例	通过微博插件功能的开发，着重介绍了微博相关接口与 SuperMap Flex Bev 开发框架之间的通信以及交互设计

14.6　本章小结

　　本章旨在帮助二次开发人员熟悉快速搭建项目应用的方法，着重介绍了 SuperMap Flex Bev 框架的特性、快速入门、插件配置以及应用示例。通过使用 SuperMap Flex Bev 开发一个完整的微博插件应用示例，帮助开发者更快掌握基本的扩展要点。

第5篇

移动端应用解决方案

第 15 章　移动项目开发

随着移动互联网行业如火如荼地发展，通过移动设备进行地理信息的搜索和分析也开始迅速普及。如何快速开发 GIS 移动项目，如何将现有的 GIS 应用迁移到移动端，成为众多开发团队亟待解决的问题。本章结合 Flex 语言的优势和特点，以 SuperMap Flex Mobile 为主线介绍移动项目开发的相关知识。

本章主要内容：

- 如何使用 Flex 进行移动开发
- SuperMap Flex Mobile 的使用

15.1　Apache Flex Mobile　简介

Adobe 公司于 2011 年 5 月正式推出了基于 Flex 的移动开发平台，包括 Flex SDK 4.5 和集成开发环境 Flash Builder 4.5。其中 Flex SDK 已移交到 Apache 开源基金会，目前最新版本为 Flex SDK 4.9，开源社区官方网址为 http://incubator.apache.org/flex/；开发环境 Flash Builder 继续由 Adobe 提供更新维护，最新版本为 4.7，官方下载地址为 https://www.adobe.com/cfusion/tdrc/index.cfm?product=flash_builder&loc=cn。本章的代码示例均使用 Flash Builder 4.6 开发环境。

除了 Apache 的 Flex 移动开发平台，目前市场上也有许多其他平台和语言，可以用来开发移动项目及应用。表 15-1 中是当前主流的几款移动平台从不同角度的概况对比。

表 15-1　当前移动开发平台对比

开发语言	操作系统	开发难度	使用情况	支持设备的厂商
Java	Android	一般	多	很多
Object-C	iOS	较难	较多	Apple
C#	Windows Phone 7、8	较难	较少	Microsoft
ActionScript 3.0	Android、iOS、Tablet OS	容易	较少	很多

从表 15-1 可以看出，与其他平台相比，采用 Flex 进行移动开发有两大优势：一方面体现在跨平台的特性和移动设备的广泛支持，减少了大量的重复开发工作；另一方面，便捷的开发流程和丰富的模拟调试器有利于开发人员进行快速的开发。

15.2　SuperMap Flex Mobile 简介

SuperMap Flex Mobile 软件是一套基于 Apache Flex 技术开发的 AIR 移动二次开发包，该开发包在 SuperMap iClient for Flex 软件的支持下，提供了一套移动端的 GIS 应用解决方

案，可以在 AIR 环境中快速地实现地图浏览、标注等基本的 GIS 功能，同时支持离线数据读取，在无网络条件下仍可便捷地访问地图。

目前，SuperMap Flex Mobile 软件的最新正式版本为 1.2，官方的下载地址为 http://support. supermap.com.cn/ProductCenter/DevelopCenterRefactoring/SuperMapFlexMobile.aspx。

软件目录结构如图 15-1 所示。

图 15-1　SuperMap Flex Mobile 的软件目录

- app：包含基于 SuperMap.Mobile.swc 开发的移动端 GIS 应用源码和导出的安装文件(SuperMapFlexMobile.apk 和 SuperMapFlexMobile.ipa)。应用中包含地图浏览、要素标绘、查询、定位等功能。读者可以将源码导入 Flash Builder 中，复用里面的组件或基于此应用进行定制开发。
- libs：包含移动 GIS 核心类库 SuperMap.Mobile.swc 和对接 SuperMap iServer Java 服务的类库 SuperMap.Web.iServerJava6R.swc。
- SuperMap Flex Mobile 开发指南.pdf：SuperMap Flex Mobile 开发指南，帮助读者快速了解和使用软件。

15.3　快速构建 Mobile GIS 应用

本节将介绍移动应用的构建和调试方法，在此过程中可充分体现出其便捷的开发流程和丰富便捷的调试方式。如果手中有现成的移动设备，可以在后续的调试步骤中选择在真机上调试运行，直观体验应用的实际运行效果。

15.3.1　环境需求

Flex 移动应用程序运行在 AIR 环境当中，所以在开发时需要保证计算机和移动设备上已经具备不低于 3.0 版本的 AIR 环境。具体需求如下。

1. 计算机上的开发环境

下载 Flash Builder 4.6 并安装，默认情况下会同时安装 Flex SDK4.6 以及 Apache AIR 3.1(这里的 AIR 环境用于计算机上模拟器的运行)。

2. 移动设备上的 AIR 环境

对于移动设备而言，有两种方式安装 AIR 环境：一种是 Apache 直接提供 AIR 的安装软件，可以下载后安装；另一种方式就是在 Flex 开发的应用程序打包时将 AIR 环境包含进去，这样即使在设备没有提前安装 AIR 的情况下，程序也能正常地安装和运行。

> **注意** 如果将应用程序打包进一个 AIR 的环境会增加安装文件的体积，所以开发者应该根据实际情况选择 AIR 的安装方式。

15.3.2 应用开发

搭建好开发环境后，开始进行 Flex 移动应用开发。具体的开发流程如下。

(1) 打开 Flash Builder，右击左侧的"包资源管理器"，选择"新建"|"Flex 手机项目"(如图 15-2 所示)。

图 15-2 新建手机项目

(2) 在弹出的"新建 Flex 手机项目"对话框中设置项目名，本例命名为 FlexMobileSample，确保 Flex SDK 版本不低于 4.5.0(如图 15-3 所示)。

图 15-3 设置项目名称及选择 SDK 版本

(3) 单击"下一步"按钮，设置应用模板，在此默认为"基于视图的应用程序"(如图 15-4 所示)。

图 15-4　设置应用模板

　　(4)　单击"下一步"按钮，进入"构建路径"选项卡，引入 SuperMap.Mobile.swc 库文件(如图 15-5 所示)。

图 15-5　引入移动开发库

（5）单击"完成"按钮，生成 FlexMobileSample 项目，如图 15-6 所示。

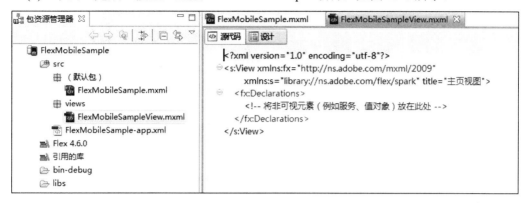

图 15-6　新建项目和代码视图

新建项目中主要包含三个文件。

- FlexMobileSample.mxml：主启动页面。

- FlexMobileSampleView.mxml：功能页面。

- FlexMobileSample-app.xml：配置文件，用于记录新建项目过程中的相关配置信息，可以被编辑。

（6）在 FlexMobileSampleView.mxml 中添加如下代码，定义地图 Map 组件，访问 SuperMap 云服务地图。

FlexMobileSampleView.mxml

```
<?xml version="1.0" encoding="utf-8"?>
<s:View xmlns:fx="http://ns.adobe.com/mxml/2009"
        xmlns:s="library://ns.adobe.com/flex/spark"
        xmlns:im="http://www.supermap.com/mobile/2010"
        title="SuperMap 云服务地图">
    <fx:Script>
        <![CDATA[
            import com.supermap.web.core.Rectangle2D;
        ]]>
    </fx:Script>
    <fx:Declarations>
        <!-- 将非可视元素(例如服务、值对象)放在此处 -->
    </fx:Declarations>
    <im:Map viewBounds="{new Rectangle2D(12908422.256113982,
4828236.390689733,12995875.852504382,4881565.486651334)}">
 <im:CloudLayer/>
    </im:Map>
</s:View>
```

（7）运行项目。按 Ctrl+F11 组合键运行程序。在初次运行时会出现"运行配置"对话框(如图 15-7 所示)，也可选择"运行"|"运行配置"，打开此对话框。

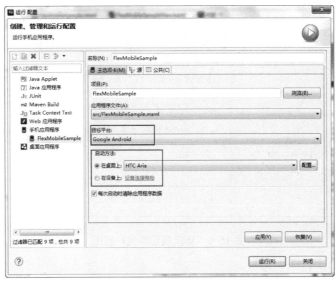

图 15-7 "运行配置"对话框

在"目标平台"的下拉列表框中可以看到支持的各类平台，选择需要的平台即可。可以看出 AIR 真正实现了"一次编码，多平台运行"。这里以 Google Android 系统为例，在"目标平台"下拉列表框中选择 Google Android，在"启动方法"中选择"在桌面上"，单击"运行"按钮，Flash Builder 会自动模拟移动设备运行应用程序，结果如图 15-8 所示。

图 15-8 模拟器运行后的出图结果

在"运行配置"对话框中"启动方法"有两种，"目标平台"不同，"启动方法"的选择就不同。如果选择"在设备上"(以 Apple iOS 系统为例)，首先确保移动设备已通过 USB 连接至计算机。打包方法包括"标准"和"快速"两种(如图 15-9 所示)，可根据实际应用项目而定，一般情况下选择"快速"即可。

图 15-9　在 Apple iOS 系统的设备上进行打包设置

在进行打包之前，首先需要配置打包设置，单击"配置打包设置"链接，出现如图 15-10 所示的对话框，在右侧面板中需要输入经过 Apple iOS 认证的数字证书及配置文件。

图 15-10　导入数字证书和配置文件

认证通过，并确保设备已与计算机连接之后，单击"确定"按钮，会弹出提示打包完成的窗口。根据提示将应用安装于设备中，最后在设备中找到已安装的应用，单击应用图标即可运行体验。

如果选择 Android 系统，则不需要打包，确保设备与计算机连接之后，单击"运行"按钮(如图 15-7 所示)即可。

15.4　离线地图功能开发

除常用的 GIS 功能外，SuperMap Flex Mobile 支持两种离线地图访问功能：一种是在线-离线交互访问，另一种是访问本地离线数据包。

1. 离线数据的存储

如图 15-11 所示，离线数据存储的原理是在线访问地图时，自动将地图数据缓存至本地根目录中，当地图重复访问或无网络条件下可以快速地从本地获取数据。

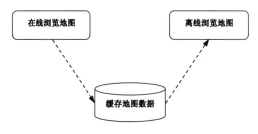

图 15-11　离线地图存储和浏览示意图

离线数据存储功能也支持使用 clear()接口快速清除无用的本地缓存文件，减少对本地资源的浪费。该功能通过 com.supermap.web.mapping.OfflineStorage 类实现，其关键接口说明参见表 15-2。

表 15-2　OfflineStorage 的接口及其功能说明

接　口	功能说明
scales	(可选)缓存数据比例尺数组，表示仅存储特定比例尺下的地图数据，该属性为空时表示存储所有比例尺下的数据。默认为空
userRootDirectory	(可选)缓存根目录，如该属性设置为"myMap"，则所有地图数据将被缓存在设备根目录/myMap 目录下。该属性默认值为"mapTiles"
mapName	(可选)缓存地图名称。若不设置该属性，则当前地图数据缓存在设备根文件目录/[userRootDirectory]/tileSize*tileSize 目录下。其中 tileSize 为地图分块图片大小，若设置该属性，如"World"，则数据缓存路径为设备根目录/[userRootDirectory]/World_tileSize*tileSize
clear()	清除缓存数据

接下来通过示例介绍如何使用 OfflineStorage 开发离线的移动应用。

(1)　以 com.supermap.mapping.CloudLayer 图层为例，介绍如何使用 OfflineStorage 接口。其他各类图层使用方法一致。

ActionScript 格式的代码如下。

```
var supermapCloudLayer:CloudLayer = new CloudLayer ();
var superOfflineStorage:OfflineStorage = new OfflineStorage();
```

```
superOfflineStorage.scales = [470000000,235000000,117500000];
superOfflineStorage.userRootDirectory = "superLayer";
superLayer.offlineStorage = superOfflineStorage;
```

MXML 格式的代码如下。

```
<im:CloudLayer>
    <im:offlineStorage>
    <im:OfflineStorage userRootDirectory="superLayer"
    scales="{[470000000, 235000000,117500000]}"/>
    </im:offlineStorage>
</im:CloudLayer>
```

(2) 开发注意事项。

使用 OfflineStorage 功能时,必须确保应用程序具备本地数据的存储权限,在 Android、iOS 系统中,都需要在项目配置文件 FlexMobileSample-app.xml 中开启 android.permission.WRITE_EXTERNAL_STORAGE 权限,如图 15-12 所示。

```
<android>
    <colorDepth>16bit</colorDepth>
    <manifestAdditions> <![CDATA[
        <manifest android:installLocation="auto">
        <!--See the Adobe AIR documentation for more information about setting Google Android permissions-->
        <!--删除 android.permission.INTERNET 权限将导致无法调试设备上的应用程序-->
        <uses-permission android:name="android.permission.INTERNET"/>
        <uses-permission android:name="android.permission.WRITE_EXTERNAL_STORAGE"/>
        <!--<uses-permission android:name="android.permission.READ_PHONE_STATE"/>-->
        <!--<uses-permission android:name="android.permission.ACCESS_FINE_LOCATION"/>-->
```

图 15-12　设置 Android 离线存储读写权限

2. 离线数据包的获取

利用 OfflineStorage 功能可以在网络通信关闭的情况下浏览之前在线访问过的地图,但这种离线状态下的地图数据完全依赖于之前在线浏览过的内容,即在没有使用移动设备在线浏览过地图的前提下,是无法离线访问地图的。

而 SuperMap Flex Mobile 提供另一种离线访问模式——利用访问离线数据包(遵循 MBTiles 地图瓦片存储规则)的图层 (com.supermap.web.mapping.MBTilesLayer),直接读取本地数据。这种模式不依赖于任何网络通信即可快速浏览地图,其前提是已准备好遵循 MBTiles 规则的数据包。流程如图 15-13 所示。

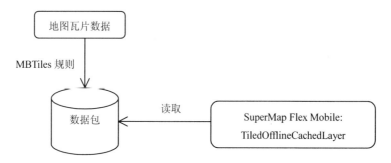

图 15-13　离线数据包的使用示意图

1) MBTiles 数据的获取方法

MBTiles 数据的获取方法主要有三种。

● 在 MBTiles 等官方网站直接下载 MBTiles 示例数据。

● 使用第三方工具制作 MBTiles 数据，如 MOBAC。

● 使用 SuperMap iServer Java 提供的 MBTiles 数据生成工具制作 MBTiles 数据。

2) MBTilesLayer 接口

MBTilesLayer 接口说明如表 15-3 所示。

表 15-3　MBTilesLayer 接口及其功能说明

接　口	功能说明
mbtilesPath	(必设)离线数据包存储路径
Bounds	(必设)离线数据生成范围，即生成离线数据瓦片的切图范围

3) MBTilesLayer 的使用方法

实例化 MBTilesLayer，既可以使用 ActionScript 脚本，也可以使用 MXML 标签。利用 ActionScript 脚本创建的方式如下。

```
var mbTilesLayer:MBTilesLayer = new MBTilesLayer();
mbTilesLayer.mbtilesPath = "SuperMap/TestMap1.mbtiles";
mbTilesLayer.bounds = new Rectangle2D(-180,-90,180,90);
```

利用 MXML 创建的方式如下。

```
<fm:MBTilesLayer mbtilesPath ="离线数据包根目录"
bounds = "{new Rectangle2D(-180,-90,180,90)}"/>
```

15.5　快 速 参 考

目　标	内　容
SuperMap Flex Mobile 的定位	基于 Apache Flex 技术开发的 AIR 移动二次开发包，该开发包在 SuperMap iClient for Flex 软件的支撑下，提供了一套移动端 GIS 应用解决方案，可以在 AIR 环境中快速地实现地图浏览、标注等基本 GIS 功能，同时支持离线数据的读取，在无网络条件下仍可便捷地访问地图
离线数据的存储	离线数据存储功能采用在线-离线交互访问模式，将在线访问过程中的地图数据缓存至本地根目录中，当地图重复访问或无网络条件下可以快速地从本地获取数据，同时可以便捷地删除缓存数据，不影响内存容量
MBTiles 本地离线数据包	遵循 MBTiles 规则的地图瓦片数据包，被 SuperMap Flex Mobile 开发包中的 MBTilesLayer 使用。这样在没有任何网络通信的条件下也能访问地图数据

15.6 本 章 小 结

本章主要介绍使用 Flex 开发移动项目的基础知识及 SuperMap Flex Mobile 基本使用方法。利用 Flex AIR 技术，开发者可真正实现"一次编码，多平台运行"。利用 Map Flex Mobile 可开发包括 GIS 基础功能、离线缓存功能在内的丰富、高效的移动端序。

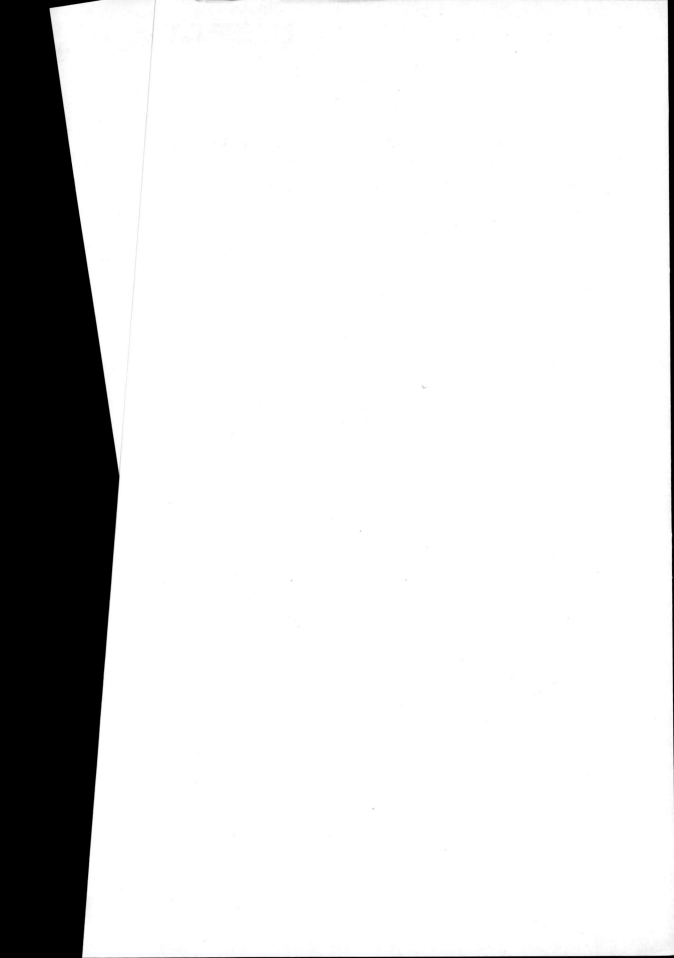